智能系统与技术丛书

Practical Bot Development
Designing and Building Bots with Node.js and Microsoft Bot Framework

实用Bot开发指南
基于Node.js与Bot框架设计并构建聊天机器人

[美] 西蒙·罗兹加（Szymon Rozga）著
陶阳 董晓宁 吴吉庆 译

机械工业出版社
China Machine Press

图书在版编目（CIP）数据

实用 Bot 开发指南：基于 Node.js 与 Bot 框架设计并构建聊天机器人 /（美）西蒙·罗兹加 (Szymon Rozga) 著；陶阳，董晓宁，吴吉庆译 . —北京：机械工业出版社，2019.6（智能系统与技术丛书）

书名原文：Practical Bot Development: Designing and Building Bots with Node.js and Microsoft Bot Framework

ISBN 978-7-111-62921-4

I. 实… II. ①西… ②陶… ③董… ④吴… III. 机器人 - 程序设计 IV. TP242

中国版本图书馆 CIP 数据核字（2019）第 107383 号

本书版权登记号：图字 01-2018-8340

First published in English under the title
Practical Bot Development: Designing and Building Bots with Node.js and Microsoft Bot Framework
by Szymon Rozga
Copyright © 2018 by Szymon Rozga

This edition has been translated and published under licence from Apress Media, LLC, part of Springer Nature.

Chinese simplified language edition published by China Machine Press, Copyright © 2019.

This edition is licensed for distribution and sale in the People's Republic of China only, excluding Hong Kong, Taiwan and Macao and may not be distributed and sold elsewhere.

本书原版由 Apress 出版社出版。

本书简体字中文版由 Apress 出版社授权机械工业出版社独家出版。未经出版者预先书面许可，不得以任何方式复制或抄袭本书的任何部分。

此版本仅限在中华人民共和国境内（不包括香港、澳门特别行政区及台湾地区）销售发行，未经授权的本书出口将被视为违反版权法的行为。

实用 Bot 开发指南
基于 Node.js 与 Bot 框架设计并构建聊天机器人

出版发行：机械工业出版社（北京市西城区百万庄大街 22 号　邮政编码：100037）

责任编辑：张志铭　　　　　　　　　　　　责任校对：殷　虹

印　　刷：北京市兆成印刷有限责任公司　版　　次：2019 年 7 月第 1 版第 1 次印刷

开　　本：186mm×240mm　1/16　　　　印　　张：24.5

书　　号：ISBN 978-7-111-62921-4　　　定　　价：119.00 元

凡购本书，如有缺页、倒页、脱页，由本社发行部调换

客服热线：(010) 88379426　88361066　　投稿热线：(010) 88379604

购书热线：(010) 68326294　　　　　　　　读者信箱：hzit@hzbook.com

版权所有 • 侵权必究
封底无防伪标均为盗版
本书法律顾问：北京大成律师事务所　韩光 / 邹晓东

THE TRANSLATOR'S WORDS

译 者 序

因为我热衷于自然语言处理方向的实践，所以在工作中，通常离不开阅读英文文献。然而，对实践者来说，阅读英文资料是件很头疼的事，但有时又不得不读原著。我常常在考虑结合个人实践经验以及研究成果来把好的外文资料翻译成中文，方便同行参考学习，这将是一件很令人欣慰的事。

而恰好有出版社找到我，机会来了。我通篇浏览了本书的英文原版，恰巧与我的团队想做且正在做的事情很类似。Bot框架是快速搭建智能服务的后端框架，它快速在各种终端上提供服务，具有三大组件：Bot Builder SDK、Bot Connector和Bot Directory。看到这些内容，我一下子觉得很熟悉。本书是一本关于聊天机器人开发的实践性很强的书籍，通过学习本书内容，读者可以很容易地基于Node.js和微软Bot框架来设计并构建聊天机器人。本书示例丰富，各种概念通俗易懂地融入了应用示例之中。

目前，微软官方网站关于Bot框架的资料有很多，而且一些开发者网站也有一些关于应用微软Bot框架开发机器人的讨论。但总的来说，还没有像本书一样系统介绍实践的，更不用说好一点、全面一点的中文资料了。所以，我便跟我们科研团队中的骨干力量商量，决定接下这项翻译任务，结合团队成员的实践经验，为广大读者呈现一本关于微软Bot框架方面的好书。

根据重点研究方向和特长，由董晓宁工程师负责前六章的翻译工作，由吴吉庆博士负责后四章的翻译工作，我除了承担中间四章的翻译工作外，还负责统稿和校对工作。董晓宁工程师在微软工作时，正好在Bot框架方面进行课题项目研究，可以说对该框架相当熟悉。吴吉庆博士也在公司从事聊天机器人的开发实践工作，不仅理论功底深厚，而且开发经验丰富。大家都对翻译工作十分认真，我们建立了微信群，遇到疑难问题时共同讨论，反复推敲，以确定最好的翻译结果。每翻译一章，他们两位就发给我审校，及时统一文风和术语，保持译文的前后一致性。在翻译过程中我们阅读了大量相关的教材和论文，学习别人的优点、常用译法以及公认的英文术语，并前后进行了四次自我校对。

在此，向翻译期间给予我们无私帮助的所有人，表示由衷的感谢，没有大家的无私帮助，本书的翻译任务是无法完成的！特别感谢彭宇行研究员对我们的翻译工作给予的支持和肯定。感谢我的妻子，在这几个月里，我所有的业余时间都用在翻译和校对上，而她却默默地承担起两个孩子的抚育责任，特别是在节假日期间，我也无暇顾及家庭。

虽然我们很努力，但由于专业水平有限，理解能力和写作功底还有差距，加上时间仓促，最终译稿难免存在理解上的偏差，译文也会有生硬之处。望读者不吝赐教，提出宝贵的意见和修改建议，以便我们能够不断改进译稿。

谢谢！

陶　阳
于 2019 年春

PREFACE
前　言

2016年年中，我开始了一个有趣的项目。客户希望让患有2型糖尿病的用户能够从"自动教练"（即聊天机器人）那里获得建议。这是一个诱人的想法。我有很多问题：为什么有人想要与机器人进行自然语言对话？是否有可能使机器人足够聪明以实现其目标？怎么开始创建聊天机器人？用户应该通过哪种方式与之互动？当项目结束时，我们很快意识到我们使用的技术（包括自然语言理解、微软的Bot框架和自定义机器学习模型）可以作为用户和计算系统之间广泛的自然语言应用程序的技术基础。毕竟，自然语言接口风靡一时。Alexa支持的Echo Dot刚刚发布，普通人群很快就对与数字助理沟通的想法着迷。我们也想马上抓住这个能成为该领域专家的机会。

我们尝试了许多不同的平台，如Api.ai（现在的DialogFlow）、Wit.ai和Watson Conversation，最终决定使用微软的Bot框架，因为我们觉得它是很好的商业产品。聊天机器人创业公司如雨后春笋般涌现，都承诺提供最好的机器人或机器人平台。随着该领域趋于饱和，也引起了客户的关注。突然间，我发现自己每天都会和多个客户交谈。最初，与客户交谈是指导性会话：什么是聊天机器人？它是如何工作的？它有哪些通道？它是自学的吗？它可以与实时聊天集成吗？

从2017年年中开始，与客户交谈慢慢地从培训客户转向确定所有类型用例的开发工作范围。客户开始应用该技术来解决业务问题。2017年下半年，在致力于提供多个聊天机器人实现的同时，我的一位同事将我介绍给编辑人员，他们使本书面世成为现实。我很快便决定承担这个项目，因为这是一个引人入胜的话题，是一个新的领域，有很多可能性。

我决定以我在这些主题方面指导工程师的方式来写本书。本书大致分为三个部分。首先，第1章和第2章介绍聊天机器人和机器学习（ML）主题。虽然聊天机器人可以并且经常独立于任何ML算法而存在，但事实是用户希望聊天机器人能够展示某种形式的智能，最低限度也得是自然语言理解。因此，我想在ML上设置状态并确定如何在自然语言对话中应用它。第 3 章深入探讨微软的语言理解智能服务（LUIS），我们利用它来为聊天机器人创建自然语言理解模型。

第二部分介绍 Bot 框架开发实践。第 4 章介绍对话设计的概念，即聊天机器人对话建模的实践。第 5 章指导读者创建连接到 LUIS 模型的 Bot 框架聊天机器人，并将其部署到 Azure 应用程序服务中。在第 6 章中，我们退后一步来检查 Bot Builder SDK 的特性和功能。在第 7 章中，我们将聊天机器人与 OAuth 实现和外部 API 集成在一起。第 8 章深入研究 Slack 机器人。第 9 章探讨通过 Direct Line API 将任何通道连接到聊天机器人的能力。我们将 Twilio Voice 与图片结合起来，创建了一个可以通过电话与之交谈的聊天机器人。

第三部分介绍一些对聊天机器人开发至关重要的其他主题。第 10 章通过关注一组精选的微软认知服务，为聊天机器人增加额外的智能能力。第 11 章探讨为聊天机器人创建自定义卡片的两种方式：自适应卡片和自定义图形渲染。第 12 章探索人工切换，第 13 章介绍聊天机器人分析，第 14 章通过使用亚马逊的 Alexa 技能工具包来创建一个简单的 Alexa 技能，然后使用 Bot 框架机器人复制相同的经验，将所获得的新知识付诸实践。

聊天机器人领域是不断发展变化的。在本书的写作过程中，Facebook 收购了 Wit.ai 并将其重点转向自然语言理解，Google 收购了 Api.ai，LUIS 改变了两次用户接口，Bot 框架正式发布并转移到 Azure，QnA Maker 正式发布；在我写完所有内容后，Alexa 的用户接口发生了变化，微软在 Build 2018 上宣布了大量新功能。幸运的是，这并没有彻底改变本书的主题。可见，本书主题相对稳定。我希望这些内容对于任何想使用微软 Bot 框架开发聊天机器人的人员来说都是必不可少的。

写作过程真是一言难尽，如果没有这么一小群人的支持，本书恐怕很难完成，我对他们永远感激不尽。感谢我的妻子 Kim，没有她的耐心、善意、支持以及编辑上的帮助，我将无法完成本书。还要感谢 Jeff Dodge 在构建聊天机器人实践方面的合作，感谢 Bob Familiar 将我引荐给 Apress 团队，感谢 BlueMetal 让我有时间写作。非常感谢 Matt、Jimmy 和 Andrew，以及我的父母 Hanna 和 Krzysztof Rozga，他们为我提供了精神支持和鼓励。还要感谢 Apress 的编辑 Natalie 和 Jessica 在本书撰写过程中给予的支持。

Szymon Rozga

2018 年 6 月 1 日

于纽约华盛顿港

ABOUT THE AUTHOR
关于作者

Szymon Rozga 拥有 15 年左右的软件开发行业经验。他对在华尔街做前端应用程序开发很有激情。关注用户界面细节的兴趣促使他好好研究了 Windows、Web 和 iOS/Android 平台上的不同用户界面技术。他曾在各种项目中管理工程师团队，自 2016 年以来，他一直致力于为客户建立跨文本和语音通道的聊天机器人。他在 BlueMetal 公司开展技术实践活动，并且经常参与一些聊天机器人项目。作为 Emerging Technologies 的首席架构师，他经常阅读和观看有关新技术的演示、培训客户、主导研讨论坛、指导工程师以及帮助客户，将聊天机器人、区块链和增强现实等技术应用于业务问题，以保持认知上的灵活性。

在业余时间，他喜欢散步、读小说、去海边、弹吉他，以及与妻子 Kim、儿子 Teddy 和金毛猎犬 Chelsea 共度时光。

ABOUT THE TECHNICAL REVIEWERS

关于技术审校人员

Alp Tunc 是一名软件工程师，拥有土耳其伊兹密尔埃格大学的理学硕士学位。他担任过各种规模项目的开发人员、架构师、项目经理，拥有 20 年的行业经验。他还拥有广泛技术的实践经验。除了技术，他喜欢在壮观的景色中跋涉、探险、跑步、阅读和听爵士乐。他喜欢猫和狗。

Jim O'Neil 是 Microsoft Azure MVP 和 BlueMetal 的高级架构师，BlueMetal 是一家总部位于美国马萨诸塞州 Watertown 的现代应用咨询公司，主要为各行业设计和实施物联网解决方案。作为美国东北部的前微软开发人员传播者，他也活跃于新英格兰软件界，是技术和非营利活动（New England GiveCamp）的发言人和组织者。在业余时间，他迷恋于家谱学和 DNA 检测，通过 DNA 检测，他找到了亲生父母的家族。

目　录

译者序

前言

关于作者

关于技术审校人员

第1章　聊天机器人概述 1
1.1　对机器人的期望 2
1.2　什么是聊天机器人 3
1.3　为什么是现在 6
1.3.1　人工智能取得的进步 6
1.3.2　作为智能对话平台的消息应用程序 7
1.3.3　语音唤醒的智能助理 8
1.4　创建聊天机器人的动机 8
1.5　机器人的组成 10
1.5.1　机器人运行库 10
1.5.2　自然语言理解引擎 11
1.5.3　对话引擎 12
1.5.4　通道集成 14
1.6　结束语 15

第2章　聊天机器人与自然语言理解 17
2.1　自然语言处理的基本概念 18

2.2　常见的自然语言处理任务 23
2.2.1　句法分析 23
2.2.2　语义分析 23
2.2.3　语篇分析 23
2.3　机器人中常见的自然语言理解功能 24
2.4　云端自然语言理解系统 24
2.5　自然语言理解系统的商业产品 ... 25
2.6　结束语 26

第3章　语言理解智能服务 27
3.1　意图分类 28
3.2　发布LUIS应用 34
3.3　实体抽取 37
3.3.1　Age、Dimension、Money和Temperature 40
3.3.2　DatetimeV2 41
3.3.3　Email、Phone Number和URL 46
3.3.4　Number、Percentage和Ordinal 46
3.4　实体训练 47
3.5　自定义实体 50
3.5.1　简单实体 50

3.5.2　复合实体 …………… 56
　　　3.5.3　层次实体 …………… 61
　　　3.5.4　列表实体 …………… 64
　　　3.5.5　正则表达式实体 …… 65
　3.6　预建域 ……………………… 65
　3.7　短语列表 …………………… 67
　3.8　主动学习 …………………… 69
　3.9　仪表板概览 ………………… 70
　3.10　LUIS 应用管理与版本更新 … 71
　3.11　拼写检查 …………………… 73
　3.12　导入 / 导出 LUIS 应用 …… 74
　3.13　使用 LUIS Authoring API … 75
　3.14　解决遇到的问题 …………… 75
　3.15　结束语 ……………………… 76

第 4 章　对话设计 ……………… 78
　4.1　常见的使用场景 …………… 78
　　　4.1.1　面向消费者的常见使用场景 ……………… 78
　　　4.1.2　面向企业的常见使用场景 ……………… 82
　4.2　对话表达 …………………… 83
　4.3　机器人的响应 ……………… 85
　　　4.3.1　构建块 ……………… 85
　　　4.3.2　机器人的身份验证和授权 ………………… 87
　　　4.3.3　专用卡片 …………… 88
　4.4　其他功能 …………………… 90
　4.5　对话交互设计指南 ………… 91
　　　4.5.1　专注 ………………… 91
　　　4.5.2　不要把机器人设想为人 … 91
　　　4.5.3　不要赋予机器人性别 … 91

　　　4.5.4　总是提供当前最好的建议 ………………… 92
　　　4.5.5　持久的个性 ………… 92
　　　4.5.6　使用丰富的内容 …… 93
　　　4.5.7　原谅 ………………… 93
　　　4.5.8　避免卡壳 …………… 93
　　　4.5.9　不要过于主动发送消息 … 93
　　　4.5.10　提供人工介入方法 … 93
　　　4.5.11　从用户对话中学习 … 94
　4.6　结束语 ……………………… 95

第 5 章　微软 Bot 框架概述 …… 96
　5.1　微软 Bot Builder SDK 基础 … 96
　5.2　Bot 框架端到端的设置 …… 107
　　　5.2.1　第一步：连接到 Azure … 107
　　　5.2.2　第二步：在 Azure 中创建 Bot Registration … 109
　　　5.2.3　第三步：为机器人设置安全认证 …………… 111
　　　5.2.4　第四步：设置远程访问 … 112
　　　5.2.5　第五步：连接到 Facebook Messenger ……………… 113
　　　5.2.6　第六步：将机器人部署到 Azure ……………… 117
　5.3　理解所做的操作 …………… 121
　　　5.3.1　Microsoft Azure …… 121
　　　5.3.2　机器人通道注册入口 … 121
　　　5.3.3　认证 ………………… 122
　　　5.3.4　连接和 ngrok ……… 122
　　　5.3.5　部署到 Facebook Messenger ……………… 123
　　　5.3.6　部署到 Azure ……… 123

5.4	Bot Builder SDK 重要概念	123
	5.4.1 会话和消息	124
	5.4.2 瀑布和提示	127
	5.4.3 对话框	130
	5.4.4 调用对话框	133
	5.4.5 识别器	135
5.5	创建一个简单的日历机器人	138
5.6	结束语	139

第 6 章 深入 Bot Builder SDK 140

6.1	对话状态	140
6.2	消息	141
6.3	地址和主动消息	144
6.4	富媒体内容	146
6.5	按钮	149
6.6	卡片	152
6.7	建议动作	156
6.8	通道错误	158
6.9	通道数据	158
6.10	群组聊天	162
6.11	自定义对话框	163
6.12	动作	168
6.13	库	173
6.14	结束语	174

第 7 章 构建一个完整的 Bot 176

7.1	关于 OAuth 2.0	176
7.2	Google API 的建立	177
7.3	将身份验证与 Bot Builder 集成	182
7.4	无缝登录流程	187
7.5	与 Google Calendar API 集成	195
7.6	实现 Bot 功能	201
7.7	结束语	205

第 8 章 扩展通道功能 207

8.1	Slack 深度集成	207
8.2	连接 Slack	210
8.3	Slack API 实验	215
8.4	简单的互动消息	220
8.5	多步骤体验	227
8.6	结束语	236

第 9 章 创建新的通道连接器 237

9.1	Direct Line API	237
9.2	自定义 Web 聊天界面	239
9.3	语音机器人	250
9.4	将机器人与 Twilio 整合在一起	252
9.5	与 SSML 集成	262
9.6	最后的接触	265
9.7	结束语	268

第 10 章 使聊天机器人更聪明 269

10.1	拼写检查	271
10.2	情感	276
10.3	多语言支持	277
10.4	QnA Maker	282
10.5	计算机视觉	286
10.6	结束语	290

第 11 章 自适应卡片和自定义图形 291

11.1	自适应卡片	291
11.2	渲染自定义图形	302

11.3 结束语 ……………………………… 319

第 12 章 人工切换 ……………………… 320
12.1 仍离不开人 …………………………… 320
12.2 从客服角度看聊天机器人 ………… 321
  12.2.1 一直在线的聊天机器人 …… 321
  12.2.2 非全时在线的聊天机器人 … 321
  12.2.3 面向客服代表的聊天机器人 … 321
12.3 典型的客户服务系统概念 ………… 322
12.4 集成方法 …………………………… 322
  12.4.1 自己创建界面 ……………… 323
  12.4.2 基于平台 …………………… 323
  12.4.3 基于产品 …………………… 324
12.5 Facebook Messenger 切换示例 …… 326
12.6 结束语 ……………………………… 332

第 13 章 聊天机器人分析 ……………… 333
13.1 常见数据问题 ……………………… 333
  13.1.1 通用数据 …………………… 334
  13.1.2 人口统计资料 ……………… 335
  13.1.3 情感 ………………………… 335
  13.1.4 用户驻留 …………………… 335
  13.1.5 用户会话流 ………………… 336
13.2 分析平台 …………………………… 337
13.3 与 Dashbot 和 Chatbase 集成 …… 340
13.4 结束语 ……………………………… 346

第 14 章 学以致用：Alexa 技能工具包 … 348
14.1 概述 ………………………………… 348
14.2 创建一个新的技能 ………………… 350
14.3 Alexa NLU 和自动语音识别 ……… 352
14.4 深入研究针对 Node.js 的 Alexa 技能工具包 ………………………… 358
14.5 其他选择 …………………………… 367
14.6 连接到 Bot 框架 …………………… 369
  14.6.1 关于 Bot 框架和 Alexa 技能工具包集成的实现决策 … 369
  14.6.2 示例整合 …………………… 371
14.7 结束语 ……………………………… 378

CHAPTER 1

第 1 章

聊天机器人概述

最近几年，聊天机器人（chat bot）及人工智能（Artificial Intelligence，AI）成了科技行业的热门话题和大众最感兴趣的内容之一。聊天机器人是使用自然语言进行交互的计算机程序。它们正在做越来越多的事情，从预定比萨到买衣服，再到停车罚单申诉[○]、谈判[○]等。最初，开发一个聊天机器人和开发带有消息平台的系统一样，没有简单的方法来代表代码中的对话流。但当微软创建了 Bot 框架和 Bot Builder SDK 时，这种情况发生了变化。微软为开发者创建了一个丰富的开发环境，该开发环境使开发者得以从与各独立通道集成的关注中解放出来，并专注于编写执行聊天机器人需要完成的对话任务的代码。微软提供的 Bot Builder SDK 提供了一种开发对话体验的通用方法；Bot Connector 实现了把通用消息格式转换成特定通道的业务逻辑。

这也使聊天机器人开发对广大开发者来说变得更加容易和便捷。工程师不再需要了解输入输出与诸如 Facebook 的 Messenger API 或 Slack 的 Web API 之类的开发接口进行集成的细节。相反，开发人员只需专注于核心的机器人逻辑和对话体验，其余的事情由微软提供的开发工具来解决。

Bot Builder SDK 支持 .NET 和 Node.js，并且以 MIT 开源软件许可协议在 GitHub 上开发维护[○]。微软的机器人开发团队在版本开发以及响应开发者提出的各种问题方面非常积极活跃，同时他们对新手非常友好。

2017 年 12 月，微软宣布 Bot 框架和语言理解智能服务（Language Understanding Intelligence Service，LUIS）在 Azure 门户对开发者公开发布。LUIS 是微软提供的自然语言服务，它使开发者开发的机器人能够理解自然语言，具备对话方面的智能；Bot 框架现在也称为 Azure Bot Service，二者含义相同。顾名思义，Azure Bot Service 现在是 Microsoft Azure 云产品的成熟部分。此外，微软还提供了免费的服务层次，因此我们可以根据自己的

○ 机器人律师对违规停车罚单提起诉讼：http://www.npr.org/2017/01/16/510096767/robot-lawyer-makes-the-case-against-parking-tickets。

○ 成还是不成？训练 AI 机器人进行谈判：https://code.facebook.com/posts/1686672014972296/deal-or-no-deal-training-ai-bots-to-negotiate/。

○ GitHub 上的 Microsoft Bot Builder SDK：https://github.com/Microsoft/BotBuilder。

内容来使用框架。本书所有的样例和技术都可以在 Azure 上免费试验。

过去几年，微软、Facebook、Google 等科技巨头以及很多小型公司一直在致力于创建最好且最易于使用的聊天机器人开发框架（chat bot development framework）。可以看到，这个领域的变化性很强，各种框架来来去去，似乎日新月异。然而尽管领域一直在动态变化，微软的 Bot 框架始终是开发功能强大、快速且灵活的聊天机器人的最佳平台。我很激动能带大家使用此工具进行聊天机器人开发之旅。

1.1 对机器人的期望

两年多以来，我与客户的大部分沟通都集中在讨论机器人功能，它们是什么以及（尤其重要的是）它们不是什么。事实上，当前的现状是人们在很大程度上可能会把聊天机器人的能力与人工智能混淆。原因很容易理解：一些聊天机器人使用丰富的自然语言功能，这使人们对它们有更高、更多的期望；此外，基于语音的数字助理（如 Cortana、Alexa 和 Google 智能助理）出现在人们的家中，并且人们会将其当作真人来进行对话。那么，聊天机器人为什么不能展现出更多的智能呢？

除此以外，相关新闻也激发了人们极大的兴趣。比如，IBM 的 Watson[一]在美国著名的益智问答电视节目《Jeopardy》上进行挑战[二]；谷歌大脑（Google Brain）团队[三]在语言翻译方面使用深度学习所取得的成绩登上了《纽约时报》专题；自动驾驶技术；AlphaZero 仅使用四个小时学习如何下国际象棋便打败了世界第一国际象棋引擎 Stockfish[四]。

这些新闻加大了社会对这些技术的投资和兴趣，也预示着我们正走向人工智能驱动的人机交互方式。AI 领域的技术发展改变了我们的交互方式，同样改变了我们对技术的期望和要求，为设备赋予人的属性和能力变得越来越普遍。科幻小说家阿西莫夫的"机器人三定律"是机器人遵守的一套可以确保机器人友善待人而不会追逐伤害人类的规则，认知和科幻领域中的思想家一直在努力解决该定律所述内容的可能性。目前在现实世界中已经有一些明确而具体的人工智能实例，我们离科幻小说里的那种现实似乎更加接近了。

然而，现实与人工智能在一些非常具体的问题领域所取得的成就并不相符。尽管我们已经在自然语言处理、计算机视觉、情感检测等方面取得了巨大飞跃，但我们还没有把握将这些技术组合在一起来形成一个类似人的智能，即通用人工智能（Artificial General

---

[一] IBM Watson：关于赢得《Jeopardy》胜利的超级计算机如何诞生以及下一步想做什么的内幕：http://www.techrepublic.com/article/ibm-watson-the-inside-story-of-how-the-jeopardy-winning-supercomputer-was-born-and-what-it-wants-to-do-next/。

[二] Watson 是能回答用自然语言提出问题的问答系统，来自 IBM 的 DeepQA 项目；Watson Wikipedia：https://en.wikipedia.org/wiki/Watson_(computer)。《Jeopardy》是美国出名的电视问答节目。——译者注

[三] 伟大的 A.I. 唤醒：https://www.nytimes.com/2016/12/14/magazine/the-great-ai-awakening.html。

[四] Google 的 AlphaZero 在 100 场比赛中摧毁 Stockfish：https://www.chess.com/news/view/google-s-alphazero-destroys-stockfish-in-100-game-match。

Intelligence，AGI）。同样，让聊天机器人实现通用人工智能也不是一个切实可行的目标。对于每一篇庆祝人工智能领域巨大成就的文章，都有一篇相关的文章对该技术的炒作进行了抨击，并且举出实例说明为什么这种类型的 AI 距离完美、通用的人工智能依旧任重而道远（比如那篇展示计算机视觉算法在文中所有实例图像上均无法正确分类的文章）。因此，对于任何被媒体炒作的技术，我们必须为其设定合理的期望和要求。

机器人在和用户对话时能达到具有人类水平的智能吗？答案是不能！给定相应的技术和任务，机器人可以很好地完成这些任务吗？答案是当然可以！本书旨在为读者提供必要的技能，以构建引人注目、引人入胜且有用的聊天机器人。工程师可以自己决定在开发聊天机器人的过程中加入多少最新的 AI 技术。不过，这些技术对于一个好的聊天机器人来说也不是必需的。

1.2 什么是聊天机器人

在最基本的层面上，聊天机器人（在本书后续内容中简称为机器人）是一种计算机程序，可以将用户的自然语言作为输入并将文本或富媒体作为输出返回给用户。用户通过消息传递应用与聊天机器人交流，比如 Facebook Messenger、Skype、Slack 等；或者通过语音唤醒设备进行交流，比如 Amazon Echo、Google Home 以及由微软 Cortana 提供支持的 Harmon Kardon Invoke 等。

图 1-1 展示的是我们使用微软 Bot 框架构建的第一个机器人。该机器人在输入信息前加上"echo:"前缀，再返回给用户，在 Bot 框架上可以轻松实现这种像 Hello World 一样简单的业务。

图 1-1 简单 Echo 机器人

```
var bot = new builder.UniversalBot(connector, [
    function (session) {
        // for every message, send back the text prepended by
           echo:
        session.send('echo: ' + session.message.text);
    }
]);
```

这个机器人非常基础，而且没什么功能。我们可以继续创建一个 Youtube 机器人，它接受用户的文本输入，搜索该主题的视频，并将视频的链接返回给用户（如图 1-2 和图 1-3 所示）。

图 1-2　猫不错

图 1-3　狗更好一点

和图 1-1 的机器人一样，Youtube 机器人只能做一件事，也非常基础。它的逻辑是通过与 YouTube API 集成，将用户的文本输入用作搜索参数，然后将 Bot 框架中称为卡片（card）的内容返回给用户，我们将在本书的后面部分对此进行探讨。给用户提供图像可以使应用更丰富、更具吸引力，这些应用很有趣，但依然非常基础。

Youtube 机器人的代码实现如下，它向 Youtube 发送请求，并将接收的响应从 YouTube 格式转换成 Bot 框架的卡片格式。

```
const bot = new builder.UniversalBot(connector, [
    session => {
        const url = vsprintf(urlTemplate, [session.message.text]);

        request.get(url, (err, response, body) => {
            if (err) {
                console.log('error while fetching video:\n' + err);
                session.endConversation('error while fetching
                video. please try again later.');
                return;
            }

            const result = JSON.parse(body);
            // we have at most 5 results
```

```
        let cards = [];
        result.items.forEach(item => {
            const card = new builder.HeroCard(session)
                .title(item.snippet.title)
                .text(item.snippet.description)
                .images([
                    builder.CardImage.create(session, item.
                    snippet.thumbnails.medium.url)
                ])
                .buttons([
                    builder.CardAction.openUrl(session,
                    'https://www.youtube.com/watch?v=' +
                    item.id.videoId, 'Watch Video')
                ]);
            cards.push(card);
        });
        const reply = new builder.Message(session)
            .text('Here are some results for you')
            .attachmentLayout(builder.AttachmentLayout.
            carousel)
            .attachments(cards);
        session.send(reply);
    });
  }
]);
```

我们还可以继续创建第三个机器人，给定一段陈述，它能区分出这段陈述是中性的、积极的还是消极的，并进行相应的应答，如图1-4所示。这个机器人和前面两个例子一样简单：我们调用情感REST API获取情感得分值，并使用该得分值作为答案进行应答，该机器人的实现代码不再赘述。

根据该示例可以看出，在机器人中集成AI是一件容易的事。另外，机器人不必拘泥于提问-应答模式（question-response pattern），也能主动和用户沟通，比如我们可以创建一个欺诈报警的机器人，如图1-5所示。

机器人可以更多地由任务驱动。例如，日历机器人可以创建约会、查看是否有时间、编辑或删除约会，并将用户的个人日历进行归纳总结，如图1-6所示。

上面的例子都是一些简单任务，下面我们将把自然语言理解功能纳入到机器人中。

图1-4　使用AI驱动对话的简单示例

图 1-5　主动给用户传递消息

图 1-6　集成了 Google Calendar 的简单日历机器人

1.3　为什么是现在

为什么机器人现在变得越来越重要？其实，在以前的应用程序中就存在机器人的影子，比如 IRC[①]和美国在线（AOL）的 Instant Messenger[②]。IRC 机器人诞生时间比较早，我也在 IRC 上试过与很多机器人进行交互。由于当时在技术方面积淀不深，我最初认为有一个真实的人回应我的信息，但我很快意识到是一个程序在答复我写的东西；和 IRC 机器人交互得越多，我越觉得这种交互就像是在执行某些命令行操作。然而，这在当时都是非常小众的技术，并且人们也不需要每天都和机器人交互，因此当时的机器人根本没必要满足能用自然语言进行交互的需求。

现在，新技术带来了与以前完全不同的交互方式，新技术主要有以下三种：AI 技术、将消息应用程序（messaging app）作为智能对话平台的理念，以及语音唤醒的对话接口。

1.3.1　人工智能取得的进步

纵观整个 20 世纪，计算机科学家、生物学家、语言学家和经济学家在认知、人工智

[①] IRC Bots：https://en.wikipedia.org/wiki/IRC_bot。
[②] SmarterChild：https://en.wikipedia.org/wiki/SmarterChild。

能、人工生命、机器学习和深度学习等领域取得了巨大进步。用计算机程序执行计算机指令的概念，通用图灵机（Universal Turing Machine）㊀，存储代码并通过接收输入和产生输出来执行代码的计算机体系结构的思想，以及冯·诺依曼体系结构㊁，这些都是人类历史中的新兴"标准"，但也是我们利用计算机进行工作的基石。1943 年，McCulloch 和 Pitts 在论文"A Logical Calculus of the Ideas Immanent in Nervous Activity"㊂中首次发表神经网络（neural network）的思想。1950 年，科幻小说家阿西莫夫在小说《我，机器人》中从想象的角度总结了"机器人三定律"㊃。同年，第一篇描述计算机如何下象棋的论文"Programming a Computer for Playing Chess"发表了，论文作者 Claude Shannon 同时也开创了信息论这一计算机学科领域㊄。1960 年以来，计算机科学研究中所取得的进步令人兴奋，从媒体封面对最新 AI 应用的报道就可见一斑。

自 1960 年以来，机器学习和使用算法构建模型的特性都得到了提升，并且更加可用；Python 机器学习库 scikit-learn 和谷歌 Tensor Flow 的开发者社区活跃度非常高，文档支持十分完善；科技巨头公司在提升计算能力方面不断加大投入，以保证能用可接受的合理时间完成一些计算密集型任务；Microsoft、Amazon、Google、IBM 通过不同的方式投入云平台的建设中，并且下一步在云上提供机器学习算法。比如在编写本书时，微软认知服务（Microsoft Cognitive Service）仅提供 30 多个 API 供开发者调用。开放的 API 包括人脸识别、情感检测、内容审核、光学字符识别（OCR）等计算机视觉工具，也包括诸如自然语言处理、语言和文本分析、自然语言理解等工具，甚至还包括推荐引擎（recommendation engine）、语义搜索（sematic search）等检索和知识理解工具。开发者通过合理的成本就能接入微软认知服务、实现更强大的功能，这种可用性使得目前的智能系统在大众的生活中越来越普遍，同时也是我们在开发机器人时利用的最重要的底层基础设施。我们将在第 10 章介绍微软认知服务。

1.3.2 作为智能对话平台的消息应用程序

移动消息应用近年来非常流行和普及，Snapchat、Slack、Telegram、iMessage、FB Messenger、WhatsApp 以及微信（WeChat）成为用户手机移动端上最常用的应用程序，它们的使用率甚至超过了像 Facebook 这样的社交网络。Business Insider 分析显示，移动消息应用的使用率在 2015 年第一季度首次超过社交网络，并持续至今。我们也发现亚洲的消息应

㊀ Universal Turing Machine：https://en.wikipedia.org/wiki/Universal_Turing_machine。
㊁ Von Neumann Architecture：https://en.wikipedia.org/wiki/Von_Neumann_architecture。
㊂ A Logical Calculus of Ideas Immanent in Nervous Activity：http://www.cs.cmu.edu/~epxing/Class/10715/reading/McCulloch.and.Pitts.pdf。
㊃ 机器人三定律：https://en.wikipedia.org/wiki/Three_Laws_of_Robotics。
㊄ Programming a Computer for Playing Chess：http://archive.computerhistory.org/projects/chess/related_materials/text/2-0%20and%202-1.Programming_a_computer_for_playing_chess.shannon/2-0%20and%202-1.Programming_a_computer_for_playing_chess.shannon.062303002.pdf。

用程序（如微信和LINE）已经找到了通过聊天应用增加使用率的方式，以及从流量中获利的方式；Apple、Twitter和Facebook等公司通过向开发人员开放开发者接口甚至集成支付功能等方式一直在引领潮流。总体而言，开放消息平台访问接口的趋势十分流行。

在消息平台上托管机器人可以吸引更多开发者加入；应用程序开发需要考虑用户体验（UX），而机器人开发者不需要像移动应用开发者那样关注内存管理、UI动画交互等内容，只需关注机器人和用户之间的对话即可。值得注意的是，机器人并不仅仅包含文本信息交互，还包括图像、视频、声音以及调用其他命令的按钮等内容。机器人的对话受消息平台所支持的功能的限制，微软的Bot框架中集成了必需的开发组件，可以最大化利用消息平台支持的功能。

1.3.3 语音唤醒的智能助理

另一个使对话智能迅速兴起的原因是语音唤醒设备的快速发展。虚拟语音助理Siri于2011年由Apple推出，现在早已家喻户晓，它由Dragon NaturallySpeaking这一最著名的桌面语音识别系统支持。该系统由Nuance开发，以帮助Siri实现"语音–文本"转换。

Siri是第一个进入市场的语音助理，并推动了其他科技巨头的参与热情。微软在2014年发布了语音助理Cortana（微软小娜）；同年，亚马逊推出Amazon Echo。Cortana最初仅在Windows Phone和Windows系统上发行，后来移动端甚至Xbox也都可用；亚马逊的Echo采用Alexa语音助理，是第一款成功商业化的语音硬件设备，亚马逊由此主导了早期语音助理的市场。在随后几年，Facebook和Google分别推出了M（已经于2018年初关闭）和Google Assistant。Google同时推出了Google Home并加入到语音设备市场的争夺战中。Harman Kardon发布了由Microsoft Cortana支持的语音设备Invoke。还有更多的公司正在持续地进入语音设备的市场，进一步推动技术创新。

语音助理市场之所以活跃是因为人工智能、语音识别、自然语言处理、自然语言理解技术发展迅速。这些技术为在消息平台上创建自定义功能提供了标准、框架和工具。我们会在后文中看到，这些自定义功能均可以在机器人中实现。

1.4 创建聊天机器人的动机

我们为什么要编写机器人，并且使用消息应用程序作为对话平台？我们明明可以编写一个移动应用程序，然后发布到应用程序商店，这样不可以吗？因为用户的行为中存在各种倾向，所以这种方法不可行。

对于一些广为使用的事务，下载相应的应用程序自然是最快捷的方式。比如，想使用Facebook可以直接下载该应用程序；想查阅邮件可以直接下载邮件应用程序。但是，对于一些轻量级的事务，比如用户想了解附近花店的一些信息，此时根本不需要一个专门的应用程序来做这件事，为每个单一的事务下载一个应用程序对用户而言是不可接受的。显然，只需要向花店致电或者发送短信就足够了。

很多公司的业务中包含了 B2C。以 Facebook 为例，一家当地花店可以注册一个 Facebook 主页，并在主页上发布消息，业务员可以对某一客户的查询请求做出回复；无独有偶，Twitter 则对外提供了全新的 Direct Message API，它为 Twitter 带来了巨大的商业价值。这种不需要下载应用的方式让业务更简单、快捷，机器人就是这种免下载免安装模式，消息平台在这个过程中负责用户识别、身份验证、整体应用稳定性等。

机器人同样改变了其他用例场景，比如效率工具 Slack。Slack 是一个出色的工作协作平台，能够让大家在不同的聊天主题中交流和协作。机器人可以让 Slack 更加高效，图 1-7 展示了 Slack 平台上一些排名靠前的机器人，这类机器人专注于工作中的任务，比如待办事项、站会（站立式会议）、任务分配等。显然，如果工作团队完全使用 Slack 来沟通协作，那么将普通的工作任务交给机器人去做可能比创建专门的网站去做更加高效。

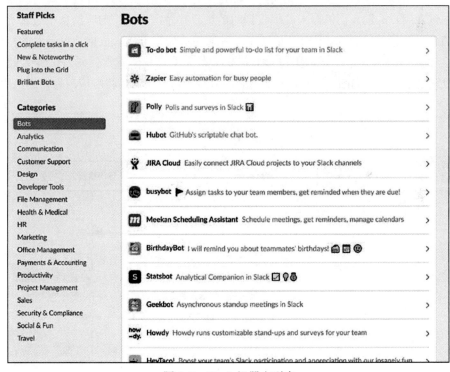

图 1-7　Slack 机器人列表

虽然 Slack 的列表中包含一个名为 Bots 的特定类别，但事实上所有这些应用程序都是机器人。其中一些可能更擅长对话，而另一些则可能给人以更多的命令行感觉；就我们而言，机器人只是在听取消息并对其采取行动。针对比较擅长对话的聊天机器人，自然语言理解的内容以及与理解人类语言有关的学科，对用户体验来说至关重要。因此，我们将第 2 章和第 3 章专门用于探讨这项内容。

1.5 机器人的组成

我们将机器人的开发分解成独立的部分。在下面的介绍中，本书采用在开发时最常使用的概念进行描述，并重点介绍在微软 Bot 框架中开发机器人的方式。具体包括以下内容：
- 机器人运行库
- 自然语言理解引擎
- 对话引擎
- 通道集成

1.5.1 机器人运行库

最基本的，聊天机器人是一个响应用户请求的 Web 服务。尽管集成的消息平台有所差异、实现细节有所不同，但核心思路是相同的：都是消息平台通过 HTTP 端点来调用机器人，并在消息中包含用户的输入。机器人处理收到的消息，并做出响应，响应消息中包含了附件内容和与消息平台相关的数据。图 1-8 描述了一种通用的处理方法。依据消息平台的特点，用户可能会收到对应的异常，异常里包含 HTTP 状态代码或其他异常代码。机器人处理消息时，通过调用通道（channel）的 HTTP 端点来响应。然后，该通道将响应消息传递给用户。

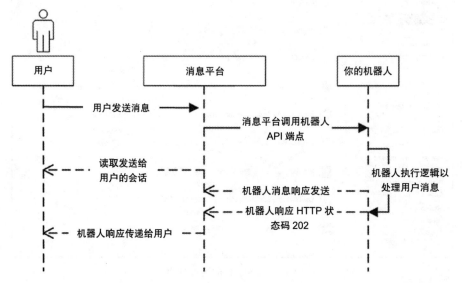

图 1-8　用户、消息平台和通用机器人之间的消息交互

图 1-8 中所示方法的缺点在于它将机器人局限于一个特定的消息发布通道。实际上，我们希望开发的机器人具有与通道无关的特性，以便最大限度地重复使用机器人中的逻辑。Bot 框架通过在消息平台和机器人之间提供一个通道连接器（channel connector）服务来弥补该缺点，因此实际应用中的交互过程更像如图 1-9 所示的过程。可以看到，通道连接器掌管

了机器人与消息平台的连接、通信，并将消息转换成机器人可以识别的通用数据格式。我们将在 1.5.4 节对通道进行更为详细的介绍。

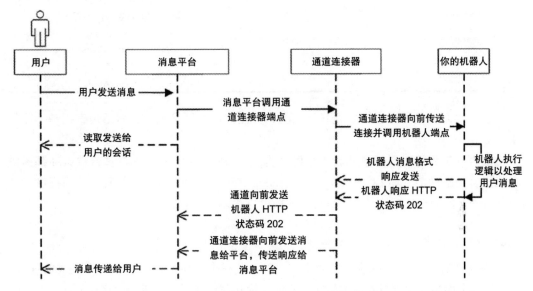

图 1-9 用户、消息平台、连接器服务和应用 Bot 框架的机器人之间的消息交互

由于机器人运行库本质上就是一个监听 HTTP 端点请求的程序，因此开发者可以使用任何允许我们接收 HTTP 消息的技术来开发机器人，比如 .NET、Node.js、Python 和 PHP。尽管连接器为开发者提供了开发便利和优势，并且开发者可以自由地选择实现 HTTP 端点的方法，但是我们可以继续使用 Bot 框架的另一个组件 Bot Builder SDK，以使开发更便捷。我们将在 1.5.3 节介绍 Bot Builder SDK。

1.5.2 自然语言理解引擎

由于人类的语言是非结构化的输入数据，语言内容非常灵活并且没有一致的规则，因此编写一个能理解人类说话内容的机器人是一项非常具有挑战性的工作。机器人要具备可用性就必须能接收人类的语言输入并理解语言内容。自然语言理解（Natural Language Understanding，NLU）引擎可以帮助开发者解决理解自然语言过程中的两大问题：意图分类（intent classification）和实体抽取（entity extraction）。

下面通过一个例子来说明意图和实体是什么。假设我们要开发一个恒温控制机器人，并且设定四个动作：开关打开、开关关闭、设置模式（制冷或加热）、设定温度。用户语言中描述的这四个动作类型就是意图；而其所处的模式（冷、热）和温度值就是实体。自然语言理解引擎支持开发者自定义一系列与机器人应用相关的意图和实体。表 1-1 列举了一些典型的"语言 – 意图 – 实体"映射的例子。

表 1-1　NLU 系统所能处理的用户输入到意图的映射示例

语言	意图	实体
"Turn on"	TurnOn	none
"Power off"	TurnOff	none
"Set to 68 degrees"	SetTemperature	"68 degrees" Type: Temperature
"Set mode to cool"	SetMode	"cool" Type: Mode

显然，我们的代码更容易处理基于意图和实体实现的逻辑关系，而不是直接基于原始的用户语言。

机器人开发者可以通过多种服务实现自然语言理解功能。目前，许多云端 API 都提供了自然语言理解功能，如 LUIS、Wit.ai 和 Dialog flow 等，其中 LUIS 是我们认为提供功能最为丰富、性能表现最好的，第 3 章将深入探讨自然语言理解的主题。

1.5.3　对话引擎

在构建机器人时，我们通常会设计一个工作流程来实现我们想要机器人完成的任务。比如，接着上面恒温控制机器人的例子，它的架构和逻辑如图 1-10 所示。

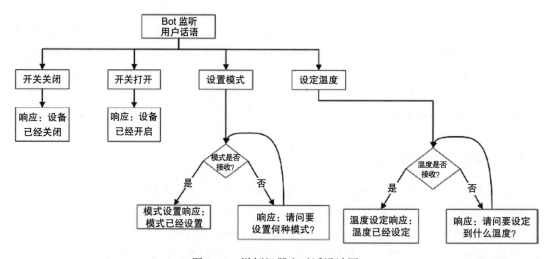

图 1-10　样例机器人对话设计图

机器人的工作流程总是从监听用户的自然语言输入开始，用户说出的话语将被解析成表 1-1 中的意图：如果意图是"开关打开"或者"开关关闭"，那么机器人就能正确地执行逻辑，并且响应一个确认信息；如果意图是"设定温度"，那么机器人会验证温度实体是否存在，如果不存在则会请求一个温度值（即实体），在用户用语言输入温度值之后，机器人同样会正确地执行逻辑，并且响应一个确认信息。"设置模式"和"设定温度"的逻辑相似，因为它同样会验证实体的存在性，并且在不存在的时候向用户请求实体。

在聊天机器人中，对话就是机器人对用户的输入做出响应；对输入、输出和转换的类型进行设计的过程称为对话体验设计（conversational experience design），我们将在第 4 章深入介绍该部分内容。

对话引擎负责监听输入消息、处理消息，以及执行两个对话节点之间的转换。对话引擎独立处理每个用户的消息输入，并且存储用户的对话状态，在用户下一次发起对话时可直接查询到用户的对话状态。微软 Bot 框架在 Bot Builder SDK 组件中提供了性能优秀的对话引擎。

旁白：意图、实体、行动、老虎机，哦，我的天！

机器人的开发方法可以总结为两类：机器人引擎和机器人对话即服务（bot conversation as a service）。机器人引擎方法在前文已讲述过：我们将机器人作为 Web 服务运行，根据需要调用 NLU 平台，并使用对话引擎将消息传递给对话框。下面讲述机器人对话即服务的方法，该方法得到了 Dialogflow 之类的广泛推广。机器人对话即服务方法将 NLU 解析、对话映射（conversation mapping）等流程全部集成在云端 Dialogflow 的基础设施上，然后，Dialogflow 调用机器人来修改响应或与其他系统集成。

用户的语言映射到意图和一系列定义的实体上的过程称为动作（action），一个动作包含一个意图和一系列动作参数。再次回到恒温器机器人的例子中，我们可以定义一个"SetTemperatureAction"的动作，该动作包含一个"SetTemperature"意图和一个"Temperature"实体。当 Dialogflow 解析一个动作时，它可以调用机器人来执行动作。在第二种方法中，对话引擎的功能被外包给 NLU 服务，机器人在这种方法中更加关注 NLU 服务的执行逻辑。

机器人对话即服务的机器人开发方法的一个关键内容是插槽填充（slot filling）。插槽填充是一个过程：一个服务会检测到动作（意图和动作参数）仅被用户输入填充了一部分，并自动地要求用户填充未被填充的剩余部分——动作参数。表 1-2 和表 1-3 展现了两个动作示例。

表 1-2　在恒温控制机器人中设定温度的动作定义

动作	名称	类型	是否必要	提示
SetTemperature	温度	温度	是	你想将温度设置为多少？

表 1-3　机票预订机器人的更复杂动作

动作	名称	类型	是否必要	提示
预订航班	起点	城市	是	起飞城市
	终点	城市	是	落地城市
	日期	时间	是	什么时候起飞？

图 1-11 描述了用户、消息平台、连接器、NLU 服务以及机器人这一完整的端到端流程，机器人在该对话中为服务模型。

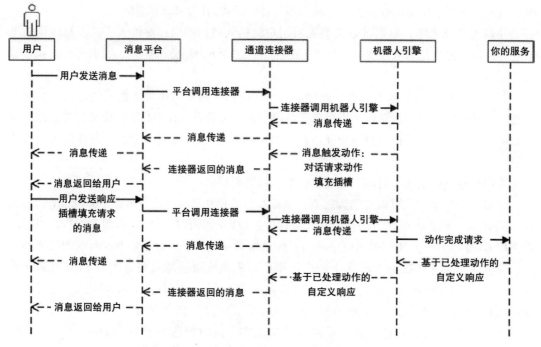

图 1-11　典型的机器人对话即服务的流程

机器人对话即服务的开发方法运行更快，但灵活性稍差，使用 Bot 框架可以让我们掌控机器人引擎，从而解决这些问题。

1.5.4　通道集成

构建机器人时要考虑与多种消息平台进行集成。举个例子，你的老板让你负责编写一个 Facebook Messenger 机器人，你完成并发布了它，老板为你的工作喝彩，但接着又提出了新需求："能否把这个机器人作为网络聊天机器人嵌入到公司的 FAQ 页面上？"Facebook Messenger 机器人的代码是与 Messenger Webhooks 和 Send API 相关联的，怎么实现第二个任务呢？我们可以将一些与 Messenger 通信的逻辑独立出来，创建同一接口的第二个实现——通过 Web 套接字与聊天机器人通信，此时我们便实现了机器人和消息平台之间的接口抽象。

通过上面的例子，可以看出我们希望让机器人尽可能地与消息平台独立。这样，如果开发者不是机器人框架底层的基础设施开发人员，不负责构建不同消息平台下的连接器，那他们就不需要关注如何从通道接收消息以及发送响应等细节。本书面向的对象是机器人开发工程师，而不是基础设施开发者。幸运的是，市场上不同的机器人框架都帮我们实现了与消息平台独立这一需求，如图 1-12 所示。这些框架都允许我们编写与通道无关的机器人，然后通过一些简单的操作连接到这些通道。这种与通道无关的功能通常称作通道集成。

因为消息平台版本功能太新或者消息平台过于特定，所以无论哪种机器人框架都做不到面面俱到——都有无法支持某些功能或某个消息平台的短板，这种短板与许多通用框架的情况类似。此时，机器人框架应该支持开发者以原生格式与平台进行通信。微软机器人框架（Microsoft Bot Framework）就提供了这样的机制。

此外，机器人框架应该非常柔性灵活，以支持开发者创建自定义通道的连接器。举两个例子，如果开发者想创建一个提供聊天机器人界面的移动应用，那么机器人框架应该支持该功能；如果企业使用的即时消息通道不被内建的连接器支持，那么机器人框架应该支持让开发者自己创建一个对应该消息平台的连接器。微软机器人框架通过 Direct Line API 支持这种级别的集成。

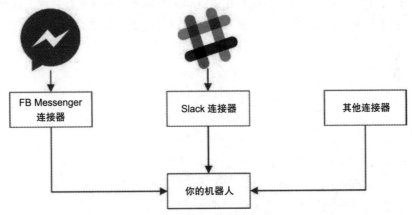

图 1-12　你的机器人不应该关心它与哪个通道对话；通道应该对你透明

我们将在第 9 章和第 10 章深入介绍有关通道和自定义通道集成的内容。

1.6　结束语

在本章中，我们快速浏览了用于构建机器人的几个组件。在我个人的实际工作中，使用对话即服务方法的微软 Bot 框架明显胜过其他的机器人框架，它的灵活性能满足诸多企业场景的需求；Bot 框架同时提供了更好、更丰富的抽象概念，以及更深层次的通道集成和非常开放、活跃、多元的技术社区。微软的 Bot 框架团队为开发者创造了一个功能十分强大的开发套件，它可以作为任何聊天机器人的底层开发框架。我和我的团队使用微软 Bot 框架已经超过了 2 年，Bot 框架的对话引擎和连接器特性已经被证明可以适用于我们所采用的任何用例。

考虑到上述原因，本书使用微软 Bot 框架作为首选框架进行介绍。微软 Bot 框架支持 C#/.NET 和 Node.js，在本书中我们使用 Node.js；另外，不需要使用像 TypeScript 或 CoffeeScript 之类的其他工具，我们只需使用简单的 JavaScript 即可展示使用 Node.js 版的微软Bot框架SDK（即Bot Builder）时，编写机器人是多么简单和直接。

无论是否存在技术炒作，与机器人相关的开发技术确实发展迅猛，令人惊叹。本书不仅涵盖了机器人开发的基础知识，还带领读者了解了一些背后的基础技术和方法。当然，本书不会深入研究背后的底层技术，只保证让读者大致了解如何实现聊天机器人中的智能，以便更轻松地探索更复杂的使用场景。另外，对于涉及的重点内容，本书将提供参考链接和文献作为补充性阅读材料，以方便读者理解。我虽然不是数据科学家，但我在本书中尽力引入了相关的机器学习概念。

我们即将开始技术之旅：对话设计、自然语言理解、与机器人相关的机器学习……在我们介绍这些内容以及构建机器人时，请记住这些技术不仅适用于聊天机器人，同样适用于语音助理。随着自然语言交互和语音交互在家庭和工作场所变得越来越普遍，我保证本书中的技术既会应用于当前的工程项目也会在未来应用到与自然语言相关的应用程序中。让我们开始吧！

第 2 章

聊天机器人与自然语言理解

在编写机器人和创建自然语言模型之前,我们先回顾一下自然语言理解(NLU)和机器学习(ML)的基础知识。微软的语言理解智能服务(LUIS)实现了自然语言理解中的一些概念,另一些概念则可以使用 Python/R 等机器学习工具包,或利用其他服务(比如微软认知服务)实现。本章旨在为读者快速而简单地介绍与自然语言理解相关的基本概念,如果读者已经对相关知识十分熟悉,则可以跳过本章内容直接阅读第 3 章。我们希望通过本章的学习使读者对 NLU 的根源及其如何将 NLU 应用于机器人领域有基础的了解。最后,互联网上有很多对 NLU 更深入的学习材料,如果读者感兴趣可以阅读我们提供的参考资料。

如果我们决定开发一个集成了 NLU 的机器人,则在机器人的工程开发中必须保证理解用户语言的系统能做到与人进行持续的交互。以我们在第 1 章中介绍的用自然语言进行恒温控制的机器人为例,它有 4 个意图:开关打开、开关关闭、设置模式、设定温度。就设定温度这一意图而言,开发者如何编写能理解用户设定温度意图并且能识别用户语言输入中哪一部分代表温度的系统呢?

一种方法是进行暴力编码(brute-force coding),直接在程序里写死。典型地,我们可以使用正则表达式来对用户语句进行匹配,比如" set temperature to {temperature}"" set to {temperature}"以及" set {temperature}"。我们写完程序并用符合上面正则表达式的语句测试完之后,似乎万事大吉,但此时来了一个新用户,如果他对机器人说的语句是" I want it to be 80 degrees",那么机器人会无法理解,也就无法与用户进行交互了。于是,我们又增加一条正则表达式" I want it to be {temperature}"。然而,如果又有新的用户对机器人说" lower temperature by 2 degrees",这时候我们还可以再加两条正则表达式" lower temperature by {diff}"和" increase temperature by {diff}"。但是,用户的输入是多种多样的:lower 和 increase 有很多同义词,温度单位也有摄氏度、华氏度,用户的输入语句可能是多条命令……那么我们怎么处理这么多的变化?

回顾刚才机器人中所支持的交互可以发现,简单粗暴的暴力编码开发方式非常容易产生极其复杂冗长的代码,并且考虑到用户使用自然语言表达的多样性,这个机器人在交互上也一定很差,一点儿都不优雅。如果开发者需要适度地引入这种简单粗暴的方法,那么使用正则表达式无疑是最适合的方式，我们将在第 5 章介绍 Bot 框架对正则表达式的支持；如果不采用正则表达式，则开发者应该确保设计的交互模型简单且易于维护。

自然语言理解（NLU）是自然语言处理（NLP）中机器阅读理解任务里的子任务。自然语言理解和自然语言处理密不可分，主要是因为我们会将机器人的智能程度与机器人的交互沟通能力联系起来：如果不管我们说的话多么复杂，机器人都能理解我们的说话内容，那我们自然会觉得机器人很智能。

我们在第 1 章提到的"命令行"的交互方式自然不属于智能的范畴，因为这种交互方式需要使用固定的输入格式。那么，通过理解用户的语音输入来运行某个 Node.js 脚本属于智能的范畴吗？通过 NLU 技术，我们可以构建对某一特定任务有理解能力的模型。这样从表面上看，机器人是具备一些智能的。事实上，我们的计算能力和技术都没有达到可以创建一个匹配人类智能的 NLU 系统。如果一个问题只有在计算机能像人类一样聪明的情况下才能被解决，那么这个问题就是"AI Hard"问题。我们目前还无法做到使 NLU 系统达到像人类一样理解自然语言，但我们可以做到创建一个简洁的 NLU 系统，它能很好地理解某一类事情，并创造出流畅的对话体验。

鉴于近来对机器学习和人工智能的过热追捧，在机器人开发的开始阶段设定正确的期望对我们而言尤为重要。在和客户讨论对话智能时，我也一直向他们强调现实和期望的智能化程度是有差距的。我们每个人只需要想出一种人类可以理解但机器人却无法理解的表达方式来描述某件事情，就可以轻易地击败机器人。开发机器人会存在这样的技术局限性，而且也受限于开发预算和开发周期。只要我们创建的机器人专注于某一类任务，方便了用户的生活，那么我们的开发思路就是正确的。

2.1 自然语言处理的基本概念

NLP 领域的开端可以追溯到艾伦·图灵（Alan Turing）时期，特别是图灵测试[一]——一种确定机器是否能被认为具有人类智能的测试。在图灵测试中，测试者向两个被测试者提出一系列问题，被测试者对问题进行回复，其中一个被测试者是人，另一个是计算机。对于两个被测试者的回答，如果测试者无法判断哪个是人哪个是计算机，那么该计算机就通过了图灵测试。尽管目前有一些系统声称能够通过图灵测试，但最终都被认为并不成熟[二]。另外，还有些批评者认为，让机器人做到使人类相信它是人类和理解人类的语言输入是截然不同的两件事。我们要通过图灵测试可能还需要好几年。

自然语言处理领域最著名的成功案例之一是 Eliza[三]，Eliza 在 20 世纪 60 年代中期由心理

[一] 图灵测试：https://en.wikipedia.org/wiki/Turing_test。

[二] Ask Ray | 通过图灵测试的聊天机器人 Eugene Goostman 的公告：http://www.kurzweilai.net/ask-ray-response-to-announcementof-chatbot-eugene-goostman-passing-the-turing-test。

[三] Eliza：https://en.wikipedia.org/wiki/ELIZA。

学家 Joseph Weizenbaum 开发，它是一个能模拟和人进行对话的聊天机器人，虽然简单但让人感觉很智能。Eliza 由一个脚本驱动，该脚本根据输入的关键字为输入计算出一个得分，依据得分的输入匹配一个输出，Eliza 的机制与后文 Bot 框架中的识别器不同。在网上我们能找到用 JavaScript 实现的 Eliza，如图 2-1 所示[一]。除了 Eliza，技术人员还开发过很多相似的系统，也都取得了不同水平的成功。

NLU 引擎通常是基于规则的，它们使用结构化的知识表示来进行编码，以便系统在处理用户输入时使用。大约在 20 世纪 80 年代，机器学习领域开始取得进展，机器学习比基于规则的方法更接近智能。比如，

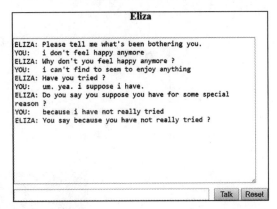

图 2-1　与 Eliza 的 JavaScript 版本进行交互的示例

我们已经在前文探索过用简单粗暴的方式编写 NLU 引擎和根据多种多样的规则进行冗长烦琐的编码工作。使用机器学习的方法，NLU 不需要提前了解所有意图的分类，而只需要在编写 NLU 引擎时为它提供一些标记了意图名字的样例输入。其中，这些样例称为训练数据集。基于样例输入和标记的意图可以训练出一个能从输入中识别所有意图的模型。训练结束之后，模型就能接收新的输入并为输出的每个意图打分。通常情况下，我们所使用的训练数据越多，模型的性能就越好。这就是机器学习的用武之地：先用高质量的数据来训练模型，然后通过使用该统计模型，系统可以开始对之前尚未遇到的输入进行标签预测。

由于训练数据是打了标签的，因此上述训练方法称为监督学习（supervised learning）。监督学习的表现可以很好地定量分析，因为我们知道真实的标签，并能够将它们与预测的标签进行比较，以获得定量值，这也称为交叉验证。分类和回归问题是两类最适合监督学习的任务，分类就是判断输入 i 是否属于类别 C，典型的分类算法包括支持向量机和决策树。图 2-2 展示了一些监督学习的场景。

回归和分类有些相似，但回归关注连续值的预测。比如，某一数据集中包含了纽约肯尼迪国际机场、旧金山国际机场、芝加哥奥黑尔国际机场的温度、湿度、云层覆盖、风速、雨量及当日取消的航班数量，那么可以用该数据集训练一个回归模型，并根据给定的纽约、旧金山、芝加哥的天气数据使用回归模型预测当日航班的取消数量。

除了监督学习，机器学习中还有其他的训练方式，比如无监督学习（unsupervised learning）。无监督学习没有对训练数据打标签，聚类任务是典型的无监督学习，如图 2-3 所示。

半监督学习（semisupervised learning）顾名思义就是用一部分打了标签的数据和一部分没有标签的数据来训练模型。强化学习（reinforcement learning）是典型的半监督学习，强

㊀　Elizabot：http://www.masswerk.at/elizabot/。

化学习通过观察以及（基于观察）做出最大化奖励函数的决策来进行学习，如果所做的决策产生了奖励回报则模型被强化，否则模型被惩罚。关于机器学习的学习方法和内容，可以参考其他学习资料[⊖]。

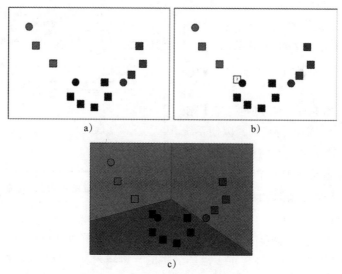

图 2-2　一个监督学习的范例。图 a）是我们的训练数据，我们想要求系统使用图 b）中的问号对数据点进行分类。分类算法将利用数据点根据标记数据计算出边界，然后预测输入数据点的标签，即图 c）

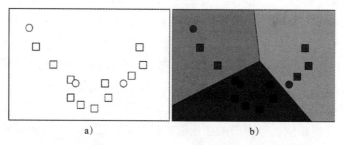

图 2-3　无监督学习，其中一个算法识别三个数据聚类

斯坦福大学计算机系网站上有一个关于深度强化学习的演示页面[⊜]，如图 2-4 所示。在该演示中，智能体（agent）需要学习在空间中进行导航，学习过程中智能体从灰色苹果中得到奖励，从黑色苹果中得到惩罚。

需要强调的一点是，能集成自然语言处理和自然语言理解技术的一些广为所知的机器

⊖ 机器学习解释：理解监督、无监督和强化学习（Ronald Van Loon）：https://www.datasciencecentral.com/profiles/blogs/machine-learning-explained-understanding-supervised-unsupervised。

⊜ 深度强化学习可视化：http://cs.stanford.edu/people/karpathy/convnetjs/demo/rldemo.html。

人应用程序在智能方面其实也很浅显。对于 IBM Watson 在益智问答电视节目《Jeopardy》上做了什么一直存在批评，比如 Ray Kurzweil 在《华尔街日报》评论称 Watson 其实并不知道它自己在《Jeopardy》上取得了胜利，理解和分类/抽取信息是两个不同的任务。Ray 的评论的确客观，但精心构建的意图和实体模型在特定的狭窄场景中理解人类语言时被证明是非常有效的，机器人所做的正是这种特定场景下对自然语言的理解。

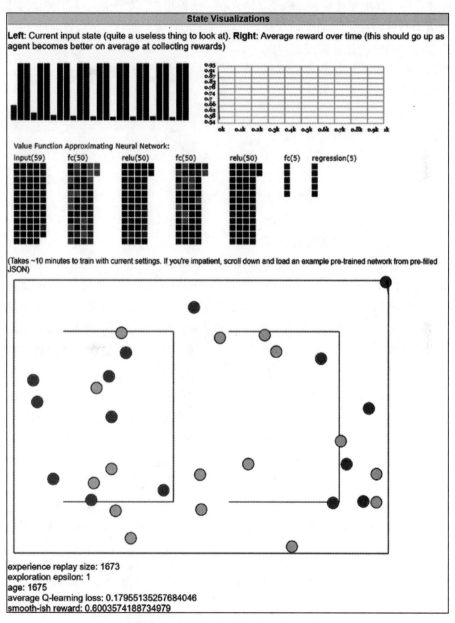

图 2-4　深度强化学习算法的可视化

除了意图分类问题，自然语言处理领域关注的任务还包括语音标记、语义分析、机器翻译、命名实体识别、自动摘要、自然语言生成、情感分析等。我们将在第10章介绍多语言机器人及机器翻译。

20世纪80年代，人们对人工神经网络（ANN）的研究兴趣逐渐上升，在后续几十年里，对神经网络的进一步研究产生了很多重要的成果。对于人工神经网络中的神经元，最简单的理解方式是将其视为具有 N 个权重/输入和一个输出的简单函数。人工神经网络由许多互相连接的神经元组成，它接受一系列输入并产生一个输出，并且可以通过训练神经网络得到最终的权重，人工神经网络的结构如图2-5所示。另外，神经网络的类型有很多，学术界对它们进行了深入研究，比如深度学习的过程就是训练在输入层和输出层之间有许多隐藏层的深度神经网络。

谷歌翻译、AlphaGo以及微软语音识别都通过深度神经网络获得了很好的成果。深度学习的成功是对深度神经网络结构进行研究的结果，目前十分流行的深度神经网络包括卷积神经网络（Convolutional Neural Network，CNN）[1]和循环神经网络（Recurrent Neural Network，RNN）[2]。机器人应用程序中常常包括机器翻译、文本摘要和语言生成等自然语言任务，如果读者想深入了解人工神经网络如何应用于这些自然语言任务，链接中还有许多其他的资源供你学习和探索[3]。

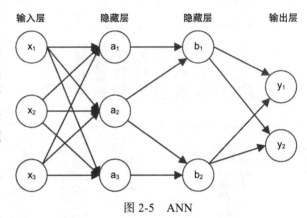

图 2-5　ANN

目前，当数据在不同层的神经元之间前向、反向传递时，各层神经网络做了什么？这个问题的答案现在尚不完全清晰，可以看到的例子是谷歌翻译会创建自然语言的中间表达；Facebook创建的AI可以与其他机器人或人类协商，导致AI能"撒谎"。这些事例已被吹捧成人工智能正在接管世界，实际上它们只是训练过程的副作用而已。将来，随着神经网络复杂性的提升，可能产生更多意想不到的行为，这些副作用可能会更诡异、更解释不清。

Microsoft Cognitive Toolkit[4]和Google Tensor Flow[5]等工具包的出现，使开发深度学习模型变得更加容易，同时使人工神经网络模型更加流行。

深度学习技术在自然语言处理领域取得了非常好的效果，尤其是语音识别和机器翻译。比如，微软研究院发布的语音识别系统"在识别对话上可以达到和专业速记员媲美的水

---

[1] 卷积神经网络：http://ufldl.stanford.edu/tutorial/supervised/ConvolutionalNeuralNetwork/。
[2] 循环神经网络以及相关体系结构：https://en.wikipedia.org/wiki/Recurrent_neural_network。
[3] 用于自然语言处理的CNN和RNN的比较研究：https://arxiv.org/pdf/1702.01923.pdf。
[4] Microsoft Cognitive Toolkit：https://www.microsoft.com/en-us/cognitive-toolkit/。
[5] TensorFlow：https://www.tensorflow.org/。

平"㊀；谷歌通过高级深度学习算法㊁将其翻译算法的译错率（在给定的两门语言之间）降低到55%～85%。然而，在意图分类等自然语言理解任务上，深度学习的表现却没有像其现在被炒作的那么好，这是因为深度学习只是机器学习工具包中的一个工具，并不是万能的"灵丹妙药"。

2.2 常见的自然语言处理任务

一般来说，NLP 所处理的大部分问题都是 NLU 任务的一部分，与语言的句法、语义和语篇分析相关。不是 NLP 领域中的每个任务都与聊天机器人开发相关，其中一些任务是意图分类和实体抽取等高阶任务的基础。

2.2.1 句法分析

句法通常用于获取文本输入并对输入进行分解，与句法分析相关的任务一般比较基础，句法分析的结果不会被机器人直接使用。将语言输入分割成词素（morphemes）以及用某种语法建立表达语言的结构是两种典型的句法分析。另外，词性标注可以用于优化用户的查询。

2.2.2 语义分析

语义分析的任务是在自然语言输入中发现语言的含义。语义分析任务在聊天机器人中有很多具体的应用，包括：

- **命名实体抽取**（named entity extraction）：给定一段自然语言文本，从中找出相关实体，并标注出其类型（如位置、人），也就是将文本中的词语映射到实体命名和类型上。命名实体抽取是我们开发机器人时计划实现的功能之一。
- **情感分析**（sentiment analysis）：识别一段自然语言文本的内容整体是积极的、消极的还是中性的。情感分析可以用来识别用户对机器人回复内容的情感感受，重定向到人工回复，或者用于分析用户当前所处状态无法和机器人进行很好的交互。
- **主题分割**（topic segmentation）：给定一段自然语言文本，将其分解为与主题内容相关的片段，并提取片段的主题。
- **关系抽取**（relationship extraction）：抽取文本中对象之间的关系。

2.2.3 语篇分析

语篇分析是观察更大的自然语言结构并将它们理解为一个单元的过程。在语篇分析中，我们从文本主体的上下文内得出文本的具体含义。比如，对大量内容进行自动摘要，如公司财务报表。语篇分析在机器人中主要用于指代消解（也叫共指解析，co-conference），指代消

㊀ 微软研究人员实现了新的对话语音识别里程碑：https://www.microsoft.com/en-us/research/blog/microsoft-researchers-achieve-new-conversational-speech-recognition-milestone。

㊁ 一种产品级的机器翻译神经网络：https://research.googleblog.com/2016/09/a-neural-network-for-machine.html。

解的目的在于自动识别表示同一个实体的名词短语或代词,并将它们归类。比如,在下面一段文本中,"I"指的是 Szymon:

My name is Szymon. I am piling up cereal for my son.

2.3 机器人中常见的自然语言理解功能

如果我们打算在机器人开发中运用自然语言理解,则在评估解决方案时需要考虑几个功能。NLU 中最简单的基本功能是识别自定义意图和实体的能力,此外以下功能在选择 NLU 时是必须考虑的:

- **多语言支持**(multilanguage support):开发者所集成的 NLU 系统能够支持多种语言。优化不同语言的经验很好地体现了开发团队对 NLU 的整体把握能力。
- **包含预建模型**:许多系统中包含了与特定域相关的预建意图和实体,供开发者们在开发时使用。
- **预建实体**(prebuilt entity):我们希望现有的 NLU 系统能够轻松地为我们提取许多类型的实体,如数字和日期/时间对象。
- **实体类型**(entity type):NLU 系统应该能区分不同类型的实体。
- **同义词**(synonym):NLU 系统应该能将同义词映射到相同的实体上。
- **通过主动学习持续训练模型**:NLU 系统应该能利用用户的输入作为训练数据,从而不断更新训练模型。
- **应用程序接口**(API):虽然 NLU 系统中实现了一些用户界面供开发者训练模型使用,但同时也应该提供 API 来执行这些操作。
- **提供导出/导入功能**:开发者的模型应该允许以(如 JSON 等的)开放文本格式被导入/导出。

使用现有 NLU 服务的替代方案是开发者自己进行开发,如果读者正在阅读本书,那么你可能没有足够的经验和知识来使自己开发的 NLU 有效工作,这是另外的话题了。一些易于使用的机器学习软件包(如 scikit-learn)可能会给开发者留下一种印象——在机器人中加入 NLU 很容易,其实这需要经过大量的优化、调整和测试才能从通用 NLU 系统中获得可用的性能指标,这个过程需要花费大量的时间、精力和专业知识。如果开发者对这些技术原理感兴趣的话,网上有大量的材料可以自学[○]。

2.4 云端自然语言理解系统

目前,科技巨头公司将机器学习部署在云上作为服务提供给用户,机器人所需的基本

○ 机器学习、自然语言理解:使用 scikit-learn、python 和 NLTK 进行文本分类:https://towardsdatascience.com/machine-learning-nlp-text-classification-using-scikit-learn-python-and-nltk-c52b92a7c73a。

功能都可以通过部署在云端的机器学习服务获得。从实际角度来看，这样做有很多好处：开发人员不必关心为某一问题（比如分类）选择最佳算法，不需要扩展实现，同时云还为开发者提供了有效的用户界面和功能升级，并且优化也是无缝的。如果开发者要创建机器人并需要提供分类和实体抽取功能，则使用基于云的服务是最佳选择。在撰写本书时，以下是一些部署在云端的自然语言理解系统：

- **微软语言理解智能服务**（LUIS）：LUIS 是一个纯语言理解系统，完全独立于对话引擎，它允许开发者自己添加意图和实体，自己选择适合的 LUIS 版本，在应用程序发布之前进行测试，最后发布到测试端点或生产端点。此外，LUIS 还提供了主动学习的功能，保证模型可以不断被训练和更新。
- **谷歌 Dialogflow**（Api.ai）：Dialogflow 的前身是 Api.ai，它允许开发人员在满足特定条件时创建 NLU 模型并定义转换流和调用 Webhook 或云功能。访问对话则是通过 API 或通过与许多消息通道集成来实现的。
- **亚马逊 Lex**：亚马逊的 Alexa 长期以来一直允许开发人员创建意图分类和实体抽取模型。随着 Lex 的推出，亚马逊为机器人开发中的 NLU 带来了更好的用户界面。在作者撰写本书时，Lex 只有少数几个消息通道，并且同样可以通过 API 进行调用。和 Dialogflow 一样，Lex 允许开发者使用 API 访问对话。
- **IBM Watson Conversation**：Watson Conversation 允许开发人员定义意图、实体和云端的对话，对话同样可以通过 API 访问。在作者撰写本书时，Watson 没有预定义的通道连接器，必须由机器人开发人员自己编写代理。
- **Facebook Wit.ai**：Wit.ai 已经推出了很长一段时间，包含定义意图和实体的接口。自 2017 年 7 月以来，Wit.ai 开始聚焦 NLU 并移除了机器人引擎部件。此外，Wit.ai 与 Facebook Messenger 生态系统的集成非常紧密。

下一章我们会对 NLU 做深入探索，届时我们将使用 LUIS 进行介绍。作为一个纯粹的 NLU 系统，LUIS 具有显著的优势，特别是在 Bot 框架集成方面。虽然目前 NLU 领域的基准测试不多，但 LUIS 是市场上表现最好的 NLU 系统之一[⊖]。

2.5 自然语言理解系统的商业产品

一些较大的公司也推出了自己的自然语言理解产品，比如 IPsoft 的 Amelia 和 Nuance 的 Nina。商业产品通常经过多年开发，非常先进，一些公司专注于 IT 或过程自动化，一些公司专注于企业内部使用案例，一些公司专注于特定的垂直行业，一些公司则完全专注于围绕特定用例的预建 NLU 模型。此外，在某些产品中，我们可能需要通过专有语言编写和实现机器人。

⊖ 会话问答系统的自然语言理解服务评估：http://www.sigdial.org/workshops/conference18/proceedings/pdf/SIGDIAL22.pdf。

最后，企业所要做的决策是购买 NLU 服务还是自己构建 NLU 服务的两难选择。一些提供特定业务解决方案的公司在市场上已经存活了很久，但随着 IBM、亚马逊、微软、谷歌和 Facebook 投入这一领域开发，财务支持较少的公司的发展可能会受阻。我认为会有更多提供特定业务解决方案的公司利用科技巨头提供的产品在专门的 NLU 和机器人解决方案方面进行创造和创新。

2.6 结束语

我们真正看到了人工智能在 NLU 领域的普及。多年前，机器人开发人员必须选择一个已经存在的 NLU 和一个机器学习库来创建一个像现在这样可以直接从云端获得服务并进行使用的系统。现在，创建一个集成了 NLU、情感分析和指代消解的机器人非常容易。科技巨头正在挖掘这个空间，为他们的开发者提供工具，为他们自己的平台建立对话体验。

这对于开发者而言是利好消息，因为这意味着竞争将继续推动该领域的创新。随着该领域研究的进展，分类、实体抽取和主动学习的改进将提高 NLU 系统的性能，机器人开发人员亦可从中获益。

CHAPTER 3

第 3 章

语言理解智能服务

语言理解智能服务（LUIS）是我和我的团队广泛使用的 NLU 系统，也是对自然语言进行意图分类和实体抽取的完美工具。开发者可以通过 https://luis.ai 访问 LUIS，使用微软账户登录之后，网站将首先向开发者展示一个关于如何创建 LUIS 应用程序的页面，本章将基于该页面开始介绍 LUIS。点击页面下方的 Create LUIS app（创建 LUIS 应用）按钮将会跳转到 LUIS 应用页面，点击 Create new app（创建新应用）按钮并输入应用的名称，便会创建一个 LUIS 应用。在该创建的新应用中，开发者可以通过 LUIS 的应用程序接口来创建、训练、测试和发布模型。

在本章中，我们将创建一个 LUIS 应用，并用它支持我们创建 Calendar Concierge Bot，Calendar Concierge Bot 支持增加、编辑、删除约会，管理日历上的空余时间。通过本章的实践，开发者可以了解到 LUIS 多种多样的功能。在本章结束时，我们将开发一个既可以集成到机器人中又可以自我不断训练改进的 LUIS 应用。

首先，我们在 LUIS 中创建一个新 LUIS 应用 CalendarBotModel，当我们在 LUIS 页面点击 Create new app 按钮时，会出现如图 3-1 所示的弹窗，在窗口中填写应用的名称和描述

图 3-1 创建新的 LUIS 应用

域⊖。另外 LUIS 支持多个国家的多种语言，开发者可以在窗口选项中根据需要选择相应的语言，不同的语言需要不同的语言模型和不同的优化方法。截至写作本书时，LUIS 支持巴西葡萄牙语、中文、荷兰语、英语、法语、加拿大法语、德语、意大利语、日语、韩语、西班牙语和墨西哥西班牙语。随着 LUIS 的不断成熟，更多的语言将会被 LUIS 支持。

创建应用后，将进入 LUIS 中与 BUILD 相关的内容页面，如图 3-2 所示。可以看到，

⊖ 描述 LUIS 应用的功能、用途等说明性信息。——译者注

里面只有空的意图，我们将在训练意图时对意图进行更详细的介绍。此外，读者还将看到 Review endpoint utterances 链接，这是 LUIS 的主动学习功能，我们将在后续章节中进行探讨。

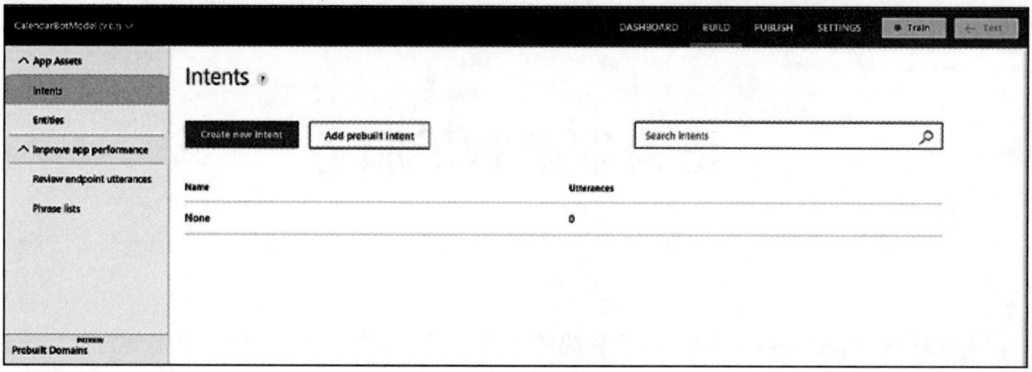

图 3-2　LUIS BUILD 部分

注意在开始书写本书时，LUIS 应用限定使用 500 个意图、30 个实体和 50 个列表实体。而在最初发布 LUIS 的时候，其仅支持在一个应用中最多使用 10 个意图和 10 个实体。LUIS 所支持的意图和实体等最新数量可以通过参考链接进行查阅[○]。

页面的顶部从左到右分别是：开发者开发的应用名称、当前活动的版本，以及 DASHBOARD（仪表板）、BUILD（构建）、PUBLISH（发布）和 SETTING（设置）。开发者还可以通过点击页面顶部最右侧的按钮，分别对模型进行训练和测试。在构建 Calendar Concierge Bot 应用时，我们将逐一对这些功能进行介绍。

3.1　意图分类

前一章介绍了意图分类的概念，本节我们将在开发实践中深入理解意图分类。回顾一下，在本章我们打算创建一个 LUIS 应用程序 CalendarBotModel，它能让我们添加、编辑或删除日历条目，显示日历摘要并查看我们日历中可用的空闲时间。我们将创建以下意图：

- AddCalendarEntry
- RemoveCalendarEntry
- EditCalendarEntry
- ShowCalendarSummary
- CheckAvailability

回到图 3-2 页面的 BUILD 部分，我们在左侧窗格中点击选择 Intents 项。可以发现此时只有一个为 None 的意图，当用户的输入与任何其他意图都不匹配时就称为 None 意图。在机器人中，我们可以通过使用 None 意图来告诉用户他们询问的问题超过了机器人所擅长的

○　LUIS 边界条件：https://docs.microsoft.com/en-us/azure/cognitive-services/luis/luis-boundaries。

知识领域并提醒用户该机器人能实现的功能有哪些。

对意图进行分类的一般流程是在页面中创建意图，然后向 LUIS 提供一些能表示该意图的话语实例，图 3-3 展示了创建意图的过程。接着，我们可以在相应的文本框中输入话语实例；我们不断输入话语实例，并不断点击回车对输入进行确认。在输入足够多的话语实例后，点击 Save（保存）按钮，此时便完成了一个意图的添加，如图 3-4 所示。

图 3-3　添加新的意图

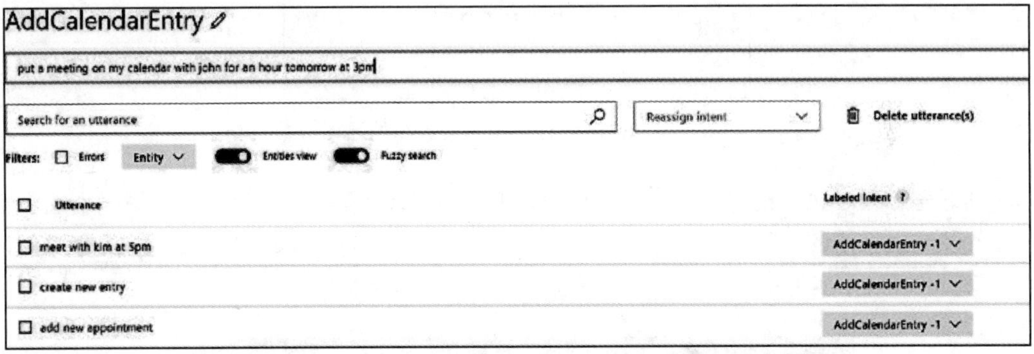

图 3-4　添加 AddCalendarEntry 意图的话语

LUIS 还允许开发者在用户界面上搜索、删除某个话语实例，以及为话语实例重新分配意图，开发者在开发过程中会逐渐摸索到更多的功能。

在创建其余的意图之前，我们先对 LUIS 应用进行检验，确保到目前为止 LUIS 应用可以被训练和测试。页面右上方的 Train（训练）按钮为红色时，表明 LUIS 应用已经被编辑修改并且修改之后没有重新训练。点击 Train 按钮时，重新训练应用的请求将被发送到 LUIS 服务器，开始重新训练，同时开发者会在页面上收到应用正在被训练以及像"0/2 completed"这样的进度消息。在进度消息中，2 表示当前应用包含的需要分类的意图有两个。在本章的开发实例中，截至目前的开发程度，一个意图是 None，另一个意图是 AddCalendarEntry。训练完成后，Train 按钮将变为绿色，表示该应用程序此时是最新的。

针对每个话语实例，我们还可以查看刚才训练的应用对哪个意图的打分最高，如图 3-5 所示。这些得分数据非常重要，因为我们可以从中很容易地看出有时话语被标记在一个意图上，但应用在对话语的意图进行分类时，却将最高分数分配给了别的意图。在训练集上的运行结果与训练标签之间的差异通常表明模型中存在导致错误结果的东西。我们将在 3.14 节对这个问题和其他类似情况进行探讨。现在，似乎成功训练完所有的话语，并在 AddCalendarEntry 意图上产生结果为 1 的得分，在 None 意图上产生 0.05 ～ 0.07 的得分

（如图 3-6 所示）；这些得分取决于开发者具体输入的话语实例和微软 LUIS 开发团队对 LUIS 版本的更新。

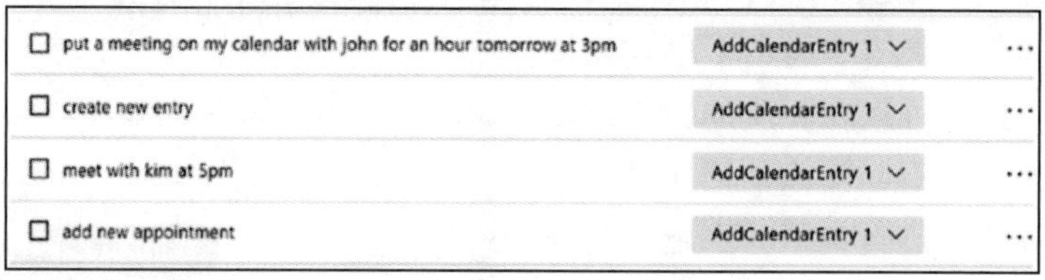

图 3-5　AddCalendarEntry 意图的最高得分意图（也称为预测意图）

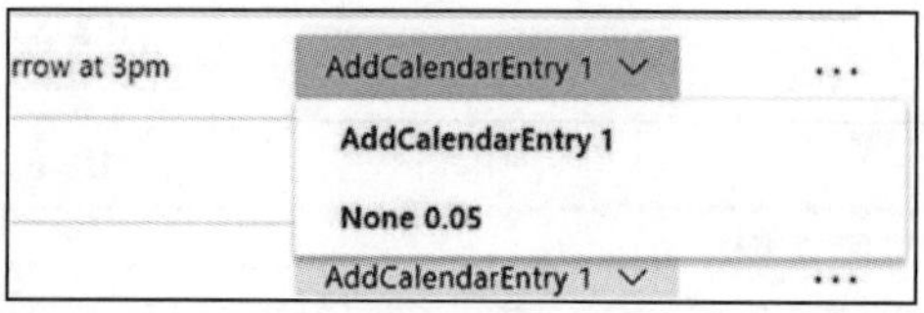

图 3-6　我们的应用程序中每个意图的话语分数

训练完意图之后，我们可以使用 Train 按钮旁边的 Test 按钮来测试模型，看一下它对输入的各种测试话语的运行结果（如图 3-7 所示）。Batch testing panel 支持批量的运行测试话语，我们在开发本实例中依旧使用交互模型（interactive mode）。

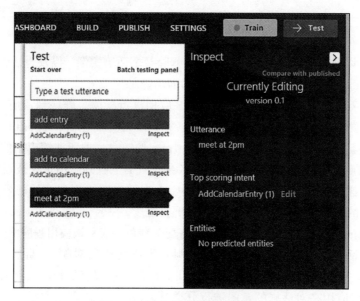

图 3-7　交互式测试我们的模型

LUIS 将每个话语输入到训练阶段所训练的意图分类模型中运行，每一个意图都会得到一个介于 0 到 1 之间的打分，得分最高的意图被突出显示。注意这一打分并不是该话语属于该意图的概率，它依赖于 LUIS 使用的算法，通常用于表示话语输入和意图之间的距离。如果对于一个输入，LUIS 在多个意图上给出的打分都很接近，则说明我们可能还需要对 LUIS 应用进行更多的训练。

在应用训练结束并经过上面的测试之后，似乎一切顺利。事实上，我们可以用几个奇怪的语句进行测试，发现应用的运行结果并不正确，如图 3-8 所示。

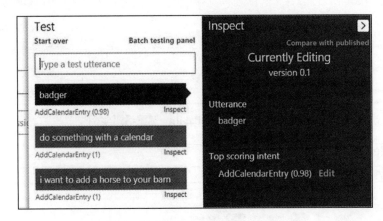

图 3-8　用古怪和荒谬的输入进行测试

这是因为在上面的开发实践中，我们使用了一些话语实例作为训练数据来对 AddCalendarEntry 意图进行训练，但我们没有为 None 意图提供任何训练数据，所以我们再为 None 意图加一些话语并重新训练、测试。现在，我们再胡乱地输入一些没有意义的测试语句，如图 3-9 所示，此时便解决了图 3-8 中所示的问题。在开发阶段，我们做不到一劳永逸地解决所有的类似问题，这需要让应用不断地在线上运行并分析用户的使用反馈。这

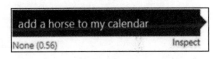

图 3-9　我们取得了一些进展

提醒开发者，使用与应用中的意图相关的话语来训练应用和使用不相关的话语来训练应用同等重要，开发者应该兼顾这两种数据。

刚才我们已经添加了 AddCalendarEntry 意图，接下来我们将添加剩下的意图。图 3-10、图 3-11、图 3-12 和图 3-13 分别展示了 CheckAvailability 意图、EditCalendarEntry 意图、DeleteCalendarEntry 意图和 ShowCalendarSummary 意图的一些话语实例。

一旦创建完所有意图并添加了话语样本，我们就会训练应用并在训练结束后检查预测的意图是否准确。另外值得注意的是，对于一个话语样本而言，尽管得分最高的意图是该话语正确的意图分类结果，但这个分值可能很低（如图 3-14 所示），这表明我们还需要进一步提升训练效果。事实上，用如此有限的词汇和数据集就能彻底训练好一个意图是不可能的，对一个意图达到好的识别效果需要耐心和工程优化思想。在下面的练习中，我们将为应用添加更多话语。

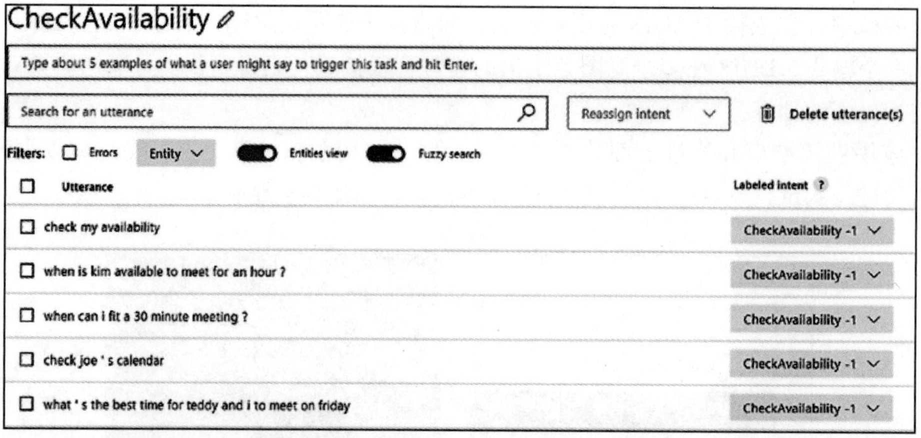

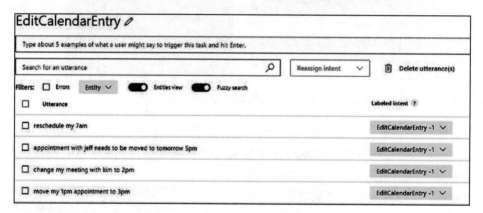

图 3-10　CheckAvailability 意图话语实例

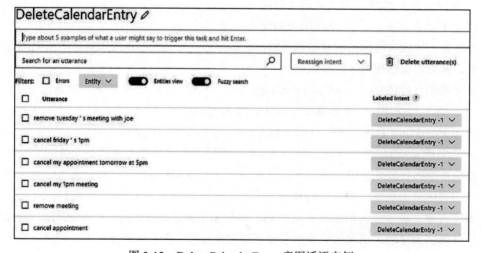

图 3-11　EditCalendarEntry 意图话语实例

图 3-12　DeleteCalendarEntry 意图话语实例

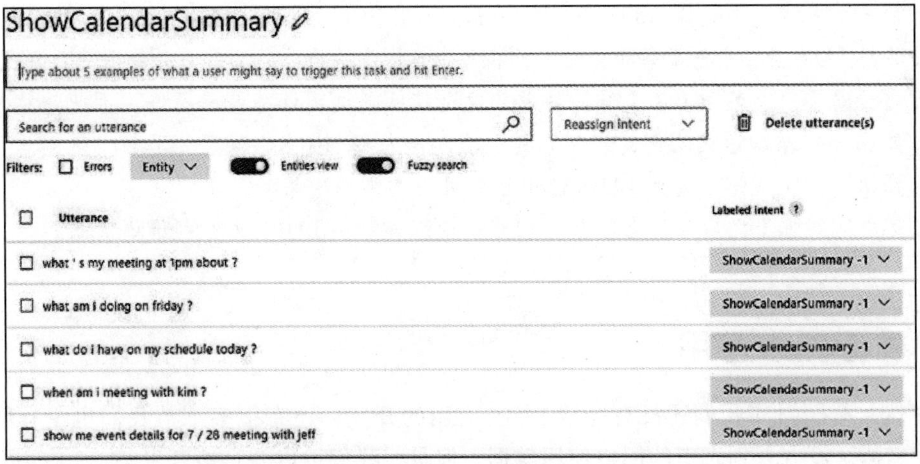

图 3-13　ShowCalendarSummary 意图话语实例

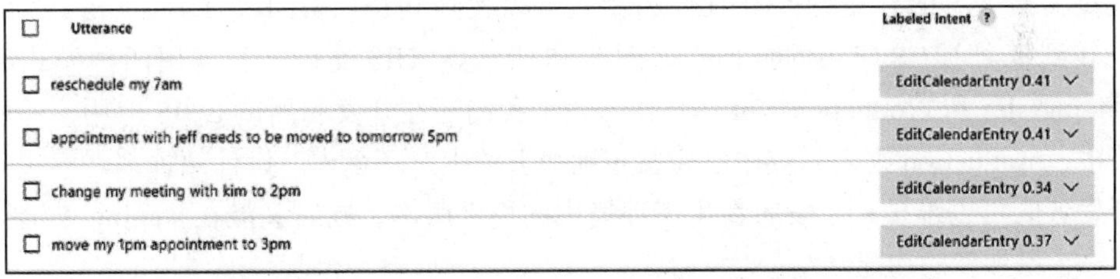

图 3-14　分数看起来不太高；这是进一步训练的机会

练习 3-1

训练 LUIS 的意图

前面的几个例子展示了将一些话语实例输入到所训练的意图中。我们的开发任务是创建一个 LUIS 应用、为 LUIS 应用创建符合其功能的一系列意图以及用足够的话语样例来训练 LUIS 应用，直到所有意图的得分都超过 0.8 为止。

- 创建下列意图并为每个意图输入至少 10 个话语实例：
  - AddCalendarEntry
  - RemoveCalendarEntry
  - EditCalendarEntry
  - ShowCalendarSummary
  - CheckAvailability
- 为 None 意图添加更多的话语，添加的话语集中在话语内容本身没有意义或者话语内容对于本应用而言无意义。比如"I like coffee"，这句话本身有意义，但对于 LUIS

应用的几个意图（如 AddCalendarEntry）而言没有意义。
- 训练 LUIS 应用并观察每个话语实例在每个意图上的得分。测试时，使用交互测试模式。
- 得分是多少？超过 0.8 了吗？如果分值比较低则说明训练效果不好，因此继续为每个意图分别添加话语实例，重新训练，直到分值超过 0.8。观察一下每个意图总共需要添加多少个话语才能使 LUIS 应用达到可用的训练效果。

在完成这些练习之后，读者便具备构建、训练和测试 LUIS 意图的开发经验了。

3.2 发布 LUIS 应用

显然，截至目前我们还没有完成 LUIS 应用的开发，还有很多细节我们也没有展开探索，我们甚至没有看到真实的用户使用数据。但是，我们可以并行地开发 LUIS 应用和消费者级的应用。让经过训练的应用程序可以通过 HTTP 访问的过程称为**应用程序发布**。

在页面最上方的导航栏，BUILD 的旁边可以找到 PUBLISH（发布）。点击 PUBLISH，便会跳转到部署 LUIS 应用的页面，如图 3-15 所示。LUIS 支持开发者用两种模式部署应用：Staging slot 和 Production slot。staging 表示我们还在开发和测试 LUIS 应用，还处于开发环境中；production 则表明应用已经发布到线上的生产环境中。设计两种部署模式的思想是让开发者既可以维护一个发布在生产环境中的稳定版本，同时又能在 staging 中继续开发新的版本，增加新的功能。

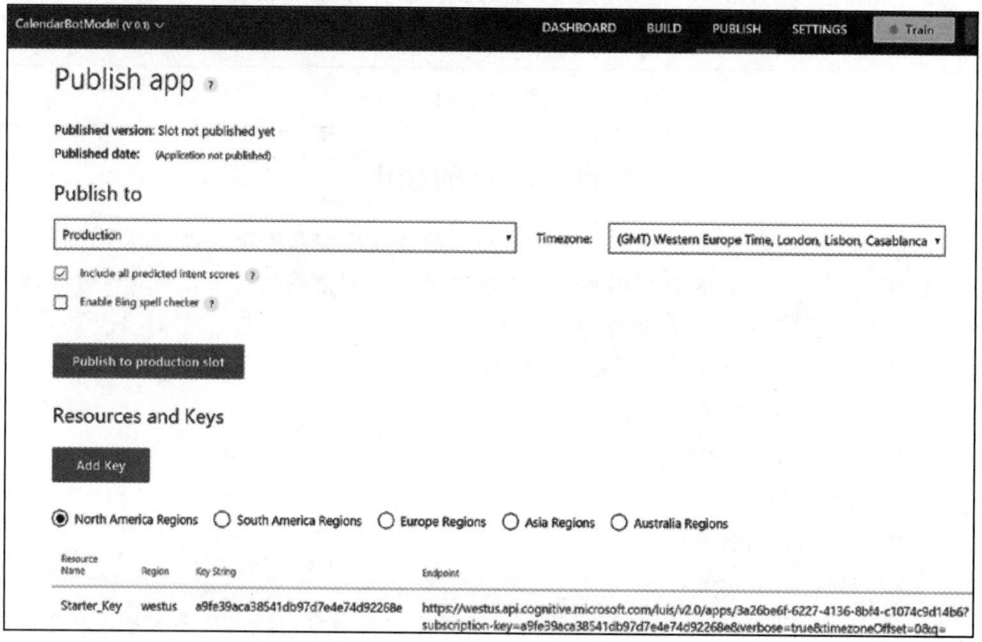

图 3-15　LUIS 发布页面

在页面的"Publish to"下拉选项中，我们选择"Staging slot"，发布之后我们可以通过 HTTP 端点访问 LUIS 应用。

cURL 是一个通过 HTTP（在许多其他协议中）传输数据的命令行工具，在我们使用 cURL 测试生成的端点之前，你可能已经注意到，在发布设置页面下有一个 Add Key 按钮和一组 key 选项，用于选择部署地区。开发者必须提供一个 key 才能使 LUIS 应用能够被访问，同时 LUIS 通过该订阅的 key 向开发者使用 API 进行收费。由于 LUIS 在多个地区均有部署，因此 key 必须和所属地区进行关联。key 通过使用微软 Azure Portal 创建，Azure 是微软提供的云服务。我们将在第 5 章介绍使用 Azure 注册和部署机器人。通过 Add Key 按钮可以将 key 和应用关联，幸运的是，LUIS 提供了一个免费的入门 key（starter key），可以用于在 Staging slot 中发布的应用程序。

将 LUIS 应用发布到 Staging slot 之后，我们会立即得到应用版本号和应用最新发布时间的信息，此时 Starter_Key 中的 URL 便可以正常访问。通过 URL 查询参数还可以获得更多详细信息（我们将马上介绍这部分内容）以及加入 Bing（必应）拼写检查（参见 3.11 节）。首先，看一下 URL 的内容。

```
https://westus.api.cognitive.microsoft.com/luis/v2.0/
apps/3a26be6f-6227-4136-8bf4-c1074c9d14b6?
subscription-key=a9fe39aca38541db97d7e4e74d92268e&
staging=true&
verbose=true&
timezoneOffset=0&
q=
```

URL 内容的第一行是部署在美国西部地区的 Azure 上的认知服务的 service endpoint（服务端点），具体来讲就是我们的 LUIS 应用的 service endpoint。查询参数的含义如下：

- subscription key：开发者订阅的 key，在本开发教程中指的是 starter key。该 key 也可以通过 Ocp-Apim-Subscription-Key 的头部进行传递。
- staging：true 表示使用 Staging slot，false 表示使用 Production slot。如果此参数的值为空白，则 LUIS 认为使用的是 Production slot。
- verbose：true 表示返回所有意图和得分，false 表示仅返回得分最高的意图。
- time zone offset：用于帮助解析不同格式的日期时间，在介绍内建的 Datetime 实体时我们会介绍时间解析。
- q：表示用户自定义的查询。

我们可以通过发送请求和 API 交互，也可以通过使用 curl 看到响应。curl 是一个支持多种传输协议的用于数据转换的命令行工具。我们使用 curl 在 HTTPS 上转换数据，如需了解更多关于 curl 的内容，可以访问 https://curl.haxx.se/。我们所使用的 curl 命令如下，注意其中的 -H 参数，我们将订阅的 key 作为 HTTP 头部进行传递。

```
curl -X GET -G -H "Ocp-Apim-Subscription-Key:
```

a9fe39aca38541db97d7e4e74d92268e" -d staging=true -d verbose=true -d timezoneOffset=0 "https://westus.api.cognitive.microsoft.com/luis/v2.0/apps/3a26be6f-6227-4136-8bf4-c1074c9d14b6" --data-urlencode "q=hello world"

查询的结果如下，格式为 JSON，它会对我们的 LUIS 应用中的每一个意图进行打分。

```
{
  "query": "hello world",
  "topScoringIntent": {
    "intent": "None",
    "score": 0.24031198
  },
  "intents": [
    {
      "intent": "None",
      "score": 0.24031198
    },
    {
      "intent": "DeleteCalendarEntry",
      "score": 0.1572571
    },
    {
      "intent": "AddCalendarEntry",
      "score": 0.123305522
    },
    {
      "intent": "EditCalendarEntry",
      "score": 0.0837310851
    },
    {
      "intent": "CheckAvailability",
      "score": 0.07568088
    },
    {
      "intent": "ShowCalendarSummary",
      "score": 0.0100482805
    }
  ],
  "entities": []
}
```

可能你会想，刚才说我们最多可以有 500 个意图，那么该响应中意图的数量明显不合逻辑。的确如此，将查询参数 verbose 设置为 false 将产生紧凑的 JSON 列表，并进行返回。

```
{
  "query": "hello world",
  "topScoringIntent": {
    "intent": "None",
```

```
    "score": 0.24031198
  },
  "entities": []
}
```

一旦准备好将应用部署到生产环境中,就可以把 LUIS 应用发布到 Production slot,并且从 URL 请求中移除 staging 参数。最简单的方式是让你的开发和测试配置文件指向 Staging slot URL,让生产发布的配置文件指向 Production slot URL。

开发者可以使用任何自己顺手的 HTTP 工具,此外微软还提供了一个快速使用终端 (easy-to-use console) 用于测试 LUIS API,具体使用请查询网上在线的 API 文档[⊖]。

> **练习 3-2**
>
> ### 发布 LUIS 应用
>
> 此练习是发布练习 3-1 中的 LUIS 应用,并且通过 curl 访问它。
> - 按照前面章节的步骤,将 LUIS 应用发布到 Staging slot。
> - 使用 curl 从作为样例输入的话语和其他你能想到的话语中得到 JSON 数据格式响应的预测意图。
> - 确保 curl 命令使用的是所发布应用的 ID 和入门 key。
>
> 将 LUIS 应用发布到 slot 的过程非常直接,但熟悉使用 curl 对 HTTP 端点进行检测非常重要,因为后续开发中我们需要经常使用它来访问端点,以检测 LUIS 应用的返回结果。

3.3 实体抽取

目前为止,我们开发了一个简单的基于意图的 LUIS 应用,但除了能让 LUIS 应用识别用户话语中的意图并告诉机器人之外,我们还没有使用 LUIS 进行其他更深入的开发。通过上面的开发实例,LUIS 可以通过识别 AddCalendarEntry 意图来告诉用户想要增加一个日历,但我们更希望能自动增加日历的具体日期、时刻、地点、持续时间以及对象。我们可以让机器人在识别到 AddCalendarEntry 意图时就按顺序依次询问所有的这些细节,但这种开发太愚笨和烦琐,尤其是在用户的话语已经很好地将时间、地点等细节内容表达完整时,比如下面的话语:

"add meeting with Huck tomorrow at 6pm"

如果此时采用上面的方法,仍然依次询问用户有关时间、地点等细节信息,并要求

⊖ LUIS 端点 API 文档: https://westus.dev.cognitive.microsoft.com/docs/services/5819c76f40a6350ce09de1ac/operations/5819c77140a63516d81aee78。

用户再次输入这些数据，那用户体验会变得非常差。机器人应该能立即识别话语中的时间"tomorrow at 6pm"以及会议所邀请的人"Huck"。

如何保证"tomorrow at 6pm""a week from now"和"next month"这些内容对于机器而言是可阅读的呢？这就需要引入实体识别（entity recognition）。幸运的是，LUIS 内建了很多实体，我们可以将它们直接添加到 LUIS 应用中，这样 LUIS 应用便可以提取出日期时间（datetime）这一实体。

如果回到前面图 3-2 关于"BUILD"的那部分内容，并且在 BUILD 页面点击左侧顶部的"Entities"，那么我们将看到一个空的实体列表，如图 3-16 所示。我们可以选择添加三种不同的实体，在本实例中我们选择添加预建实体（prebuilt entity），即点击"Create new entity"（新建实体）。我们将在本章的后续章节中介绍自定义的一般实体以及预建领域实体（prebuilt domain entity）。

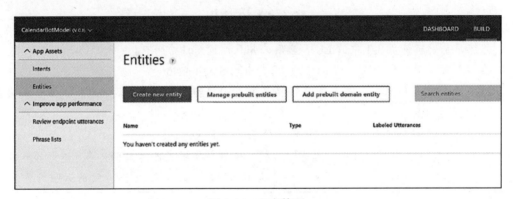

图 3-16　空实体页

预建实体是一个预先训练的定义，可以在话语中被识别出来。实体在输入中被自动标记，我们无法更改识别预建实体的方式。在应用程序中，我们可以利用大量逻辑，最好在构建实体之前了解微软已经构建了什么。

LUIS 提供了很多不同的预建实体，但不是所有的实体对每种语言（人类语言）都可用。LUIS 官方文档中提供了不同预建实体对不同语言的支持⊖，如图 3-17 所示。

一些实体还包括值消解（value resolution），值消解就是接收文本输入并将其转换成计算机可以解释的一个值。比如，"one hundred thousand"被解析成 100000，"next May 10th"被解析成 05/10/2019（相对于 2018 年而言），等等。

我们回头看 LUIS 返回的 JSON 结果，可以发现其中包含了一个名为 entities 的空数组。该空数组是从用户的话语输入中识别出来的实体的占位符（placeholder）。LUIS 应用从输入中识别实体没有数量限制，可以识别任意数量的实体，识别出的每一个实体的数据格式如下：

⊖ 预建实体参考：https://docs.microsoft.com/en-us/azure/cognitive-services/luis/luis-reference-prebuilt-entities。

Prebuilt entity	En-us	fr-FR	it-IT	es-ES	zh-CN	de-DE	pt-BR	ja-JP	ko-kr	fr-CA	es-MX	nl-NL
DatetimeV2	✓	✓	-	✓	✓	*	✓	-	-	-	-	-
Datetime	x	x	x	x	x	x	x	x	-	-	-	-
Number	✓	✓	✓	✓	✓	✓	✓	✓	-	-	-	-
Ordinal	✓	✓	✓	✓	✓	✓	✓	✓	-	-	-	-
Percentage	✓	✓	✓	✓	✓	✓	✓	✓	-	-	-	-
Temperature	✓	✓	✓	✓	✓	✓	✓	✓	-	-	-	-
Dimension	✓	✓	✓	✓	✓	✓	✓	✓	-	-	-	-
Money	✓	✓	✓	✓	✓	✓	✓	✓	-	-	-	-
Age	✓	✓	✓	✓	✓	✓	✓	✓	-	-	-	-
Geography	x	-	-	-	-	-	-	-	-	-	-	-
Encyclopedia	x	-	-	-	-	-	-	-	-	-	-	-
URL	✓	-	-	-	-	-	-	-	-	-	-	-
Email	✓	-	-	-	-	-	-	-	-	-	-	-
Phone number	✓	-	-	-	-	-	-	-	-	-	-	-

* = coming soon

x = See notes on Deprecated prebuilt entities

图 3-17　LUIS 内置实体支持跨越不同的文化

```
{
    "entity": "[entity text]",
    "type": "[entity type]",
    "startIndex": [number],
    "endIndex": [number],
    "resolution": {
        "values": [
            {
                "value": "[machine readable string of resolved
                value]"
            }
        ]
    }
}
```

被消解的对象会依据所识别到的不同实体类型的差异来包含一些额外的属性信息。下面我们将介绍各种不同的预建实体类型、它们所支持的一些特性，以及允许开发者做哪些事情。

3.3.1 Age、Dimension、Money 和 Temperature

Age 实体可以让 LUIS 应用识别检测出输入中的年龄表达，比如 "five months old" "100 years" 和 "2 days old"。返回的结果对象包括数字格式的值和单位名称参数，如日、月或年，在结果对象的 "resolution" 中。

```
{
    "entity": "five months old",
    "type": "builtin.age",
    "startIndex": 0,
    "endIndex": 14,
    "resolution": {
        "unit": "Month",
        "value": "5"
    }
}
```

任意长度、重量、体积和面积都可以使用 Dimension 实体来检测，输入可以是 "10 miles" "1 centimeter" 和 "50 square meters" 等多种多样的变化形式。和 Age 实体一样，Dimension 实体也包含值和单位。

```
{
    "entity": "two milliliters",
    "type": "builtin.dimension",
    "startIndex": 0,
    "endIndex": 14,
    "resolution": {
        "unit": "Milliliter",
        "value": "2"
    }
}
```

Currency 实体可以帮助 LUIS 应用检测识别出用户输入中的钱，在 Currency 实体的返回对象里同样包含单位和值两个属性。

```
{
    "entity": "12 yen",
    "type": "builtin.currency",
    "startIndex": 0,
    "endIndex": 5,
    "resolution": {
        "unit": "Japanese yen",
        "value": "12"
    }
}
```

Temperature 实体可以帮助识别输入中的温度，同样也将单位和值两个属性包含在了返回结果的 resolution 中。

```
{
    "entity": "98 celsius",
    "type": "builtin.temperature",
    "startIndex": 0,
    "endIndex": 9,
    "resolution": {
        "unit": "C",
        "value": "98"
    }
}
```

3.3.2 DatetimeV2

DatetimeV2 是一个强大的分层次的实体，它替代了之前版本的 datetime 实体。层次实体（hierarchical entity）定义了分类和分类的成员，当某些实体相似且密切相关但具有不同含义时，使用层次实体是非常合理的。此外，DatetimeV2 实体将时间解析为机器可以阅读的格式，比如 TIMEX 格式（代表"时间表示"；TIMEX3 是 TimesML 的一部分），以及 yyyy:MM:dd、HH:mm:ss 和 yyyy:MM:dd HH:mm:ss（三种格式分别对应 date、time 和 datatime）。DatetimeV2 datetime 类实体的例子如下：

```
{
    "entity": "tomorrow at 5pm",
    "type": "builtin.datetimeV2.datetime",
    "startIndex": 0,
    "endIndex": 14,
    "resolution": {
        "values": [
            {
                "timex": "2018-02-18T17",
                "type": "datetime",
                "value": "2018-02-18 17:00:00"
            }
        ]
    }
}
```

DatetimeV2 实体可以识别不同类、不同格式的时间。下面再给出一些实体的例子，它们分别表示其他各类 DatetimeV2 实体，并给出识别之后的返回对象。

第一个例子显示的是"builtin.datetimeV2.date"类实体，它对应输入中存在的日期信息，比如"yesterday""next Monday"和"August 23, 2015"：

```
{
    "entity": "yesterday",
    "type": "builtin.datetimeV2.date",
    "startIndex": 0,
    "endIndex": 8,
```

```
    "resolution": {
        "values": [
            {
                "timex": "2018-02-16",
                "type": "date",
                "value": "2018-02-16"
            }
        ]
    }
}
```

第二个例子显示的是"builtin.datetimeV2.time"类实体，它对应输入中存在的时刻信息，比如"1pm""5:43am""8:00"或"half past eight in the morning"：

```
{
    "entity": "half past eight in the morning",
    "type": "builtin.datetimeV2.time",
    "startIndex": 0,
    "endIndex": 29,
    "resolution": {
        "values": [
            {
                "timex": "T08:30",
                "type": "time",
                "value": "08:30:00"
            }
        ]
    }
}
```

第三个例子显示的是"builtin.datetimeV2.daterange"类实体，它对应输入中存在的以日期为粒度的时间段信息，比如"next week""last year"或"feb 1 until feb 20th"：

```
{
    "entity": "next week",
    "type": "builtin.datetimeV2.daterange",
    "startIndex": 0,
    "endIndex": 8,
    "resolution": {
        "values": [
            {
                "timex": "2018-W08",
                "type": "daterange",
                "start": "2018-02-19",
                "end": "2018-02-26"
            }
        ]
    }
}
```

第四个例子显示的是"builtin.datetimeV2.timerange"类实体。顾名思义，它对应输入中存在的以某一时刻为起点和终点的时间段信息，比如"1 to 5p"或"1 to 5pm"：

```
{
    "entity": "from 1 to 5pm",
    "type": "builtin.datetimeV2.timerange",
    "startIndex": 0,
    "endIndex": 12,
    "resolution": {
        "values": [
            {
                "timex": "(T13,T17,PT4H)",
                "type": "timerange",
                "start": "13:00:00",
                "end": "17:00:00"
            }
        ]
    }
}
```

第五个例子显示的是"builtin.datetimeV2.datetimerange"类实体。顾名思义，它也对应输入中的时间段，但该时间段的起点和终点同时包括日期和时刻两部分内容，比如"tomorrow morning"或"last night"：

```
{
    "entity": "tomorrow morning",
    "type": "builtin.datetimeV2.datetimerange",
    "startIndex": 0,
    "endIndex": 15,
    "resolution": {
        "values": [
            {
                "timex": "2018-02-19TMO",
                "type": "datetimerange",
                "start": "2018-02-19 08:00:00",
                "end": "2018-02-19 12:00:00"
            }
        ]
    }
}
```

第六个例子显示的是"builtin.datetimeV2.duration"类实体，它对应输入中的持续时间信息，比如"for an hour""20 minutes"或"all day"。此时，值的单位被解析为秒：

```
{
    "entity": "an hour",
    "type": "builtin.datetimeV2.duration",
    "startIndex": 0,
```

```
        "endIndex": 6,
        "resolution": {
          "values": [
            {
              "timex": "PT1H",
              "type": "duration",
              "value": "3600"
            }
          ]
        }
      }
```

builtin.datetimeV2.set 类实体表示一系列日期组成的集合，比如"daily""monthly""every week""every Thursday"。该类型的解析和上面几个 datetimeV2 类型的实体有所不同，实体中 timex 的解析主要包括两种方式。第一种，timex 字符串符合 P[n][u] 这种模式，其中 [n] 是数字，[u] 是日期的单位——D 表示天、M 表示月、W 表示周、Y 表示年。P[n][u] 表示"every [n][u] units"，比如 P4W 表示每四个星期、P2Y 表示每两年；第二种，timex 字符串按照日期的格式和 Xs 的模式表达任意的值，比如 XXXX-10 表示每个十月份、XXXX-WXX-6 表示某一年中任意一周的周六。

```
    {
        "entity": "daily",
        "type": "builtin.datetimeV2.set",
        "startIndex": 0,
        "endIndex": 4,
        "resolution": {
            "values": [
                {
                    "timex": "P1D",
                    "type": "set",
                    "value": "not resolved"
                }
            ]
        }
    }
    {
        "entity": "every saturday",
        "type": "builtin.datetimeV2.set",
        "startIndex": 0,
        "endIndex": 13,
        "resolution": {
            "values": [
                {
                    "timex": "XXXX-WXX-6",
                    "type": "set",
```

```
            "value": "not resolved"
        }
    ]
  }
}
```

如果输入中存在含义模糊不清的日期或时间，那么 LUIS 将返回多个解析的选项。举一个例子，如果今天是 July 21，我们输入的话语是" July 21"，那么 LUIS 将返回今年和去年的 July 21。同样，对于时间而言，如果输入话语中没有明确 a.m. 或 p.m.，那么 LUIS 会把 a.m. 和 p.m. 的时间都返回。两种模糊不清的具体例子如下：

```
{
    "entity": "july 21",
    "type": "builtin.datetimeV2.date",
    "startIndex": 0,
    "endIndex": 6,
    "resolution": {
        "values": [
            {
                "timex": "XXXX-07-21",
                "type": "date",
                "value": "2017-07-21"
            },
            {
                "timex": "XXXX-07-21",
                "type": "date",
                "value": "2018-07-21"
            }
        ]
    }
}
{
    "entity": "tomorrow at 5",
    "type": "builtin.datetimeV2.datetime",
    "startIndex": 0,
    "endIndex": 12,
    "resolution": {
        "values": [
            {
                "timex": "2018-02-19T05",
                "type": "datetime",
                "value": "2018-02-19 05:00:00"
            },
            {
                "timex": "2018-02-19T17",
                "type": "datetime",
```

```
            "value": "2018-02-19 17:00:00"
        }
    ]
  }
}
```

DateimeV2 实体功能十分强大，展示了 LUIS 强大的自然语言理解能力。

3.3.3　Email、Phone Number 和 URL

Email、Phone Number 和 URL 这三个类型的实体都是基于本文的。LUIS 可以从用户的输入中识别出这些实体，LUIS 完成此操作非常方便，开发者完全不必自己在系统中通过正则表达式的方法来实现这三类实体的识别。我们通过三个例子分别来展示 LUIS 识别这三类实体的返回结果：

```
{
    "entity": "srozga@bluemetal.com",
    "type": "builtin.email",
    "startIndex": 0,
    "endIndex": 19
}
{
    "entity": "212-222-1234",
    "type": "builtin.phonenumber",
    "startIndex": 0,
    "endIndex": 11
}
{
    "entity": "https://luis.ai",
    "type": "builtin.url",
    "startIndex": 0,
    "endIndex": 14
}
```

3.3.4　Number、Percentage 和 Ordinal

LUIS 可以抽取和处理数字（Number）与百分数（Percentage），用户的输入既可以是数字的形式（比如 100）也可以是文本（比如 one hundred）的形式，甚至可以处理像"thirty-eight and a half"这类形式复杂的数字。

```
{
    "entity": "one hundred",
    "type": "builtin.number",
    "startIndex": 0,
    "endIndex": 10,
    "resolution": {
        "value": "100"
```

```
    }
}
{
    "entity": "52 percent",
    "type": "builtin.percentage",
    "startIndex": 0,
    "endIndex": 9,
    "resolution": {
        "value": "52%"
    }
}
```

LUIS 的序数词（Ordinal）实体能识别话语输入中的序数词，序数词实体同样支持数字或者文本形式的输入。

```
{
    "entity": "second",
    "type": "builtin.ordinal",
    "startIndex": 0,
    "endIndex": 5,
    "resolution": {
        "value": "2"
    }
}
```

3.4 实体训练

我们继续回到 Bot 应用程序开发，并应用刚才学到的一些东西。正如在编写与日历相关的 Bot 应用程序时，我们选择的最明显的预建实体是 datetimeV2。在 LUIS 的 Entity 页面中，点击"Manage prebuilt entities"，并选择 datetimeV2，如图 3-18 所示。

在添加实体之后，我们开始训练模型。在交互式测试 UI 中，当输入"add calendar entry tomorrow at 5pm"时，我们将看到如图 3-19 所示的结果。

可以看到，整个过程非常简单。接着，我们再次将 LUIS 应用发布到 Staging slot，并使用 curl 运行相同的查询，我们收到以下 JSON：

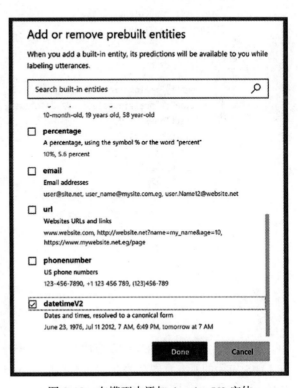

图 3-18　在模型中添加 datetimeV2 实体

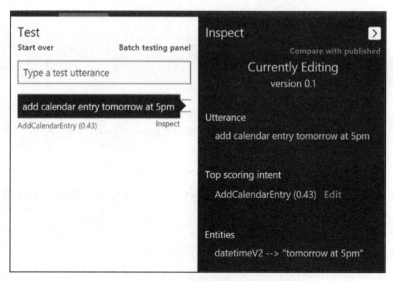

图 3-19   datetimeV2 实体添加成功

```
{
    "query": "add calendar entry tomorrow at 5pm",
    "topScoringIntent": {
        "intent": "AddCalendarEntry",
        "score": 0.42710492
    },
    "entities": [
        {
            "entity": "tomorrow at 5pm",
            "type": "builtin.datetimeV2.datetime",
            "startIndex": 19,
            "endIndex": 33,
            "resolution": {
                "values": [
                    {
                        "timex": "2018-02-19T17",
                        "type": "datetime",
                        "value": "2018-02-19 17:00:00"
                    }
                ]
            }
        }
    ]
}
```

到现在，我们可以在 LUIS 应用的任何意图中识别出 datetime 实体了，datetime 实体会和 LUIS 应用的所有意图都关联，而不仅是和 AddCalendarEntry 这一个意图相关。此外，我们将继续添加 Email 预建实体，再次训练并发布到 Staging slot。我们可以尝试一下"meet with szymon.rozga@gmail.com at 5p tomorrow"这样的话语输入，并获得我们所期望的结果。

```
{
  "query": "meet with szymon.rozga@gmail.com at 5p tomorrow",
  "topScoringIntent": {
    "intent": "AddCalendarEntry",
    "score": 0.3665758
  },
  "entities": [
    {
      "entity": "szymon.rozga@gmail.com",
      "type": "builtin.email",
      "startIndex": 10,
      "endIndex": 31
    },
    {
      "entity": "5p tomorrow",
      "type": "builtin.datetimeV2.datetime",
      "startIndex": 36,
      "endIndex": 46,
      "resolution": {
        "values": [
          {
            "timex": "2018-02-19T17",
            "type": "datetime",
            "value": "2018-02-19 17:00:00"
          }
        ]
      }
    }
  ]
}
```

练习 3-3

添加对 Datetime 和 Email 实体识别的支持

我们会在该练习中将刚才学习的预建实体加入到我们正在开发的 LUIS 应用 Calendar-BotModel 中。

- ❏ 添加 email 和 datetimeV2 预建实体到 LUIS 应用中，并且重新训练模型。
- ❏ 转到 AddCalendarEntry 意图中，输入一些包含 Datetime 和 Email 的话语，查看 LUIS 是否识别了这些实体并将其高亮显示。
- ❏ 将 LUIS 应用发布到 Staging slot。

□ 使用 curl 命令查看返回的 JSON 结果。

预建的实体非常容易使用。作为进一步的练习，在模型中添加一些其他预建实体，以了解它们如何工作以及如何在不同类型的输入中获取它们。如果你想阻止 LUIS 识别它们，则只需将它们从 LUIS 应用程序的实体中删除。

3.5 自定义实体

预建实体无需任何额外的训练就可以为我们的模型做很多事情。在我们的 CalendarBotModel LUIS 应用程序中，日历条目（calendar entry）里包含一些我们感兴趣的属性。但如果说我们需要的一切都可以由现有的预建实体提供，那不太现实。

我们通常希望为会议提供一个会议主题（不仅是类似"与 Bob 会面"这么简单）和会议位置。会议主题和位置都是任意字符串，那么此时我们如何实现实体抽取的目标呢？

LUIS 支持开发者训练自定义实体来检测这些概念，并从用户的输入中抽取它们的值，这就是实体抽取算法的强大功能所在。在自定义实体中，我们可以决定 LUIS 何时应该将词语识别为实体，何时应该忽略它们。NLP 算法考虑上下文。例如，给定多个话语样本，我们可以教 LUIS 并确保它不会混淆 Starbucks（星巴克）与 Starbuck——小说《Moby Dick》中的角色名。

我们可以在 LUIS 中使用四种不同类型的自定义实体：简单、复合、层次和列表。下面我们分别介绍每一类自定义实体。

3.5.1 简单实体

简单的自定义实体是诸如日历条目或预构建的电子邮件（Email）、电话号码（Phone Number）和 URL 之类的实体，用户输入中的词语可以基于其在话语中的位置和它周围词语的上下文而被识别成相应类型的实体。

LUIS 可以轻松创建和训练简单实体，我们首先创建一个名为"Subject"的简单实体。

当我们要告诉日历机器人关于条目的主题名称时，我们应该想清楚。假设我们希望接受诸如"meet with Kim about mortgage application at 5pm"这样的输入。在这个例子中，Subject 实体将是"mortgage application"，下面我们来实现一下。

回到 Entity 页面并单击 Create new entity 按钮以创建一个名为 Subject 的简单实体，如图 3-20 所示。

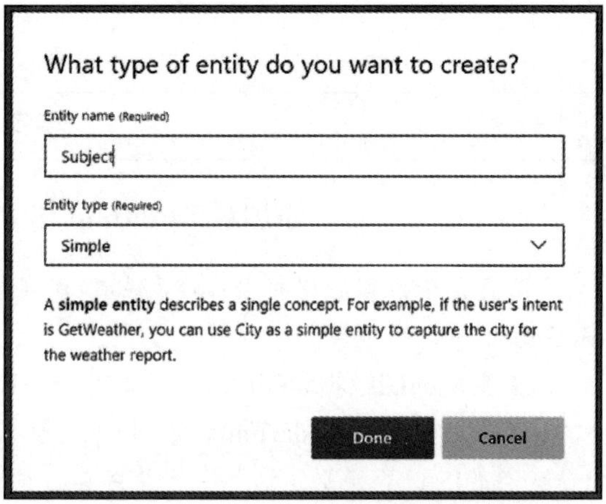

图 3-20　创建一个新的简单实体

点击完成之后，该条目会被添加到 LUIS 应用的实体列表里，训练实体的过程与训练意图在相同的页面中，我们点击跳转到 AddCalendarEntry 意图的页面，并添加"meet with Kim about mortgage application at 5pm"话语，如图 3-21 所示。注意，此时这只是一个普通的话语，没有自定义的简单实体被识别。

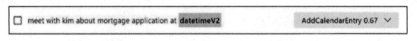

图 3-21　添加话语，LUIS 还不懂该主题

现在，我们移动鼠标到词语 mortgage 和 application 上会发现词语可以被选定，点击词语 mortgage 和 application，此时短语"mortgage application"被选定，同时页面会在浮窗中枚举展示你 LUIS 应用程序中所有的自定义实体；选定出现的 Subject 实体。此时，输入到 LUIS 中的话语将如图 3-22 所示。

图 3-22　高亮实体赋值

保存话语并重新训练应用程序。由于我们目前只提供一个话语输入，因此当前 LUIS 在确定 Subject 实体方面的效果还没那么出色。实体识别比意图分类更难做，它需要更多输入样本，我们可以在话语编辑器（utterance editor）里向日历条目意图添加更多的话语输入。图 3-23 中展示了添加的一些输入样本。

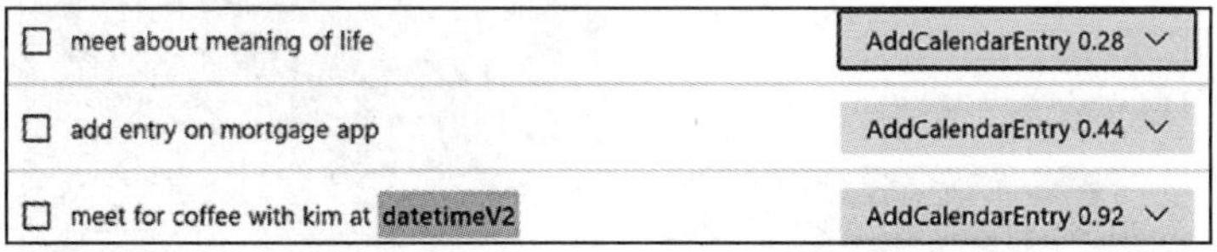

图 3-23　添加更多主题话语；在用一个样本训练 LUIS 后，没有一个被识别出来

注意，在添加完之后，此时没有 Subject 实体被检测到，我们再次强调，系统能够识别实体的前提是有相当多的输入样本被输入并训练。我添加了十多句在某一位置具有 Subject 实体的话语，如图 3-24 所示，并在具有该实体的词汇或短语上标记了自己定义的简单实体。我们的话语应该精心设计，以确保向 LUIS 提供尽可能多的变化。通常，每个变体还需要包括一些样本以保证算法训练的模型可以足够准确地在话语的上下文中找到特定实体。

在使用训练数据训练完模型后，我们通过页面的交互式测试工具发现模型在实体识别方面变好了很多。现在，我们随机地输入一句测试话语"hi let us meet about lawn care and harmonicas at 1:45p"，便会看到如图 3-25 所示的结果，实体都被识别出来了。但是，如果我们变换一下输入的长度或者换用同义表达，那么 LUIS 可能无法正确识别这些实体。这意味着我们还需要添加训练数据，进一步训练实体识别模型；我们会将此作为练习留给读者。

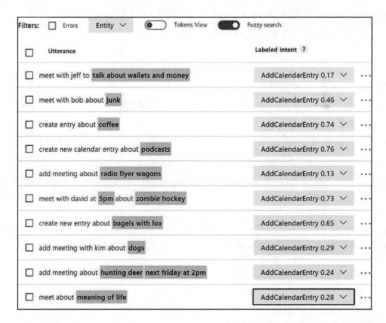

图3-24 用许多不同风格的主题话语来训练LUIS。请注意，我们将Entity下拉菜单右侧的切换更改为"令牌视图"(Tokens View)；这允许我们查看哪些令牌被识别为实体

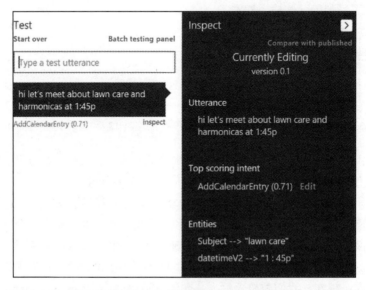

图3-25 我们的模型在一些测试用例中识别出了主题；太棒了

尽管表达方式的变化导致模型可能对某些输入中的实体无法识别，但我们现在很好地

掌握了自定义的简单实体——日历 Subject 实体的定义、使用和训练。事实上，开发者很难考虑到用户对一句话所有可能的表达方式，但 LUIS 应用程序开发的方式就是这样。因此，在发布此应用程序前，必须反复地进行交互测试，查看返回的 JSON 结果，这非常重要。

```
{
  "query": "hi let's meet about lawn care and harmonicas at
    1:45pm",
  "topScoringIntent": {
    "intent": "AddCalendarEntry",
    "score": 0.8653278
  },
  "entities": [
    {
      "entity": "1:45pm",
      "type": "builtin.datetimeV2.time",
      "startIndex": 48,
      "endIndex": 53,
      "resolution": {
        "values": [
          {
            "timex": "T13:45",
            "type": "time",
            "value": "13:45:00"
          }
        ]
      }
    },
    {
      "entity": "lawn care and harmonicas",
      "type": "Subject",
      "startIndex": 20,
      "endIndex": 43,
      "score": 0.587688446
    }
  ]
}
```

可以看到，time 实体被正确地识别，Subject 实体返回相关的实体值。此外 Subject 实体还返回了一个得分，这里的得分与前文所述的意图得分含义相似，它是相对理想实体的距离度量。与意图不同的是，LUIS 不会返回所有的实体及其得分，而仅返回分数高于阈值的简单实体和分层实体；对于预建实体，此分数是隐藏的。

训练实体的好处在于，即使包含实体的话语样本在 AddCalendarEntry 意图中定义，这些实体也会被其他意图共享。意图和实体并不直接相互关联。比如，我们输入"cancel meeting about olympic hockey"，它在交互式测试工具中的返回结果如图 3-26 所示。

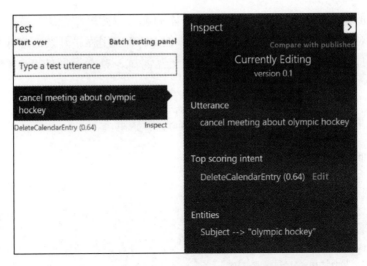

图 3-26　一个意图内的实体训练可以应用到其他意图

对于该输入,另一个观察结果是在识别为 DeleteCalendarEntry 意图方面得分较低（0.64）。这是因为我们在 AddCalendarEntry 意图中添加了更多的话语,而在 DeleteCalendarEntry 和 EditCalendarEntry 中添加的话语样例要少得多。我们可以继续添加一些包含 Subject 实体的同义替换表达作为输入样例,然后重新训练模型,就可以改善这一点。

练习 3-4

训练 Subject 实体并增强我们的 LUIS 应用

我们将通过本练习掌握提升 LUIS 应用对实体识别的方法。
- 添加自定义简单实体 Subject。
- 在意图中添加包含 Subject 实体的话语,并交互式地进行训练和测试,反复迭代这个过程,直到 LUIS 应用对实体的识别结果满足开发者的要求。
- 一开始,至少保证在 LUIS 中输入 25 到 30 个话语样本,同时确保为每个话语样本提供多个同义语句。
- 后续输入中,确保所有的意图都具有 15 到 20 个话语样本作为输入,同时每个意图对应的输入话语要包含所有的实体。
- 训练并将 LUIS 应用发布到 Staging slot。
- 使用 curl 工具查看返回的 JSON 结果。

训练自定义实体相对而言更有难度一点,但经过反复的交互训练,我们会看到 LUIS 逐渐可以识别这些自定义的实体。注意话语输入中需要明确训练的实体:Subject 实体和实体后面的日期、时间等。开发者可能已经注意到训练数据的数量非常重要,像 LUIS 这样的自然语言理解系统获得的训练数据越多，效果就越好。如果 LUIS 最终的训练结果与你的期望有差距，那么很可能不是 LUIS 的性能问题，而是你的 LUIS 应用需要更多的训练数据来进行训练。

我们要创建的第二个自定义简单实体名为 Location。和前面创建的 Subject 实体类似，Location 实体可以是任意与位置相关的文本内容，因此我们需要使用许多训练样本来训练 LUIS。

接下来我们将尝试在 AddCalendarEntry 意图中添加训练话语，所添加的话语采用下面的这些形式：

```
Meet with kim to talk about {Subject} at {Location}
Meet about {Subject} at {Location}
Add entry with teddy for {Subject} at {Location}
Add meeting at {Location}
Meet at {Location}
Meet in {Location} at {Subject}
```

此外，我们还应该在话语中添加一些 datetime 实例。因为我们要让 LUIS 能区分 Location 和 Subject 两个实体的识别，所以训练 Location 实体将变得更加棘手。Location 和 Subject 都可以是任意与它们含义（位置、主题）相同的词语，所以在训练这两个实体时，需要给 LUIS 提供大量训练数据。在正在开发的 LUIS 应用程序中，我们添加了 30 多个话语，这些话语中要么仅包含 Location 实体，要么既有 Location 实体又有其他的实体。经过多次训练、测试之后，我们得到了满意的结果；当输入"meet for dinner at the diner tomorrow at 8pm"之后，得到了如下的 JSON 返回结果：

```
{
    "query": "meet for dinner at the diner tomorrow at 8pm",
    "topScoringIntent": {
        "intent": "AddCalendarEntry",
        "score": 0.979418
    },
    "entities": [
        {
            "entity": "tomorrow at 8pm",
            "type": "builtin.datetimeV2.datetime",
            "startIndex": 29,
            "endIndex": 43,
            "resolution": {
                "values": [
                    {
                        "timex": "2018-02-19T20",
                        "type": "datetime",
                        "value": "2018-02-19 20:00:00"
                    }
                ]
            }
        },
```

```
        {
            "entity": "the diner tomorrow",
            "type": "Location",
            "startIndex": 19,
            "endIndex": 36,
            "score": 0.392795324
        },
        {
            "entity": "dinner",
            "type": "Subject",
            "startIndex": 9,
            "endIndex": 14,
            "score": 0.5891273
        }
    ]
}
```

我们建议开发者在实体识别的训练阶段投入较多的精力进行调优,这对理解自然语言和训练自然语言理解系统(比如 LUIS 应用)的复杂性和模糊性非常有帮助。

练习 3-5

训练 Location 实体

在本练习中,我们将向 LUIS 应用中添加 Location 实体,通过本练习,读者会发现这比之前只单独训练 Subject 实体要花费更多的时间。

- 按照前面章节内容的步骤,添加 Subject 实体。
- 向 AddCalendarEntry 意图中添加包含 Location 内容的话语。训练并通过页面的交互式测试工具进行测试。
- 向 LUIS 中添加至少 35 到 40 个话语样本,应用中设计的意图越多,则需要的话语样本就越多。在添加话语的过程中,同时训练和测试 LUIS 应用。注意输入的话语样本的多样性,通过同义表达来使话语变化。
- 将 LUIS 应用发布到 Staging slot。
- 使用 curl 工具查看返回的 JSON 结果。

该练习有助于提升 LUIS 应用(在一个话语中存在多个实体的时候)对实体的识别能力。

3.5.2 复合实体

到目前为止,我们完成了对 LUIS 大部分内容的实践。使用前面介绍的意图分类和简单实体抽取,我们初步开发了一个和日历相关的 LUIS 应用程序。虽然我们讨论了一些简单实体,但很快也会遇到一些复杂的自然语言理解场景。没有像 LUIS 那样的工具,实现这些语言理解任务将非常复杂和困难。

现在我们再来看一个自然语言理解中的新场景。我们的 LUIS 应用当前支持用户输入如下形式的话语：

"Meet at Starbucks for coffee at 2pm"

但如果用户想一次性添加多个日历条目该怎么办？比如用户想输入如下形式的话语：

"Meet at trademark for lunch at noon and at Starbucks for coffee at 2pm"

如果我们对 LUIS 应用训练得足够充分，那么当然可以处理这类输入，并且 LUIS 应用会识别出两个 Subject 实体、两个 Location 实体和两个 datetime 实体。对于输入"meet at culture for coffee at 11am and at the office for a code review at noon"，返回的 JSON 结果如下：

```
{
    "query": "meet at culture for coffee at 11am and at the
    office for a code review at noon",
    "topScoringIntent": {
        "intent": "AddCalendarEntry",
        "score": 0.996190667
    },
    "entities": [
        {
            "entity": "11am",
            "type": "builtin.datetimeV2.time",
            "startIndex": 30,
            "endIndex": 33,
            "resolution": {
                "values": [
                    {
                        "timex": "T11",
                        "type": "time",
                        "value": "11:00:00"
                    }
                ]
            }
        },
        {
            "entity": "noon",
            "type": "builtin.datetimeV2.time",
            "startIndex": 74,
            "endIndex": 77,
            "resolution": {
                "values": [
                    {
                        "timex": "T12",
                        "type": "time",
```

```
                "value": "12:00:00"
            }
        ]
    }
},
{
    "entity": "culture",
    "type": "Location",
    "startIndex": 8,
    "endIndex": 14,
    "score": 0.770069957
},
{
    "entity": "the office",
    "type": "Location",
    "startIndex": 42,
        "endIndex": 51,
        "score": 0.9432623
    },
    {
        "entity": "coffee",
        "type": "Subject",
        "startIndex": 20,
        "endIndex": 25,
        "score": 0.9667959
    },
    {
        "entity": "a code review",
        "type": "Subject",
        "startIndex": 57,
        "endIndex": 69,
        "score": 0.9293087
    }
]
}
```

但是，我们如何区分哪些实体分在哪一组里呢？每个 Location 实体分别和哪个 Subject 实体匹配并分在一个组？使用 JSON 里的 startIndex 属性似乎有效，但并不能确保对每一个输入都有效。

幸运的是，LUIS 可以将实体分组成复合实体（composite entity）。不必像上面的返回结果那样烦琐，LUIS 将向我们返回：每个实体分别属于哪一个复合实体。这样，我们就能很容易地看出有两个独立的 AddCalendar 请求：一个是 "11 a.m. coffee at Culture"，另一个是 "a code review in the office at noon"。

复合实体可以在 LUIS 的 Entity 页面中创建。图 3-27 展示了在 LUIS 中创建复合实体的过程，点击 Create new entity 按钮，在 Entity name 中输入所要创建的复合实体的名字，在

Entity type 选项上选择 Composite 实体类型,在 Child entity 选项上为新建的复合实体添加子实体。我们使用 CalendarEntry 作为该复合实体的名字。

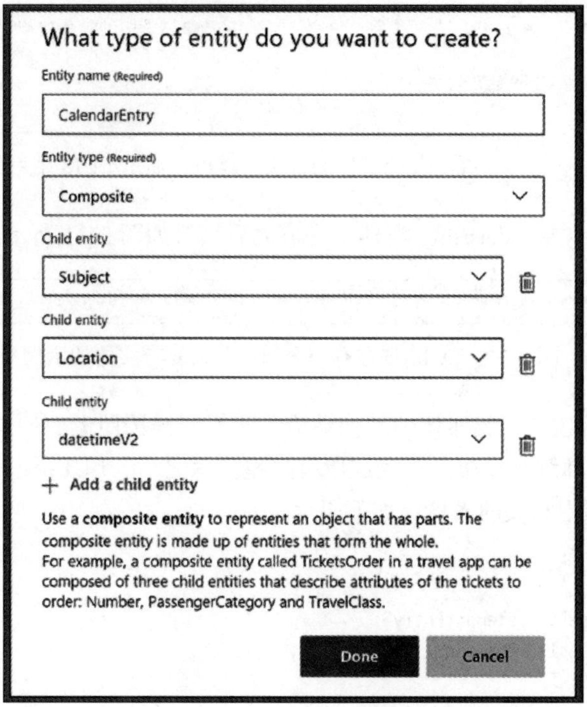

图 3-27 创建一个新的复合实体

在创建 CalendarEntry 复合实体之后,我们需要训练 LUIS 应用,使其能识别复合实体。回顾 AddCalendarEntry 意图,训练 LUIS 应用最简单的方式是使用大量包含三种实体并将其打包成复合实体的话语来进行训练。图 3-28 提供了一个这样的例子。

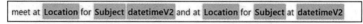

图 3-28 具有日期时间、主题和位置的"正确"的 CalendarEntry;这是典型的复合实体的例子

点击第一个 Location 实体,会出现一个浮窗,浮窗里的选项包括重新标记实体或将其打包到复合实体中。我们点击"Wrap in composite entity"选项,并点击选择我们创建的 CalendarEntry 复合实体,如图 3-29 所示。

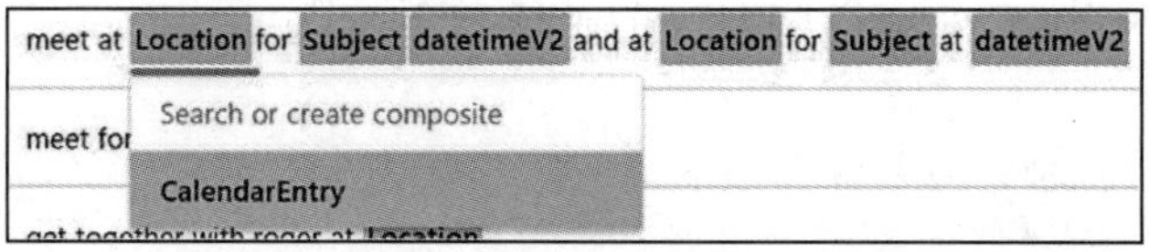

图 3-29 点击 Location 实体将允许我们在复合实体中包装部分话语

接着移动鼠标至 Subject 实体和 datetimeV2 实体，重复上述过程。注意完成之后下划线会扩展到刚才所操作的每一个实体，如图 3-30 所示。

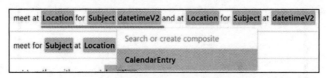

图 3-30　一旦选择了复合实体的开头，就可以显示 LUIS 结束的位置

接着标记第二个 CalendarEntry 实体，完成之后结果如图 3-31 所示。

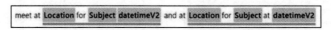

图 3-31　LUIS 现在有一个如何包装复合实体的示例

对于后续输入的包含三类实体的其他话语，我们同样按照上面的过程对实体进行标记，并对 LUIS 应用进行训练和发布。在完成所有这些步骤之后，LUIS 便可以识别复合实体了。我们只展示识别结果中相关的属性，如下所示。

```
"compositeEntities": [
    {
        "parentType": "CalendarEntry",
        "value": "culture for coffee at 11am",
        "children": [
            {
                "type": "builtin.datetimeV2.time",
                "value": "11am"
            },
            {
                "type": "Subject",
                "value": "coffee"
            },
            {
                "type": "Location",
                "value": "culture"
            }
        ]
    },
    {
        "parentType": "CalendarEntry",
        "value": "the office for a code review at noon",
        "children": [
            {
                "type": "builtin.datetimeV2.time",
                "value": "noon"
            },
```

```
        {
            "type": "Subject",
            "value": "a code review"
        },
        {
            "type": "Location",
            "value": "the office"
        }
    ]
  }
]
```

练习 3-6

复合实体

在本练习中，我们将回顾：向 LUIS 应用中添加复合实体。

- 创建名为 CalendarEntry 的复合实体，并且指定其子实体（child entity）为 datetimeV2、Subject 和 Location 实体。
- 对包含 datetimeV2、Subject 和 Location 三种实体的话语进行实体标注（label），并对 LUIS 应用进行训练。
- 再输入一些标注为 CalendarEntry 复合实体的话语样本，对 LUIS 应用进行训练。
- 将 LUIS 应用发布到 Staging slot。
- 使用 curl 工具查看返回的 JSON 结果。

复合实体是几种实体的组合，它支持 LUIS 应用对更复杂的表达进行封装，相当于把几种标注的实体分成一组、打包封装。

3.5.3 层次实体

层次实体支持开发者定义实体和该实体的子实体。开发者可以把层次实体视为在实体之间定义父/子类型关系。我们之前遇到过这种类型的实体，比如 datetimeV2 实体。datetimeV2 实体包括 daterange、set 和 time 等诸多子类型实体。

LUIS 支持开发者轻松地创建自定义的子类型实体。假设我们想在模型中添加支持将日历条目可见性指定为公共或私有的功能，那么我们可能添加如下的话语：

```
"create private entry for interview with competitor at starbucks"
 "create invisible entry for interview with recruiter at trademark"
```

话语中的词汇"private""invisible"是用于表明日历条目是否可见的简单实体。但是，这种情况下创建层次实体比使用简单实体更加高效。我们能否通过只看 Visibility 属性的值来确定它是否应该是私人会议？如果开发者坚持选择"是"或者"否"作为唯一的答案，那么答案为"是"。但需要注意的是，自然语言具有模糊和不确定的特性，一个意思可以有多种表达。比如对于私人日历条目，用户的话语中可能说的是"invisible""private""privately""hidden"，同样的道理，对于公开的日历条目，用户的表达也可能多种多样。如果我们采取这种提供一组封闭表达的方法（即在代码中写死），那么我们将不得不在每次出现新表达时更改代码。应该使用层次实体而不是简单实体的原因是层次实体在上下文中的统计模型可以被子类型共享。一旦层次实体被识别出来，下一步识别子实体的过程本质上就变成了一个分类问题。在上述这类话语场景中，比起使用两个简单实体，使用层次实体能更好地发挥 LUIS 的性能。而且，这种方式也比手动写大量规则的代码具有更高的开发效率。

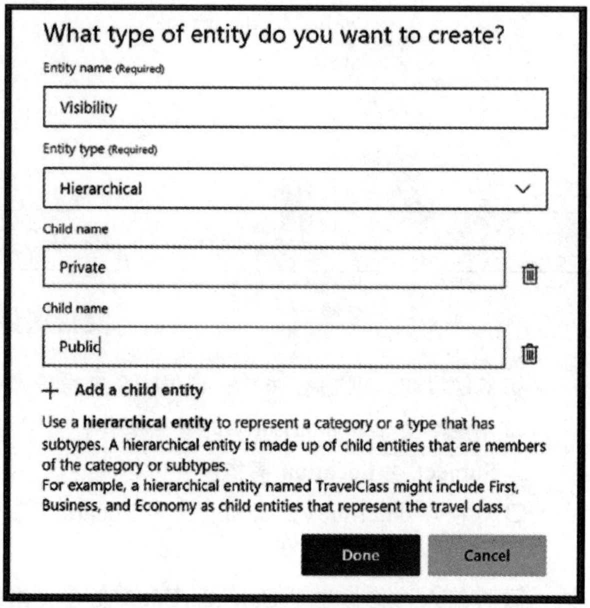

图 3-32 展示了如何创建一个新的层次实体的过程。我们访问 LUIS 的

图 3-32 创建一个新的层次实体

Entity 页面，点击 Create new entity，然后从 Entity type 下拉选项中选择 Hierarchical。接着，我们对 parent entity 进行命名并且添加 child entity。完成这些之后，仍然是进入意图页面，添加话语并训练 LUIS 应用。我们选择进入之前的 AddCalendarEntry 意图并添加一些话语。

在开始识别输入中的实体之前，需要对输入进行标注，让 LUIS 非常清楚它在何处以及如何遇到表示公开和私人的修饰符。图 3-33 显示我们输入了 10 条话语，并进行了标注。

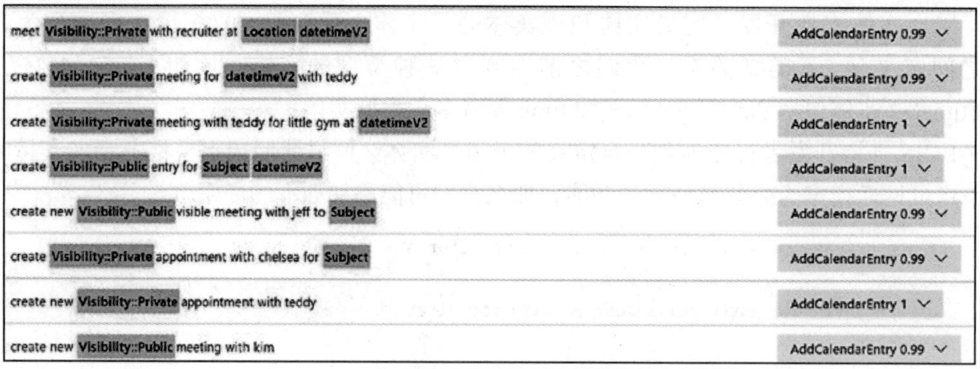

图 3-33 样本可见性层次实体话语

一旦完成训练并发布应用之后，我们可以通过 curl 工具来看一下 LUIS 返回的测试结果，如下所示：

```
{
    "query": "create private meeting for tomorrow 6pm with teddy",
    "topScoringIntent": {
        "intent": "AddCalendarEntry",
        "score": 0.9856489
    },
    "entities": [
        {
            "entity": "tomorrow 6pm",
            "type": "builtin.datetimeV2.datetime",
            "startIndex": 27,
            "endIndex": 38,
            "resolution": {
                "values": [
                    {
                        "timex": "2018-02-19T18",
                        "type": "datetime",
                        "value": "2018-02-19 18:00:00"
                    }
                ]
            }
        },
        {
            "entity": "private",
            "type": "Visibility::Private",
            "startIndex": 7,
            "endIndex": 13,
            "score": 0.9018322
        }
    ]
}
{
    "query": "create public meeting with jeff",
    "topScoringIntent": {
        "intent": "AddCalendarEntry",
        "score": 0.975892961
    },
    "entities": [
        {
            "entity": "public",
            "type": "Visibility::Public",
            "startIndex": 7,
            "endIndex": 12,
            "score": 0.6018059
        }
    ]
}
```

3.5.4 列表实体

到目前为止,我们可以从用户的输入中识别出预建实体、简单实体、复合实体和层次实体。每次我们添加一类新的实体并训练 LUIS 应用时,我们都会注意到正在被训练的模型数量有所增加,这是因为 LUIS 应用中每一个意图/实体对都与一个模型对应。到目前为止,我们至少应该有 10 个模型,每个模型在我们训练 LUIS 应用时都会被重建。

列表实体和上述实体不同,LUIS 应用不需要使用列表实体进行训练,所以列表实体与机器学习无关。列表实体由一系列的术语和这些术语的同义词组成,比如,我们想定义 City,则可以添加 New York,以及它的一些同义词 NY、The Big Apple、The City That Never Sleeps、Gotham、New Amsterdam 等。LUIS 会将这些替代词统统解析为 New York。

在创建列表实体类型之后,我们会重定向到列表实体编辑器页面,在这里开发者可以为刚才创建的该类列表实体添加典型术语(canonical term)以及它的同义词。该页面还支持用户添加新的术语和同义词,并且会额外地推荐一些和已添加的术语密切相关的术语。列表实体最多支持 20 000 个术语(含同义词),每个 LUIS 应用最多支持 50 个列表实体。图 3-34 展示了一个自定义列表实体的例子。

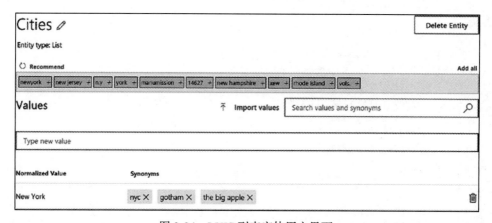

图 3-34 LUIS 列表实体用户界面

由于列表实体不需要 LUIS 应用训练学习,因此列表之外的词语不会被识别出来。比如,LUIS 看到输入中的 "Gotham" 时,会将其识别为 New York,但对于 "Gohtam" 则不会被 LUIS 识别。顾名思义,列表实体其实就是一个查询列表。

```
{
    "query": "meet in the big apple",
    "topScoringIntent": {
        "intent": "AddCalendarEntry",
        "score": 0.943692744
    },
    "entities": [
```

```
    {
        "entity": "the big apple",
        "type": "Cities",
        "startIndex": 8,
        "endIndex": 20,
        "resolution": {
            "values": [
                "New York"
            ]
        }
    }
  ]
}
```

在使用列表实体 API 时，LUIS 会将识别出的实体高亮显示，并返回列表实体的典型名称。这允许我们消费应用程序，以忽略术语的所有可能的同义词，并根据典型名称执行逻辑。列表实体在开发者提前知道某一内容的所有可能值时会非常好用。

3.5.5 正则表达式实体

LUIS 支持开发者创建正则表达式实体。正则表达式实体就像列表实体那样，和上下文无关。比如，如果我们期望始终使用语法 KB143230（KB 后面有 6 位数字）来呈现某一知识，那么我们可以创建一个带有 kb[0-9]{6,6} 正则表达式的实体。经过训练之后，话语输入中任何匹配到该正则表达式的内容都将被识别为该正则表达式实体。

3.6 预建域

通过上面的实践，我们对构建 NLU 模型的一些挑战已经有所了解。可用一些机器学习工具快速地进行开发，但我们必须保证使用了质量好的数据来进行训练。人类需要浸入到一门语言中并进行多年的日常使用，才能真正理解一门语言，但现在我们假设的是 LUIS 应用仅使用 10 个样例进行学习便能从话语输入中识别出实体。因此，在遇到 LUIS 无法识别和理解的情况时，我们需要让 LUIS 学习新的内容。

为了实现这一目标，很多 NLU 平台提供了预建模型和预建域。从本质上讲，LUIS 和其他平台的创建者希望为我们提供一些开发优势和捷径，让我们可以轻松地将这些域包含在我们的应用程序中并训练 LUIS。图 3-35 展示了一些预构建的模型。

我们可以通过在 BUILD 页面中点击左下角的"Prebuilt Domains"链接，从而找到预建域。在撰写本书时，这一功能尚处于预览阶段，而当读者阅读此书时则可能已经做了修改。LUIS 包括一系列域，比如相机、家庭自动化、游戏、音乐甚至类似于我们一直在学习开发的日历。事实上，我们会在练习 3-7 中完成这些。"Learn more"文本链接会跳转到一个页面，该页面详细描述了每个域所引入的意图和实体，以及不同的语言都支持哪些域[○]。

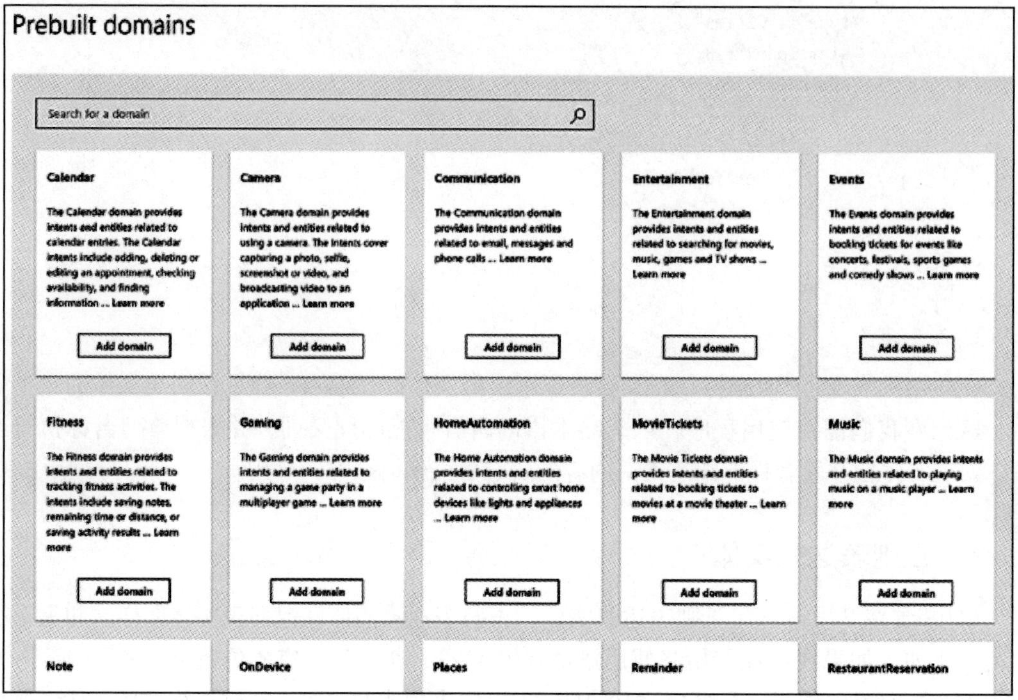

图 3-35 预建域

在开发者向应用中添加了一个域之后，LUIS 会将该域下的所有意图和实体加入所开发的 LUIS 应用中，以使开发的 LUIS 应用的功能更强大。但有时我们可能需要去掉某些意图或添加新意图以补充预先构建的意图；或者我们还需要使用更多样本来训练预构建的域。我们建议开发者将预构建的域视为基础，我们的目标是在预构建域的基础上扩展它们以构建更出色的体验。

LUIS 的一个转折点

LUIS 几年来已经更迭了多个版本，甚至在作者撰写本书期间 LUIS 还更改过 UI 和一些功能。LUIS 曾经包含 Cortana 应用（微软小娜），任何开发者都可以利用已知的 App ID，并使用他们的订阅密钥来进入。Cortana 应用内定义了许多预构建的意图和实体，但它是一个封闭的系统，因此开发者无法对它进行个性化的定制或者增强。从那以后，微软就摆脱了在 LUIS 中内建 Cortana 这一功能，转而支持预建域。但是，将自己的模型公开和共享以便其他开发者可以通过使用自己订阅的密钥来调用该共享的模型的理念并没有被去掉，开发者仍然可以通过 Settings 页面获得该功能。

○ LUIS 预建域：https://docs.microsoft.com/en-us/azure/cognitive-services/luis/luis-reference-prebuilt-domains。

> **练习 3-7**
>
> **使用预建域**
>
> 在本练习中，我们将使用预建域 Calendar 来创建一个 LUIS 应用，该应用和我们在前文内容中创建的应用功能相似。
> - 创建一个新的 LUIS 应用。
> - 在 LUIS 页面中导航到 prebuilt domains 链接，并添加 Calendar 域。
> - 训练 LUIS 应用。
> - 使用交互式测试检测应用在识别意图和实体方面的性能如何？在设计和性能方面和我们之前开发的应用相比如何？
>
> 预建域非常有用，但 LUIS 需要充足的训练才能产生一个性能优越的模型。

3.7 短语列表

到目前为止，我们一直通过学习和实践多种方法来增强应用。有时我们发现训练好的模型性能并不满足我们的要求，可能话语中的实体识别准确率并没达到我们的要求。可能我们构建的 LUIS 应用程序是专门用来处理一些内部术语的，它们与 LUIS 应用当前使用的语言有很大的差异；也可能我们无法做到用实体的所有可能值来训练 LUIS，因为我们希望实体具有一定的灵活性。

在这种情况下，提升 LUIS 性能的方法是使用短语列表。短语列表是训练 LUIS 应用时使用的"暗示"，而不是"写死"的规则。短语列表支持我们向 LUIS 提供一系列具有相关性的词汇和短语，这样一组词语就是一种"暗示"，LUIS 就会用相似的方式识别所有具有相关性的词语。在实体值未被正确识别的情况下，我们可以将所有已知的可能值作为短语列表输入并将列表标记为可交换（exchangeable），这就提示了 LUIS：在一个实体的上下文中，这些值都会以相同的方式被处理。如果我们试图用可能不熟悉的单词来提高 LUIS 的词汇量，那么短语列表不会被标记为不可交换（nonexchangeable）。

现在假设我们想提高这个 Calendar 模型识别私有实体的性能。毕竟，表示我们想要私有会议的方式有很多。最开始，我们可以添加一个包含各种表示私有含义的词语的短语列表。图 3-36 展示的是 LUIS 中添加短语列表的页面，具体操作是先在 BUILD 页面通过选择 Phrase Lists 跳转到该页面，然后点击 Create new phrase list。

每个短语列表都需要一个命名和一些值，我们在 Value 区域逐一地把短语列表包含的值输入进去，点击回车时便完成了输入。Related Values 包含的是 Value 区域的同义词，它们由 LUIS 自动加载。接着我们点击下方的 checkbox 将短语列表的值选择为可交换（interchangeable）。

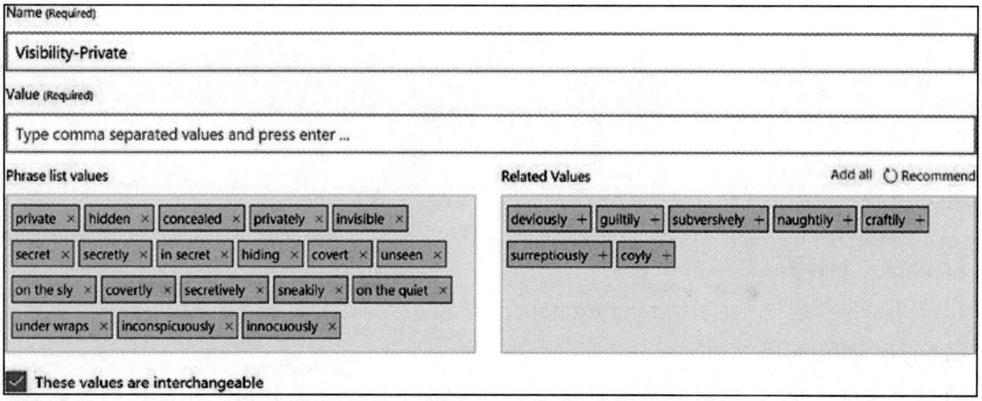

图 3-36 我可能有点过分了；就怪相关值函数

在训练之前，我们首先不使用短语列表，然后试着输入一些包含私有会议信息的话语。如果我们输入类似"Meet in private""Meet in secret"或者"Create a hidden meeting"这样的话语，那么 LUIS 并不能识别实体。但是，如果我们使用短语列表并进行训练，此时便会发现 LUIS 可以将这些实体从话语中识别出来[⊖]。

练习 3-8

训练功能

在本练习中，我们将通过添加功能来提升 LUIS 应用的性能。
- 向 LUIS 应用中添加 Visibility（Calendar 条目的可见性，表明是公开还是私有）层次实体。
- 添加短语列表以提升 LUIS 对私有 Visibility 实体的识别性能。
- 将 LUIS 应用发布到 Staging slot。
- 使用 curl 工具查看返回的 JSON 结果。
- 测试"将短语列表设置为 interchangeable"对 LUIS 应用识别实体性能产生的影响。

短语列表是 LUIS 中一项十分强大的功能，能帮助 LUIS 应用在识别不同实体时获得更好的性能。

练习 3-9

添加 Invitee 实体

到目前为止，我们的 Calendar 中还没有识别会议参加者实体的功能，在本练习中我们

⊖ Microsoft.Recognizers.Text：https://github.com/Microsoft/Recognizers-Text。

将解决这个问题。

- 添加一个新实体，并命名为 Invitee。
- 复查之前的每一个话语输入，将 Invitee 实体标注出来。
- 如果需要更多的训练，则再加入一些包含 Invitee 实体的输入。
- 将 Invitee 实体添加到 CalendarEntry 复合实体中。
- 训练 LUIS 应用，并确保所有的意图、实体的识别效果依然能达到要求。
- 将 LUIS 应用发布到 Staging slot。
- 使用 curl 工具查看返回的 JSON 结果。

如果经过本次练习之后，我们开发的 LUIS 应用识别实体和意图的性能很好，那么读者已经可以熟练使用 LUIS 了。

3.8 主动学习

我们花了数周时间训练模型，然后进行了好多轮测试，接着将应用程序部署到生产环境中，最后开启 Bot 服务。下一步呢？我们如何才能知道我们训练和发布的 LUIS 应用是不是它能达到的最好性能呢？我们怎样才能知道是否有一些用户输入了意料之外的话语，让机器人无法理解并导致了一次非常差的用户体验呢？bug 报告自然有效，但那样的话我们必须得到出现 bug 时的反馈。我们能否在问题发生时就立马发现呢？此时我们可以利用 LUIS 的主动学习功能来达到这个目的。

回顾一下，监督学习是从有标签的数据中进行学习，非监督学习是从没有标签的数据中进行学习，半监督学习则是介于监督学习和非监督学习之间。主动学习是一种半监督学习，学习算法要求监督者为新的数据打标签。对于一个 LUIS 处理不了的输入，它可能会要求熟悉该应用的开发者为这个新的用户输入进行数据标注。这提高了模型的性能，并且随着时间的推移，通过使用真实的用户输入作为样本数据来进行训练，也会使我们开发的 LUIS 应用更加智能。

开发者可以通过 BUILD 页面中的"Review endpoint utterances"链接来使用 LUIS 的主动学习功能（如图 3-37 所示）。在训练完 LUIS 应用之后，我们继续使用端点（endpoint）来测试不同话语输入的结果。LUIS 将其主动依赖于针对端点的输入，而不是交互式测试功能。

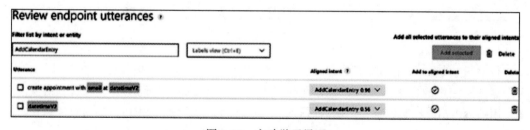

图 3-37　主动学习界面

3.9 仪表板概览

到目前为止，我们已经训练完 LUIS 应用了，并且进行了测试，此时 LUIS 仪表板提供的数据同样值得注意。仪表板让我们能对 LUIS 应用的整体状态有一个快速了解，包括它的使用情况、我们已经训练的数据量等。

在仪表板中，最上方的信息是我们上一次训练和发布 LUIS 应用的信息，如图 3-38 所示。另外，我们还能得到目前使用的意图和实体的数量信息、创建的列表实体数量以及到目前为止标记的话语数量。

图 3-38　应用程序状态

仪表板展示的第二部分内容是用户通过不同 API 来使用 LUIS 应用的情况，如图 3-39 所示。我们可以监测各个端点的点击数，并且时间范围可以从上一周持续到上一年。这部分数据只有在将 LUIS 应用发布到 Production slot 时才能获取。

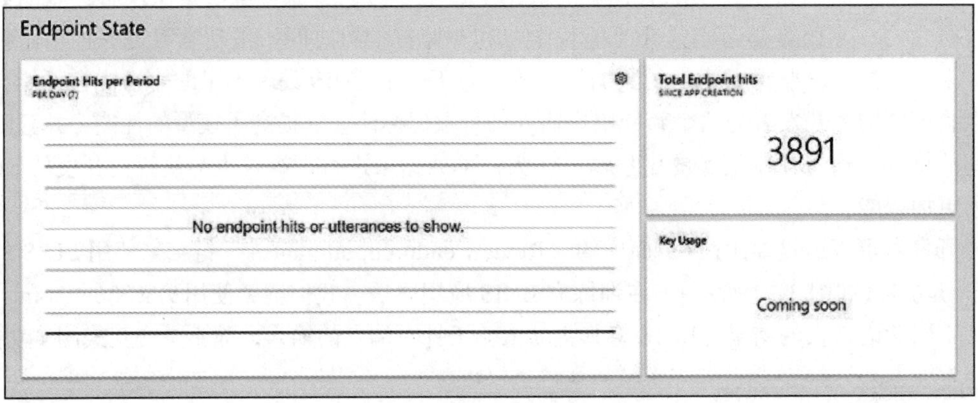

图 3-39　API 端点使用摘要

仪表板中最后一部分内容是意图和实体的统计情况，如图 3-40 所示。图中展示的是，每个意图所使用的训练话语占据所有训练话语的百分比分布。我们明显可以看到有 4 个意图使用的话语明显比其他意图使用的话语更多。实体和意图一样，也可以通过仪表板进行展示。注意，不平衡的分布并不表示需要针对某一意图或者实体进行更多的训练。

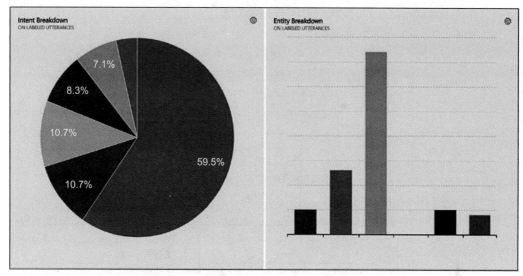

图 3-40 关于意图 / 实体话语计数和分布的统计数据；单击意图导航到该意图的话语页面

3.10 LUIS 应用管理与版本更新

到目前为止，我们的开发流程主要是：添加话语样本、训练 LUIS 应用、发布 LUIS 应用。在开发阶段，我们反复重复这一流程；但是，一旦将 LUIS 应用发布到生产环境中，我们便应该谨慎处理这些应用，添加一个新的意图或者实体可能给 LUIS 应用中的其他部分带来无法预料的影响。因此，最好的方法是在生产环境之外开发已经存在的 LUIS 应用，这样我们可以独立于生产环境之外对新意图或实体进行测试。

我们在前面的章节中介绍了 Staging slot 和 Production slot，并且也已尝试过不必将应用发布到 production 端点而对应用中新增的功能进行测试。LUIS 应用管理的一个基本规则是在 Staging slot 中存放 LUIS 应用的开发版本和测试版本，在 Production slot 中存放 LUIS 应用的生产版本。一旦开发中的版本经过测试已经适合上线，那么发布到生产环境时，我们便可将它从 Staging slot 移动到 Production slot。但如果我们发现生产版本中的 LUIS 应用存在一些错误该怎么办？或者我们想将 Production slot 中的 LUIS 应用进行卷回操作该怎么办？此时，我们需要使用 LUIS 的版本管理功能。

LUIS 支持开发者在任意时间创建应用的版本号。到目前为止，我们一直工作在版本 0.1 中。在适合将版本 0.1 发布到生产环境时，我们将其发布并克隆，得到一个新版本 0.2。我们再将版本 0.2 设置为活跃状态（Active），此时我们就工作在版本 0.2 中了。如果在开发过程中不小心将还未成熟的版本 0.2 发布到了生产环境中，那么我们可以轻松地卷回到版本 0.1，并继续发布版本 0.1。一旦版本 0.2 已经适合发布到生产环境，我们便可将其部署发布到 Production slot，然后克隆版本 0.2，又产生新的版本 0.3，同时我们将新版本 0.3 设置为

Active，并且也可以在需要的时候将 LUIS 应用的发布版卷回到版本 0.2。如此循环，完成版本更新。整个工作流程如图 3-41 所示。

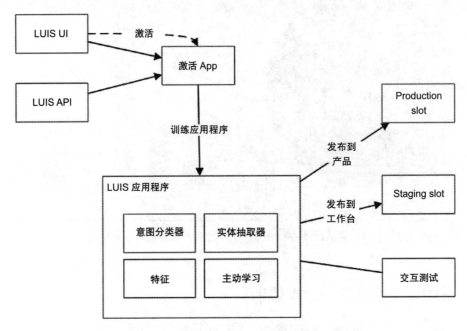

图 3-41　LUIS 开发、训练、测试和发布工作流程

我们可以通过设置（Settings）页面访问 LUIS 应用的版本信息。图 3-42 和图 3-43 展示的是将版本 0.1 克隆到版本 0.2 之后该页面显示的一些信息。

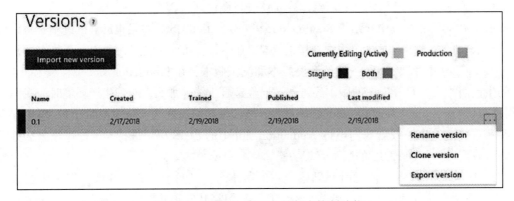

图 3-42　"设置"页面上的版本控制功能

注意在关闭版本 0.1 之后，它在 Staging slot 中依旧存在，只是版本 0.2 才是 Active 版本。LUIS 不支持分支操作，如果多个开发者想更改同一个版本，那么它们不能各自克隆一个版本，然后在修改之后再合并分支。要想实现类似于 Git 的分支操作，则需要通过点击

页面上的 Export Version 按钮，下载 LUIS App JSON，如图 3-42 所示，然后利用源代码管理工具进行类似于 branch 和 merge 命令的分支操作，最后点击 Import new version 按钮从 JSON 文件中上传一个最新的版本。

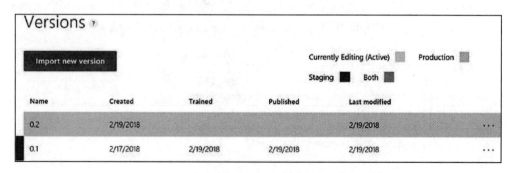

图 3-43　版本 0.1 被克隆至 0.2

在该页面中，开发者也可以将项目的共同开发人员加入进来，这样开发者所在的组织的同事可以协助开发者对 LUIS 应用进行开发、训练和测试。在完成本书的写作时，该功能还没有加入一些特殊权限的管理，因此除了添加或移除别的共同开发者之外，所有加入的开发者都能对 LUIS 应用做任何操作（如图 3-44 所示）。

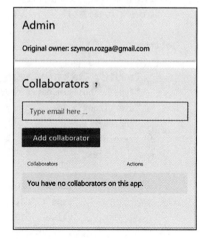

3.11　拼写检查

拼写检查是集成在 LUIS 中的一个非常好的功能，它能自动修复用户输入中的拼写错误。用户的输入往往非常多样和杂乱，因此拼写错误非常常见。

图 3-44　将加入的开发者添加到 LUIS 应用程序

拼写检查通过在 Bing 的拼写检查器服务上运行用户查询，获取可能更改的查询并修复拼写错误，并在 LUIS 上运行经过修复的查询。该功能可以通过加入查询参数 spellCheck 和 bing-spell-check-subscription-key 实现，其中 subscription key（订阅密钥）可以在 Azure Portal 中获取。我们将在第 5 章介绍 Azure Portal，并在第 10 章使用 LUIS 的拼写检查 API。

拼写检查非常有用，但开发者也需要注意，如果所开发的 LUIS 应用中包含具体领域的词语、术语的实体，或者某些并不严格遵循英语规范的词语，那么 LUIS 处理的查询中可能被替换过词语，因此无法识别对应的实体。比如，LUIS 可能将一个词语分解成多个词汇进行处理，这显然不是我们想看到的。又比如，假设某个 LUIS 应用处理的是金融领域的内容，那么 LUIS 应用可能会改变该领域中的一些术语，比如将 VEA（Vanguard ETF）改成 VA 进行处理。而在美国，VA 一般指的是弗吉尼亚州。很显然，VEA 和 VA 的含义差别非常大，因此建议谨慎合理地使用拼写检查功能。

拼写检查在 LUIS 的返回结果中就能看到，也就是返回结果中的 alteredQuery 域和 query 域是一起传入到 LUIS 模型中的。一个典型的 curl 请求和 JSON 响应如下所示：

```
curl -X GET -G -H "Ocp-Apim-Subscription-Key:
a9fe39aca38541db97d7e4e74d92268e" -d staging=true -d
spellCheck=true -d bing-spell-check-subscription-key=c23d51fc
861b45c4b3401a6f8d37e47c -d verbose=true -d timezoneOffset=0
"https://westus.api.cognitive.microsoft.com/luis/v2.0/
apps/3a26be6f-6227-4136-8bf4-c1074c9d14b5" --data-urlencode
"q=add privtae meeting wth kim tomoorow at 5pm"
{
    "query": "add privtae meeting wth kim tomoorow at 5pm",
    "alteredQuery": "add private meeting with kim tomorrow
    at 5pm",
    "topScoringIntent": {
        "intent": "AddCalendarEntry",
        "score": 0.9612303
    },
    "entities": [
        {
            "entity": "tomorrow at 5pm",
            "type": "builtin.datetimeV2.datetime",
            "startIndex": 29,
            "endIndex": 43,
            "resolution": {
                "values": [
                    {
                        "timex": "2018-02-20T17",
                        "type": "datetime",
                        "value": "2018-02-20 17:00:00"
                    }
                ]
            }
        }
    ]
}
```

3.12 导入 / 导出 LUIS 应用

LUIS 应用可以以 JSON 文件的形式导出，同样也可以将应用再导入到 LUIS 中。JSON 文件中既包括自定义的意图、实体以及应用使用的预建实体，也包括短语列表。此外，被导出的 LUIS 应用中还包括大量的话语样本以及在上面标注的意图标签、每个实体在话语中的起始位置。在 LUIS 的 My Apps 页面点击 Export App 按钮，或者在 Settings 页面点击 Export Version，即可完成 LUIS 应用的导出，如图 3-41 所示。

虽然导出的应用程序的格式特定于 LUIS，但我们可以用其他工具编写代码来解析 LUIS 应用中的数据。从代码管理的角度来看，最好导出 LUIS 应用程序并将 JSON 文件放到源代码管理中，因为发布操作是不可逆转的。开发团队如果遵循这种策略：在 Production slot 中发布应用就表明创建了新的应用程序版本，那么就不会有上述问题。

我们在工作中收到的最多的问题就是"为什么不能将一个应用导入到一个已经存在的应用中？"。原因在于，这种需要智能合并的方式比较难以实现，特别是存在不同意图或完全不同内涵的同名意图的情况下。由于每个应用程序都有不同的语义，因此这种合并将是一项非常艰难的任务。我们建议使用 Git 来管理和合并应用程序 JSON 代码，或使用 LUIS Authoring API 创建自定义代码进行合并。

3.13 使用 LUIS Authoring API

在谈到 LUIS 及其兼容性时，开发者时常会考虑这些功能能否通过 API 完成，答案是肯定的。LUIS 的 Authoring API（创作 API）支持开发者通过使用 API 完成我们之前在 UI（LUIS 应用的网页页面）上所进行的所有任务。Authoring API 主要包括以下内容：

- **App**：添加、管理、移除和发布 LUIS 应用。
- **Example**：向某个版本的 LUIS 应用中上传一些话语样本。
- **Feature**：在某个版本的 LUIS 应用中添加、管理或者移除短语或模式。
- **Model**：添加、管理或移除自定义的意图分类和实体抽取；添加/移除预建实体；添加/移除预建域。
- **Permission**：添加、管理和移除应用中的用户。
- **Train**：排列用于训练的应用版本，并获取 LUIS 应用的训练状态。
- **User**：管理 LUIS 应用的订阅密钥以及外部的 key。
- **Version**：添加和移除版本；将 key 与版本关联；导出、导入和克隆某个版本的 LUIS 应用。

LUIS 的 API 非常丰富，支持应用训练、自定义的主动学习，还支持 CI/CD 类型的场景。API Reference Docs[⊖]（API 参考文档）非常适合用于了解和学习 LUIS Authoring API。

3.14 解决遇到的问题

我们一直专注于 LUIS 本身，以及通过将自定义意图分类器和自定义实体抽取器与预建

⊖ LUIS Authoring API 参考文档：https://westus.dev.cognitive.microsoft.com/docs/services/5890b47c39e2bb17b84a55ff。

实体和预建域相结合来创建应用程序的过程。在这个过程中，我们发现机器学习模型有时性能并不好，这是因为我们一定会遇到一些奇怪的应用场景，在这些场景中意图识别和实体抽取会很困难。我们在这里列举一些问题：

- 最容易遇见的问题之一是训练完模型之后没有发布。在测试 LUIS 应用时一定要确保已将 LUIS 应用发布到了 Staging slot，并且确保在调用 API 时根据需要传递 staging 标志位。
- 如果某个意图被错误地识别，则应为该意图提供更多的话语样本。如果问题持续存在，则应转而分析意图本身是各自独立的意图还是可以合并的意图。此外，我们还要确保使用一些和我们所开发的 LUIS 应用无关的话语来训练 None 意图。测试数据非常适用于此目的。
- 如果应用在识别实体方面有困难，则应该检查我们创建的实体。有些实体通常是意图中同一位置的单字修饰符，就像我们的 Visibility（可见性）实体那样。另一方面，还有些更微妙的实体可以在话语中的任何位置（通常是某些词语的前缀或者后缀）。总体而言，实体识别遇到的问题主要可以通过以下几种方法来解决：
  - 添加更多的话语样本，并且保证话语样本之间具有表达上的变化和差异。
  - 查看实体是否应该设置成列表实体，可以通过两个原则来确定：实体是不是一个查询列表？LUIS 应用在识别此类型的实体时是否需要具有一定的适应性，以适应该实体的多种变化？
  - 考虑使用短语列表来显示 LUIS 实体的外观。
- 如果 LUIS 对某两个实体识别较差，那么检查一下这两个实体是否只是由于上下文语境的原因而使得它们在表达上有一点差异。如果是这样，则将它们设置为层次实体比较好。
- 如果用户经常使用一些由多个实体组成的高级概念，则最好使用复合实体。

创建一个 LUIS 应用不仅需要开发技术，更需要调优，开发者可能需要花费大量时间在一些实体上进行优化。同时，请用统计学的观点来看待这个过程，LUIS 应用必须先使用大量的话语样本进行训练，继而才能开始理解话语输入。最后，无论是使用 LUIS 还是任何其他 NLU 系统，我们都应明白这一点：作为人，我们可能将智能和语言理解看得理所当然；但对一个应用程序而言，能够快速地训练出像 LUIS 这样的语言理解应用已经很令人惊讶了。

3.15 结束语

经过本章的学习之后，我们已经具备了使用 LUIS 工具创建 NLU 模型的开发经验。概括地说，本章主要是通过使用预建实体、自定义意图和自定义实体来创建 LUIS 应用。我们对各种预构建的实体进行了探索和使用，并且尝试使用了 LUIS 提供的预建域。我们学习了训练 LUIS 应用、测试 LUIS 应用、将 LUIS 应用发布到不同类型的 slot 以及使用 curl 测试 LUIS 应用中的 API 端点。我们还使用短语列表以及 LUIS 的主动学习功能来进一步提升模型的性能。本章最后部分，我们还学习了版本更新、合作开发、在 LUIS 应用中集成拼写检查、将 LUIS 应用导入和导出、使用 Authoring API、通用问题定位（common troubleshooting）技术。

另外，需要重申的是，我们在本章学习的一切概念和技术在 LUIS 之外的其他 NLU 平台上同样适用。无论是在机器人还是在语音助理中，训练意图和实体以及优化模型都是非常强大的技巧。下一步，我们该思考如何创建机器人，并且仍将使用 LUIS，因为我们所开发的机器人中使用的工具就是 LUIS。

CHAPTER 4

第4章

对话设计

尽管当前的技术支持开发出几乎任何形式的机器人，但这并不代表我们打算这么做。用户对机器人可能会有一些确定的要求，比如消息确认、及时的消息回复以及能进行多轮对话。尽管和机器人聊天与跟人聊天不同，但这种体验也十分接近和某个朋友发短信。我们的用户目前还在适应机器人，因此让用户与机器人之间的交互越简单越好。

开发得很成功的机器人有各种各样的新奇功能，它们遵循一些共同的原则和模式。尽管如此，这也并不意味着没有开发者发挥的空间了。这些共同遵循的原则主要会考虑当前的技术情况和开发预算，只要开发者有很新奇的想法，机器人开发的创造空间就非常大。

常见的使用场景同样遵循一些原则。以我的开发经验来看，我们必须清楚：大多数用户是不会像开发者那样去使用技术的。另外，作为非英语母语者，自然语言的模糊性也带来了麻烦，但是机器人却让用户能够使用这种模糊的自然语言。因此，机器人开发人员需要进行一定程度的自我约束。

考虑到当前自然语言处理的一些不足，当机器人无法理解用户的话语时，机器人该如何处理和应答就变得很重要。只要通过谨慎的方法并有意识地选择发送给用户的响应，创造愉快的交互体验就是完全可以实现的。

4.1 常见的使用场景

开发者可以创建多种使用场景和用途的机器人，其可以完成诸如销售东西、回答产品相关问题、发送订单状态、回复订单查询、配置云基础设施、搜索数据、分享照片等各种各样的事情。

通常，我们把机器人划分为两类，即面向消费者和面向企业。尽管二者在细分的时候可能有一些重叠，但两种使用场景还是有较大区分度的。

4.1.1 面向消费者的常见使用场景

消费级机器人通常通过通道访问，比如 Facebook Messenger、Slack 以及其他消息应用，网络聊天，语音接口，甚至常见的移动应用。由于 AI 的发展和机器人的火热，许多公司都在产品与服务中部署机器人。比如，Atlassian 为其 JIRA 产品部署了 Slackbot。甚至 Amazon 也在其购物 App 中集成了聊天机器人。此外，很多品牌会在 Facebook Messenger 中加入机器人。Facebook 页面使公司可以轻松地拥有一个面向大众的公共频道，并且可以通过公共帖子或 Messenger 与客户交流。如果是通过 Messenger 的方式，则需要人工登录页面收件箱并回复每条消息。所以，许多公司会部署一个 Messenger 机器人，它能代替人工回复几种类型的用户查询，剩下无法回答的消息则留给人工进行回复。最后，我们需要考虑一下实用方面的问题，机器人在面向消费级的产品中究竟能做哪几类事？具体可以将机器人分成以下几类。

FAQ 机器人

FAQ 机器人通常是开发团队开发的第一个机器人，主要用于回答常见问题。这里有一个简单的用例：可以将 FAQ 机器人部署在 Facebook Messenger 或企业消息传递上，这样，机器人就能捕获最常见的问题并进行回答，从而减少人工时间。从用户的角度看，这种基于文本的 FAQ 机器人可以设计得很有趣，用户问题的回答不一定是文本，也可能是更为丰富的内容（比如图片、视频和跳转到其他内容的链接）。

比如，金融服务机器人能回答金融领域的多种问题，并且机器人在回答中可以嵌入其他相关的内容，供用户点击浏览。如果存在能用可视化方式进行解释的内容，则机器人会在回答中提供相应的链接，以供用户点击获得更多信息。当然，在对话设计中我们应该把握好内容推荐的度，最好的平衡点就是用户既可以获得所需要的有效信息，又不会因过多的内容推荐而影响交互体验。图 4-1 是国际儿童基金会在其主页中嵌入的 FAQ 机器人。

面向任务的机器人

面向任务的机器人用于帮助用户解决特定领域的问题。它们有时也被称为 concierge 机器人。比如 JIRA 的 Slackbot（如图 4-2 所示），

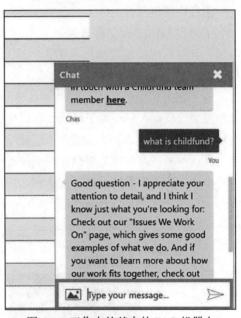

图 4-1　工作中的基本的 FAQ 机器人

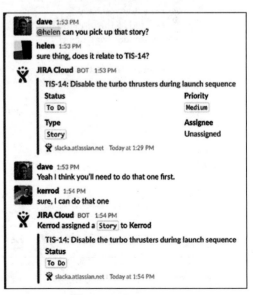

图 4-2　JIRA Slackbot

就是典型的面向任务的机器人。它能根据对话来创建任务、分配任务。

我曾经开发过糖尿病康复聊天机器人，该机器人主要基于 2 型糖尿病患者以往与机器人的对话记录和其他数据，给他们提供个性化的饮食和锻炼建议。此外，金融服务机器人可以连接到交易账户并更新用户的账户余额和头寸甚至进行交易，比如 TD Ameritrade 机器人（如图 4-3 所示）。第 3 章开发的 Calendar LUIS 应用是一个简单的日历任务机器人。

消息广播机器人

消息广播机器人非常普遍，它不需要用户先主动唤醒机器人就会自动发消息给用户。例如，各种新闻类型的机器人（像 Facebook Messenger 上的 CNN 机器人）会向用户推送重磅的当天新闻。

关于消息广播机器人，一个更具体和细微的例子是名人机器人（celebrity bot）。通常，这种类型的机器人只是为了好玩，它们模仿一些名人的个性和特点，可以与用户讨论感兴趣的话题、产品。名人机器人会向用户推荐一系列话题，发送视频和图片，也可以和用户讨论名人认可的产品。这类对话几乎完全是由机器人（而不是用户）驱动的，可以将这种机器人看作是一个讲故事的设备，它的成功应用可以归结为不断发生的新鲜事。图 4-4 展示的是 Project Cali 中的 Snoop Dogg 机器人——一个纯粹用于搞笑的机器人。

图 4-3　使用 TD Ameritrade 机器人进行股票交易

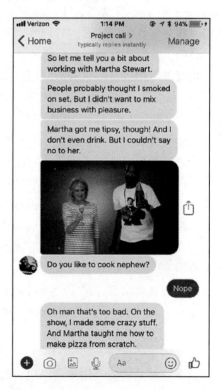

图 4-4　Project Cali：Snoop Dogg 机器人

电商中的机器人

在北美市场，机器人正慢慢开始用于向顾客销售产品。从技术角度看，这并不是一个非常具有挑战性的任务，真正具有挑战性的是让用户放弃使用移动购物应用或者购物网站。集成在电子商务中的机器人也有很多种类。比如，有的机器人可以提供完整的端到端购物体验。通过机器人来浏览服装商品（如图4-5所示）或鲜花（如图4-6所示）和在线购物的体验完全不同。一些机器人可以学习用户的行为，并向用户展示非常容易使他们冲动消费的商品。

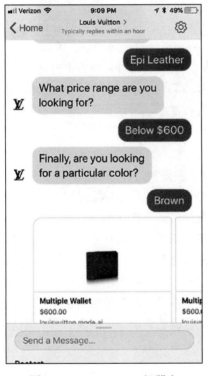 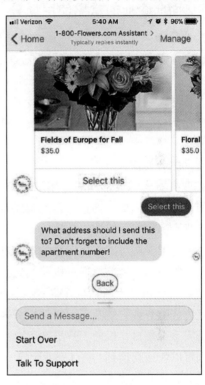

图4-5　Louis Vuitton 机器人　　　　图4-6　1-800-Flowers.com 助手

除了刚才提到的机器人，我们还遇到过只负责广播购买订单和更新订单状态的机器人，其他所有内容都会自动发送到人工客服。虽然这种做法并不是完全重新定义的电子商务，但它是迈向这一目标并让客户熟悉机器人的第一步。简而言之，电商公司正在进行数字驱动的消费转型，机器人则在转型中扮演了相应的角色[⊖]。

不同的消息平台（messaging platform）支持不同级别的移动支付功能。可以通过机器人向用户提供自定义的支付页面，用户可以在页面中输入付款信息，以实现移动支付。在支付过程中，用户与机器人之间的对话会被暂停，在支付完成并收到回复消息之后，对话

⊖ 品牌必须抓住数字驱动的消费转型，否则可能成为牺牲品：www.adweek.com/digital/brands-must-grasp-the-digitally-drivenconsumer-journey-or-risk-becoming-prey。

会重新恢复。另一方面，Facebook Messenger 还支持深度集成 Stripe 和 Paypal，在这种情况下，支付将完全在 Facebook Messenger 应用内完成。事实上，随着用户越来越信任消息应用（messaging app）来存储支付信息，我们将看到越来越多的支付功能集成。比如，Apple 最近发布了 Business Chat⊖，如我们所预料的，Apple Pay 支付系统被完整地集成在其中⊜。

4.1.2 面向企业的常见使用场景

企业机器人更专注于某一领域或者某一个具体问题。它们通常使用网络聊天组件部署或集成到企业的消息系统、呼叫中心、交互式语音响应（Interactive Voice Response，IVR）系统（比如 Cisco 的 Unified Communications Center）。另外，邮件系统端点也会部署企业机器人。机器人可以与单点登录解决方案（single sign-on solution）、现有的企业后端和知识管理数据库集成。根据企业的实际情况，这类机器人既有简单部署也有机器学习驱动的大规模部署。

自助服务机器人

企业机器人中最常见的应用场景便是自助服务。企业拥有庞大的知识库，内部服务台可以使用知识库向用户传达可行的解决方案，并指导他们完成故障排除过程。这些分步的故障排除指示都可以由机器人传达给用户，例如最常见的密码重置。如果公司采用机器人自动处理这些请求，则可以削减大量的资金支出——想象一下某个设备制造商可以在服务工程师进入技术服务环节之前就通过机器人先行协助诊断和解决问题。

自助服务机器人背后的理念是，它们可以为用户提供各种自助服务内容，特别是对于最常见内容的查询，甚至可以自动执行客户支持团队正在进行的一些常见工作。它们通常与实时聊天系统集成，以便用户最初可以与机器人聊天，但如果机器人提供的指示无法解决问题，则可以快速切换到与人工客服代理的实时聊天或电话交谈中。

过程自动化机器人

如今，机器人过程自动化（RPA）是一个很火的话题。像 IPsoft 这样的公司专注于构建可以自动执行业务和 IT 任务的机器人和技术⊜。在这种情况下，机器人不一定是聊天机器人，而是执行自动化的计算机代理。执行的任务可以包括账户配置、网站自动化和业务流程自动化等内容。另外，也有些公司专注于创建自动化平台，如 Automation Anywhere 和 UiPath。随着机器学习广泛渗透到各个业务场景中——从合同分析到皮肤癌诊断的所有事情——聊天机器人都可以作为这些业务的前端。在 RPA 业务场景中，聊天机器人都更像是一个协调器而不是一个自动化机器人。此外，这类机器人还可以集成到诸如 Remedy 和 ServiceNow 等

⊖ Apple 商务聊天：https://developer.apple.com/business-chat/。
⊜ 发送 Apple Pay 付款请求：https://developer.apple.com/library/content/documentation/General/Conceptual/MessagesIntegration/SendingApplePayPaymentRequests.html#//apple_ref/doc/uid/TP40017634-CH33-SW1。
⊜ IPSoft Amelia：https://www.ipsoft.com/amelia/。

票务系统中，以跟踪其工作。

在其他情况下，聊天机器人扮演的则是后台角色。例如，利用 Slack 平台，机器人可以分析团队对话数据；例如，医学专家查看医疗记录，并转换成保险代码。这些过程都可以通过机器学习算法自动化完成。

这些业务逻辑背后的核心可能不在机器人本身内。比如，可能存在一个单独的可以实现保险代码的机器学习模型，或者自动化代码只是 Python、PowerShell 或任何其他脚本。机器人只是作为前端来接收自然语言输入并协调自动化（如图 4-7 所示）。

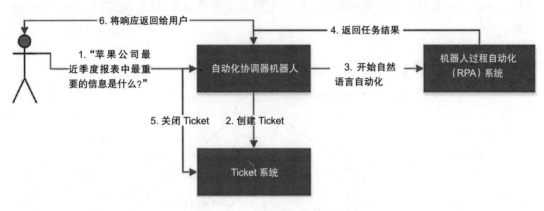

图 4-7　自动化机器人流程示例

知识管理机器人

另一种类型的企业机器人可以解决在各种数据资源中用自然语言进行搜索的问题。许多公司拥有庞大的知识库，故而能够使用自然语言与这些资源集成就变得非常重要。在这类机器人中，我们需要做一些有趣的选择：向用户显示哪些内容，以什么格式显示，如何在给定查询的情况下收集反馈，哪些反馈内容是最有用的。

比这类项目更复杂的自然语言搜索问题超出了本书的范围。用于知识管理的机器人在群组对话环境中作用很大：当群组正在就感兴趣的主题进行讨论时，机器人可以搜索相关的文章、报告、白皮书和案例研究，在讨论期间又会给机器人提供反馈，继而可以进一步提供有监督的学习数据，并进一步改善机器人的搜索体验。

4.2　对话表达

如何从头开发对话聊天机器人？一个好方法是以图形方式表示对话流程。聊天机器人可以处理哪些任务？为实现这些目标需要定义什么意图

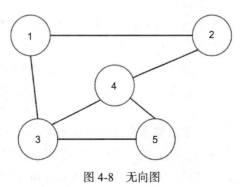

图 4-8　无向图

和实体？它如何帮助填补缺失的数据？

我们把对话表示为图，每张图都是节点和连接节点的边的集合。如图 4-8 所示是一个无向图，每个节点至少和一个另外的节点通过边连接，每个节点表示对话的一种状态，每条边表示两种状态之间的转移。

我们在边上使用箭头来表示工作流的方向，此时由于边是有向边，因此图被称为有向图。在有向图中，我们从根节点开始，根节点是对话的开始状态。我们以上一章开发的日历机器人为例来展示有向图。日历机器人支持添加新日历条目、编辑当前存在的日历条目、移除日历条目、查看是否有空，以及提供日历和活动的总结，它的有向图如图 4-9 所示。

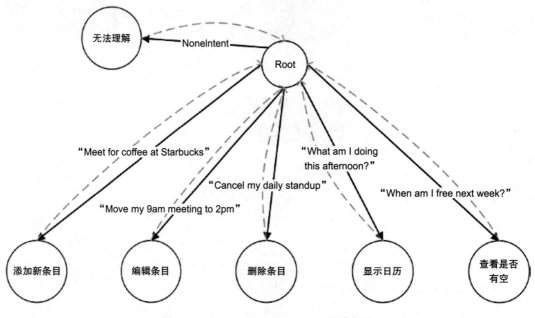

图 4-9　Calendar Concierge Bot 对话表示

对话的状态转移是在用户输入话语并被解析为 LUIS 意图之后发生的。对话中的每个节点都有内置的逻辑来解析实体并为状态执行正确的逻辑。状态执行完逻辑后，对话将转移回根节点。

状态之间的转移可以通过编程或用户输入来调用。以机器人创建日历约会为例，回顾一下我们在第 3 章中创建的一个 LUIS 应用程序，它支持用户在话语中包含几个实体或不包含实体，并将其传递、添加到对应的日历条目中。以"Add New Entry"（添加新条目）为例，如果对话中未收到与此相关的实体和被邀请者的信息——例如在"meet tomorrow at 2pm"的话语中——则可以在其他状态中找到该信息；另一方面，如果用户使用包含这些实体的话语，例如"meet with kim for coffee tomorrow at 2pm"，那么我们不需要引出这些额外信息。这种条件状态转换如图 4-10 所示。

创建对话图的过程通常称为意图和实体映射（intent and entity mapping）；我们将意图和实体的组合表示为状态节点之间的转换。

4.3 机器人的响应

机器人对用户查询的响应可能有多种形式。了解不同的形式以及如何最好地利用它们是任何机器人设计的关键。在以下部分中，我们将深入探讨各种通道（channel）中的一些概念。

4.3.1 构建块

到目前为止，我们已经知道了如何获取用户输入并将其映射到机器人状态和功能。我们也理解了如何将机器人代码按多个对话状态进行组织。下一步的工作是弄清楚机器人在收到用户输入之后，反过来向用户回复的内容。机器人可以通过各种方式做出响应。默认情况下，一般我们会考虑文本或语音回复。对于文本回复，最典型的是以纯文本形式返回；此外，也有一些消息传递通道支持更复杂的文本格式，如 Markdown 或 HTML。Markdown 是一种纯文本格式化语法⊖，如图 4-11 所示的是 Markdown 语法的一段文本经过转换之后显示的样子：

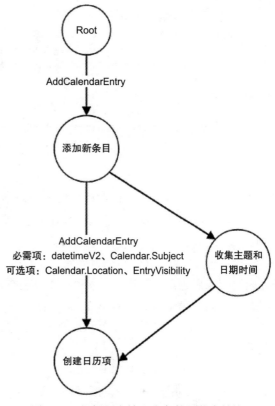

图 4-10　根据用户输入有条件地状态转换

```
# H1
# H2
Hello, my _name_ is **Szymon Rozga**
I like:
1. Bots
1. Dogs
1. Music
```

对于语音回复，许多 Bot 框架支持将 Speech Synthesis Markup Language（SSML）作为语音输出的格式。SSML 是

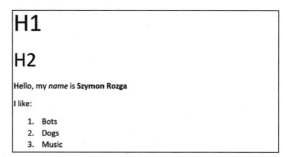

图 4-11　格式化的 Markdown 文档

⊖ Markdown 语法：https://daringfireball.net/projects/markdown/syntax。

一种标记语言，它提供有关如何使用诸如暂停、中断、速率和音调变化等元素来构建语音的元数据。以下是WC3[①]中的一段样本：

```xml
<?xml version="1.0"?>
<speak version="1.0" xmlns:="http://www.w3.org/2001/10/synthesis"
       xmlns:xsi="http://www.w3.org/2001/XMLSchema-instance"
       xsi:schemaLocation="http://www.w3.org/2001/10/synthesis
                           http://www.w3.org/TR/speech-synthesis/
                           synthesis.xsd"
       xml:lang="en-US">
  That is a <emphasis> big </emphasis> car!
  That is a <emphasis level="strong"> huge </emphasis>
  bank account!
</speak>
```

除了文本，我们还可以在机器人的响应中附加各种内容，如视频、音频和图片，具体支持的格式取决于底层操作系统和通道。此外，某些系统还支持其他文件格式的附件，如XML文件。

除了上述内容，还可以通过卡片（card）呈现回复内容。卡片通常是图片、文本和一些可选按钮的组合。我们在第1章提到的 Youtube Search 机器人（如图 4-12 所示）就在卡片中展示视频名称、描述以及观看按钮。

这种布局被称为旋转木马（carousel），它并排显示多张卡片，用户可以滑动或滚动各张卡片。

按钮通常作为卡片的一部分发送给用户，但它们也可以作为独立元素发送给用户。按钮的类型有很多，最受欢迎的三种按钮分别用于打开网页、将消息发送给机器人（IM back）或将消息回传给机器人（post back）。其中，IM back 和 post back 的区别在于，post back 消息不会出现在消息历史记录中，而 IM back 消息则会出现在消息历史记录中。并非所有的通道都支持这两种方法，但广泛支持通过点击按钮向机器人发送消息的机制。

另一种按钮是登录按钮。登录按钮通过 Web 视图中的登录来启动身份验证或授权流程。登录完成后，机器人就会收到所需的访问权限，并以该经

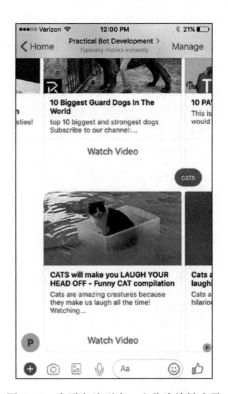

图 4-12　水平卡片列表，也称为旋转木马

---

① Speech Synthesis Markup Language Version 1.1 WC3 Recommendation：https://www.w3.org/TR/speech-synthesis11/。

过验证的对话来处理后续业务，如图 4-13 所示。

上述的旋转木马、卡片、按钮和文本内容都会保存在用户的聊天记录里，用户可以滚动浏览。但"建议动作"（suggested action）仅在其包含的消息的上下文中显示，建议动作也称为快速回复（quick reply）。快速回复按钮一直显示在用户界面的底部，直到用户响应。这些按钮是构建顺畅的对话体验不可或缺的工具。图 4-14 展示的是在 TD Ameritrade 机器人中，通过使用建议动作来引导用户进行操作的例子。

4.3.2　机器人的身份验证和授权

没有用户愿意把用户名和密码等信息直接发送到机器人的聊天窗口，因为这存在安全风险。也没有用户希望 Facebook、Slack 及其他任何通道在消息历史记录中保存自己的登录认证。机器人本质上是 Web 服务，因此可以使用 OAuth 和 OpenID Connect 进行登录认证。

所以，正确的方法是使用登录卡片（sign-in card），在登录卡片中包含打开登录页面并让用户输入登录认证信息的按钮（如图 4-15 所示）。

通常，登录页面就是 OAuth 页面，如图 4-16 所示。

OAuth 2.0[○]是互联网上一种通过令牌进行授权的标准。OAuth 2.0 启用了几种不同类型的授权流程。OAuth 流允许资源所有者（用户）将对应用程序（消费者）的访问权限授予 API（服务提供者）。在机器人中，它的过程如下：

❑ 用户点击按钮，在第三方的 Web 视图中打开服务的登录页面并输入用户名/密码组

○　OAuth 2.0 文档：https://oauth.net/2/。

图 4-13　带有建议动作/快速回复的经过身份验证的机器人

图 4-14　在 TD Ameritrade 机器人中的视频类别建议动作

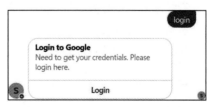

图 4-15　标准的登录卡片

合。登录页面的 URI 通常包括客户端 ID 和重定向 URI，重定向 URI 是我们的机器人 Web 服务上的端点。

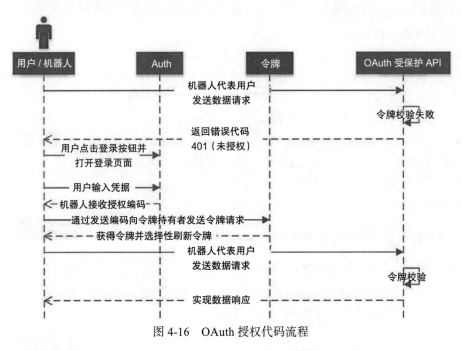

图 4-16　OAuth 授权代码流程

- 用户成功登录后，服务会将用户重定向回机器人重定向 URI。机器人重定向 URI 端点会接收授权代码，它是用户授予应用程序使用该服务的权限。机器人从令牌端点交换访问令牌（或刷新令牌）的授权代码。
- 机器人在代表用户向服务发出请求时使用访问令牌。
- 通常，访问令牌是短暂的，而刷新令牌的寿命更长。在任何时候，机器人都可以通过发布刷新令牌而从令牌端点请求一个新访问令牌。

有关这项流程以及其他 OAuth 流程的细节文档有很多。其中 RFC[⊖]是一个很好的学习起点。关键是机器人是一种 Web 服务，完整的 OAuth 流程可以以集成的方式出现。UX 视角中唯一棘手的部分是确保登录完成后浏览器窗口自动关闭。各种通道以略微不同的方式达到这一点。虽然可以手动实现整个流程（我们在第 8 章中展示了一些内容），但 Bot 框架确实提供了额外的工具来加快这一过程的实现[⊖]。

4.3.3　专用卡片

在各类机器人框架中，卡片是提升交互体验的关键部件之一。除了通用功能的卡片，

⊖ OAuth 2.0 RFC：https://tools.ietf.org/html/rfc6749。
⊖ https://docs.microsoft.com/en-us/azure/bot-service/bot-builder-tutorial-authentication?view=azure-bot-service-3.0。

一些通道还提供专用的卡片。例如，可以发送收据卡片（如图 4-17 所示）与购物收据交互诸如总计、税收、支付确认等信息。

此外，Messenger 支持开发人员在应用中使用四种航空旅行相关的卡片，比如行程、登机牌（如图 4-18 所示）、登机手续和航班状况更新。

点击登机牌卡片可以全屏显示带有 QR 二维码的完整登机牌内容，该登机牌信息可在机场直接使用（如图 4-19 所示）。由于所使用的机器人框架不同，可能还有其他的卡片模板可以供开发者直接使用，如果这些卡片模板适用于我们所开发应用的使用场景，则非常建议开发者直接使用相应的卡片模板，因为它们很好地提升了机器人的交互体验。

另一种形式的专用卡片是自定义图形卡片，常见的方法是在机器人处理用户输入时在 Web 服务上生成自定义图形。在第 11 章，我们将使用 Headless Chrome 来构建一个简单的自定义图形渲染器，以展示如何使用 HTML 和 JavaScript 构建自定义图形。

图 4-17　Messenger 收据模板

图 4-18　Messenger 登机牌模板

图 4-19　Messenger 登机牌模板详情

最后，微软发布了一种名为 Adaptive Card 的新卡片格式㊀，我们将会在第 11 章进行详细介绍，它是一种与平台无关的方式，使用基于容器的布局引擎来描述文本、图像和输入字段的布局。然后，微软机器人通道连接器可以对卡片进行渲染并将其呈现在对应的平台上。Adaptive Card 是自定义图形方法的一个特定版本，集成了能生成卡片中按钮和行为的逻辑。目前尚不清楚具体有多少通道最终会支持这种格式，但微软阵营里的通道均已支持该格式。

图 4-20 展示的是 Adaptive Card 通过 HTML 进行呈现的示例。

图 4-21 显示的是微软 Teams 应用程序上输入表单卡片的呈现。

图 4-20 Adaptive Card 示例

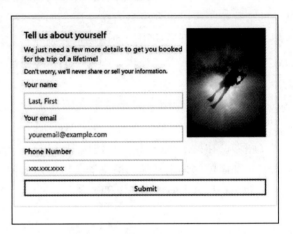

图 4-21 输入表单卡片示例

4.4 其他功能

机器人还有其他一些有趣的功能，可以提升机器人的交互体验，其中一些功能如下：
- **主动消息传递**：机器人可以被消息输入以外的事件触发，因此可以主动向用户发送消息。比如，如果机器人存储了用户的地址（服务 URL、对话和用户 ID 的组合），那么机器人就可以利用它来与用户通信。
- **人工切换**：在客服应用场景中，能够无缝地将对话从机器人转移到人工客服是良好交互体验的必备条件。
- **支付**：越来越多的平台正在开放支付系统，以便轻松进行对话整合。Facebook Messenger 的 Payments 计划与 Stripe/PayPal 易于集成。微软为整个 Windows 生态系统和 Bot 框架中的支付提供了轻松的 Stripe 集成。

㊀ Adaptive Card：http://adaptivecards.io/。

4.5 对话交互设计指南

在开发机器人时,我们应遵循一些原则以保证与机器人进行对话的良好交互体验。有些原则可能不适用于所有类型的机器人,相对于企业机器人而言,这类机器人与消费者机器人更接近。

4.5.1 专注

技术总是存在局限性,正如第 1 章和第 2 章所讨论的,机器人的智能程度也是如此。不要试图让机器人涉足太多的业务范围,也不要试图让机器人处理业务中的所有细节。例如,对于处理来自用户的问候而言,能处理"hi"或"hello"等几种常用的问候语就足够了,不要钻牛角尖——比如为"what's up?"创建专门的回答——试图使机器人能处理所有类型的问候。我们没有微软或谷歌这种巨头的预算,也不是要开发通用的人工智能,因此应该让机器人专注于解决任务(如图 4-22 所示),并允许机器人有适当的局限性。

图 4-22 创建机器人的好建议

4.5.2 不要把机器人设想为人

我们不希望机器人最终进入一种让人感觉在恐怖谷[一]的状态。真正的人类会觉得那些类似于人类的物体某些地方不太自然,因而会产生一些怪异和别扭的感觉(如图 4-23 所示),我们不希望开发的机器人给用户带来这种感受。因此,如果开发者用头像表示机器人的形象,那么请使用能明确暗示机器人是非人类实体的图标,例如像 Siri 和 Cortana 那样就非常好。

4.5.3 不要赋予机器人性别

目前已经有很多关于机器人性别的讨论了[二]。尽管 Siri、Cortana 和 Alexa 以及更早的一些虚拟助手使用的都是女性用名,但 Google 和 Facebook 依旧选择了 Google Assistant 和 M

[一] 恐怖谷:为什么我们发现类人机器人和玩偶如此恐怖:https://www.theguardian.com/commentisfree/2015/nov/13/robots-human-uncanny-valley。

[二] 机器人花了六年时间才开始抛弃过时的性别刻板印象:https://qz.com/1033587/it-took-only-six-years-for-bots-to-start-ditching-outdated-gender-stereotypes/。

这种不体现性别的名字。就像电影《她》中将人工智能应用性别化那样，采用有性别的名字显得很怪异，工业界目前也逐渐倾向于不为机器人赋予具有性别的名字。

4.5.4 总是提供当前最好的建议

开发者应该为机器人添加介绍其欢迎信息和功能信息的用户当前可以选择的功能。当用户感到困惑并需要得到帮助或机器人无法理解用户输入时，也应该能提供一些建议选项。如果在对话的某一点，用户遇到没有后续建议步骤的空白消息框，那么对话体验会大大降低。Facebook Messenger、Skype 和其他通道在聊天界面底部都提供了上下文快速回复功能（如图 4-24 所示）。

图 4-23　我们肯定有种在恐怖谷的感觉

图 4-24　下一个最好的行为

4.5.5 持久的个性

尽管建议最好不要给机器人赋予有性别的名字，但我们支持给机器人赋予个性，并且持久地保持它的个性。机器人在和用户聊天的过程中所体现出的性格同样是公司品牌的形象体现：有的机器人很健谈，有的机器人给人感觉很内向，有的机器人的回复总是非常正式，有的则让人感觉轻松。作为开发者，我们应该赋予机器人个性，并且在后续版本中始终保持机器人的这一个性。另外，为了通过机器人传达持久的品牌形象，最好不要在机器人中使用自然语言生成模型。

4.5.6 使用丰富的内容

我们不仅可以在机器人中使用文本,还可以将文本格式化并包含一些图片、视频和音频文件。此外,我们还可以渲染卡片(如图 4-25 所示),甚至可以在卡片中创建一些自定义图形。开发者应该最大限度地利用这些功能。

4.5.7 原谅

自然语言很棘手,用户输入可能会模糊不清。机器人应该能够提示一些缺失信息。比如,如果用户需要输入一个数字,则我们应该解析任何可

图 4-25 丰富机器人的内容是很好的想法

能的输入。尽可能使用快速回复功能向用户提供输入建议,这有助于提升交互体验。如果没有如何与机器人进行对话的提示,那么交互体验将非常令人沮丧。

4.5.8 避免卡壳

机器人应该专注于当前对话环境,并能够连续地与用户进行对话。但是,当用户改变和机器人对话的话题时,机器人应该能做出反应,避免卡壳。比如,假设日历机器人要求用户输入日期,那么此时它需要一个解析为日期的字符串作为输入。如果用户输入"delete tomorrow's 9am appointment",那么机器人此时应该做对应的处理,而不是说"I'm sorry that is not a date. Please enter a date in the format mm/dd/yyyy"。

4.5.9 不要过于主动发送消息

即使没有用户的唤醒,机器人也可以主动联系用户。但是,开发者不应滥用这种特权。在消息传递应用程序中,用户在收到消息时会有通知提示,没有比不断发送提醒或尝试重新参与更容易从消息应用程序中退出的方法了。有些通道对主动发送消息做了限制和规定。切记,不要在消息传递通道中滥发消息。

4.5.10 提供人工介入方法

机器人无法理解所有的事情,即使在其功能范围内,机器人也有无法理解和处理的问题。无论是向用户反馈带有问题流水编号的客服电话,还是将机器人无缝集成到实时聊天系

统中去，机器人都应该能在无法理解用户对话时将用户转入人工代理以解决他们遇到的问题（如图 4-26 所示）。举一个反例，我曾经遇到过可以回答常见问题的机器人。我读了关于机器人的新闻稿，所以决定测试一下该机器人。我开始与机器人谈话并且理论上我会收到包含点击按钮的回复消息。但消息中并没有按钮，于是我问道："What can I do？"随后我被重定向到了一名人工代理上。此时，在人工客服处理我的问题之前，我什么也做不了，并且也得不到还需要等候多久的提示。人工客服出现并与我交谈之后，我又被重定向到机器人。此时，我完全沉默，因为依旧没有按钮。我说"Test"，接下来的消息是我又被重定向回人工代理。此时，我只好选择了退出。

4.5.11 从用户对话中学习

通过对话，机器人很容易收集用户的数据，也能很容易地使用用户输入来解决 LUIS 应用中的冲突意图，并利用该数据来训练 LUIS 应用。尽管用户输入与训练模型所使用的话语对 LUIS 应用的重要性不同，但我们仍然需要利用用户输入数据来提升模型性能。图 4-27 给出了一个示例，以显示实现此方法的方式。

图 4-26　与人工代理交谈的清晰流程

在图中，我们将用户反馈存储到主动学习数据存储中，主动学习过程决定在使用数据训练 LUIS 应用之前应该如何处理相同的用户反馈。另外，应谨慎使用基于用户输入的自动化训练模型，避免重蹈覆辙⊖。

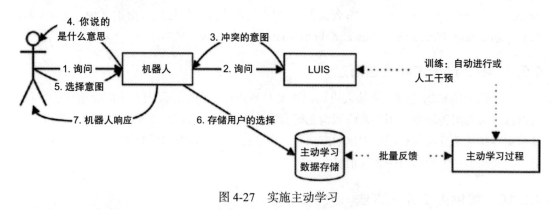

图 4-27　实施主动学习

⊖ 微软对其新的 AI Bot Tay 表示沉默：https://techcrunch.com/2016/03/24/microsoft-silences-its-new-a-i-bot-tay-after-twitter-users-teach-it-racism/。

尽管随着在不同通道上开发经验的提升，我们会总结出比上述内容更多的开发原则，但上述内容依旧不失为一个好起点，建议开发者在每个机器人开发项目中都遵循它们。

4.6 结束语

对话设计是一个内容丰富的领域。比如，在如何与用户互动以及如何使用富文本内容与用户交互方面，我们有多种方式可以选择。在开发机器人时，我们的方法应始终是"do right by the user"，机器人的语气、"性格"非常容易影响到用户的交互体验。在早期阶段有一些像卡片那样的数据抽象，现在则有更多处理人机交互的新机制不断诞生，随着机器人变得越来越普遍，这些机制将会进一步得到改善并被广泛使用。例如，微软的自适应卡片（Adaptive Card）就是用于突破机器人通过对话给用户提供服务的边界。我们希望机器人变得更普遍，也希望消息通道未来可以支持更多的机器人卡片。

在本章，我们对机器人的常见功能及其执行方式有了初步认识。在下一章中，我们将学习如何用代码实现这些功能。

CHAPTER 5
第 5 章

微软 Bot 框架概述

微软 Bot Builder SDK 支持 C# 和 Node.js，本书将使用 Node.js 版本的 SDK。Node.js 是一个跨平台的 JavaScript 运行环境，我们可以更轻松地使用该技术构建机器人。在 Bot 框架中，我们可以使用任何类型的 JavaScript 构建机器人，本书将使用 EcmaScript6。Bot Builder 本身是用 TypeScript 编写的，它是 JavaScript 的超集，包括可选的静态类型，且可以编译成 JavaScript。

本章结束时我们应该掌握初步 Node.js 和 JavaScript 包管理工具 npm (the node package manager)。对于 npm，使用下面两条命令即可安装并运行它：

```
npm install
npm start
```

本章的主要目标是开发能够响应用户的机器人并使用微软的通道连接器来将它部署到 Facebook Messenger 上。随后，我们将深入学习 Bot Builder SDK，它支持我们开发功能更为丰富的机器人：集成 waterfall、dialog、recognizer、session、card 等内容。

5.1 微软 Bot Builder SDK 基础

在开发机器人时，我们用到的核心部分是 Bot Builder SDK（https://github.com/Microsoft/BotBuilder）。在开始之前，我们需要先创建一个新的节点包（node package）并安装 botbuilder、dotenvextended 和 restify 包。我们可以通过创建新目录并键入以下命令来执行此操作：

```
npm init
npm install botbuilder dotenv-extended restify --save
```

图 5-1 是机器人在本地开发的结构框图。节点应用程序主要依赖于两个组件：首先，Bot Builder SDK 是我们用来构建机器人的机器人引擎；其次，来自任何通道的消息——无论是来自外部还是来自 Bot 框架模拟器——都会通过 HTTP 端点被发送到机器人。我们使用 restify 来监听 HTTP 消息并将其发送到 SDK。

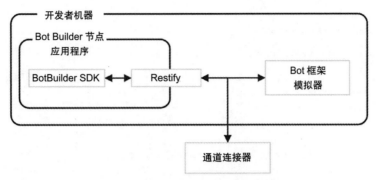

图 5-1 典型的高层机器人体系结构

除了手动创建 package.json 文件，另一种替代方法是使用本书提供的 echo-bot 代码。echo-bot 的 package.json 形式如下，需要注意的是，由于其中的 eslint 依赖项（devDependencies）仅适用于我们选用的开发环境，因此我们可以运行 JavaScript linter[⊖]来检查程序潜在的错误。

```
{
  "name": "practical-bot-development-echo-bot",
  "version": "1.0.0",
  "description": "Echo Bot from Chapter 1, Practical Bot
    Development",
  "scripts": {
    "start": "node app.js"
  },
  "author": "Szymon Rozga",
  "license": "MIT",
  "dependencies": {
    "botbuilder": "^3.9.0",
    "dotenv-extended": "^1.0.4",
    "restify": "^4.3.0"
  },
  "devDependencies": {
    "eslint": "^4.10.0",
    "eslint-config-google": "^0.9.1",
    "eslint-config-standard": "^10.2.1",
    "eslint-plugin-import": "^2.8.0",
    "eslint-plugin-node": "^5.2.1",
    "eslint-plugin-promise": "^3.6.0",
    "eslint-plugin-standard": "^3.0.1"
  }
}
```

机器人本身在 app.js 文件中定义，而 app.js 在 package.json 文件中被定义为机器人的启动脚本（见 package.json 文件中的 scripts 键值对），即机器人的入口。

⊖ JavaScript 有一些不同的 linter 选项，即 ESLint、JSLint 和 JSHint。ESLint 是更具扩展性和功能性的选项之一。请参阅 https://eslint.org/。

```javascript
// load env variables
require('dotenv-extended').load();

const builder = require('botbuilder');
const restify = require('restify');

// setup our web server
const server = restify.createServer();
server.listen(process.env.port || process.env.PORT || 3978, ()
=> {
    console.log('%s listening to %s', server.name, server.url);
});
// initialize the chat bot
const connector = new builder.ChatConnector({
    appId: process.env.MICROSOFT_APP_ID,
    appPassword: process.env.MICROSOFT_APP_PASSWORD
});
server.post('/api/messages', connector.listen());
const bot = new builder.UniversalBot(connector, [
    (session) => {
        // for every message, send back the text prepended by echo:
        session.send('echo: ' + session.message.text);
    }
]);
```

分析一下上面的这段代码。我们使用 dotenv 库来加载环境变量。

```javascript
require('dotenv-extended').load();
```

环境变量从 .env 文件加载到处理 .env 文件的 JavaScript 对象中，.env.defaults 文件包括默认的环境变量并可用于指定 Node.js 所需要的一些值，该文件的内容如下：

```
MICROSOFT_APP_ID=
MICROSOFT_APP_PASSWORD=
```

我们需要添加 botbuilder 库和 restify 库，botbuilder 库是用户创建机器人的核心，restify 库用于运行 Web 服务器端点。

```javascript
const builder = require('botbuilder');
const restify = require('restify');
```

接着我们启动 Web 服务器，并通过端口 3978 监听消息。

```javascript
const server = restify.createServer();
server.listen(process.env.port || process.env.PORT || 3978, () => {
    console.log('%s listening to %s', server.name, server.url);
});
```

接下来，我们创建聊天连接器（chat connector）。在 Bot 框架中，通道连接器是由微软创建和维护的端点，用于将消息从本地格式转换为 Bot Builder SDK 格式。builder.ChatConnector 对象负责从连接器接收 HTTP 消息，将消息传递给机器人对话引擎，以及将传出消息发送到连接器，如图 5-2 所示。

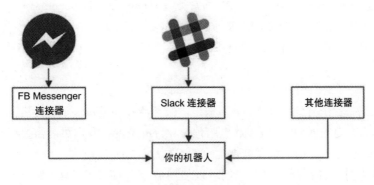

图 5-2　微软 Bot 框架连接器

环境变量 MICROSOFT_APP_ID 和 MICROSOFT_APP_PASSWORD 是机器人所使用的凭据。目前，我们暂时将这些值留空，到后面在 Azure 中创建并注册 Azure Bot Service 时，我们再在 Bot 框架中设置该凭据的值。

```
const connector = new builder.ChatConnector({
    appId: process.env.MICROSOFT_APP_ID,
    appPassword: process.env.MICROSOFT_APP_PASSWORD
});
```

下一步，我们将告诉 restify 任何发送给 /api/messages 端点的请求，即 http://localhost:3978/api/messages 都应由 connector.listen() 返回的函数来处理。也就是说，所有的接收消息均交给该端点的 connector.listen() 函数处理。

```
server.post('/api/messages', connector.listen());
```

最后，我们创建了通用机器人。之所以称其为通用机器人，是因为它不依赖于任何特定平台。它使用连接器来接收和发送数据。任何进入机器人的消息都将被发送到函数数组。目前，我们只有一个功能。该函数接受对话对象。此对象包含消息等数据，也包含有关用户和对话的数据。机器人通过调用 session.send 函数来响应用户。

```
const bot = new builder.UniversalBot(connector, [
    (session) => {
        // for every message, send back the text prepended by echo:
        session.send('echo: ' + session.message.text);
    }
]);
```

请注意，Bot Builder SDK 负责为传入的 HTTP 请求提供正确的 HTTP 响应。实际上，如果 Bot Builder 处理代码没有问题，那么内部将返回 HTTP 接受（202），否则将返回 HTTP 内部服务器错误（500）。

响应内容是异步的，这意味着针对机器人收到的原始请求的响应不包含任何内容。正如我们将在下一章中看到的那样，传入请求包括一个通道 ID、连接器的名称（如 slack 或 facebook）以及机器人发送消息的响应 URL，该 URL 通常类似于 https://facebook.botframework.com。session.send 将向响应 URL 发送 HTTP POST 请求。

通过下面的两行命令，就可以运行机器人：

```
npm install
npm start
```

我们将在控制台中看到一些 Node.js 输出。服务器在 /api/messages 上运行，并使用端口 3978。根据我们本地的 Node.js 设置和电脑预装软件的情况，我们可能需要将 node-gyp 包更新到最新版本，这是一个用于编译插件工具的工具。

在与机器人对话进行测试时，我们可以使用命令行 HTTP 工具（如 curl）来发送消息，但必须先托管响应 URL，这样才能得到响应。此外，我们还需要在代码中加入一些获取访问令牌以通过安全检查的东西。这样看来，测试机器人的工作似乎没那么简单。

显然，上述方法实在是太耗时耗力了。微软为开发者提供了模拟器（emulator）以测试机器人，具体可在 https://emulator.botframework.com/ 下载。模拟器支持 Linux、Windows 和 OS X（如图 5-3 所示）。

图 5-3　Bot 框架模拟器

我们将在后面内容中大量使用模拟器。关于模拟器的使用，需要注意以下几点：

❑ 我们可以将机器人 URL（/api/messages）输入到模拟器的地址栏。模拟器还支持开发者使用机器人的安全管理功能并指定 app ID/password。

❑ 在模拟器窗口中，日志（log）部分提供在机器人和模拟器之间发送的所有消息。在使用模拟器调试时，模拟器会打开一个端口来响应 URL。在本例中，打开的端口是 58462。

❑ 通过模拟器的日志，我们还可以知道是否有消息收发。因此，我们在模拟器中运行的一直是内容和状态实时更新的机器人应用。
- ngrok 是一个反向代理，它允许我们将来自公共 HTTPS 端点的请求通过隧道（tunnel）传输到本地 Web 服务器。当我们需要从远程计算机连接和使用机器人时（例如，我们想在 Facebook Messenger 上运行本地机器人应用），反向代理非常有用。我们还可以使用模拟器向远程机器人发送消息。
- 模拟器窗口中的 Details 部分可以为开发者提供机器人和模拟器之间所发送消息的 JSON 信息。

下面我们使用模拟器来连接机器人。我们在地址栏中输入 http://localhost:3978/api/messages，由于我们还没有设置 .env 文件，因此暂时将 Microsoft App ID 和 Microsoft App Password 域留空（如图 5-4 所示）。完成这两步操作之后，在终端内会收到安全提示，目前可以直接忽略该提示。此时，我们就可以点击 CONNECT 按钮进行连接了。

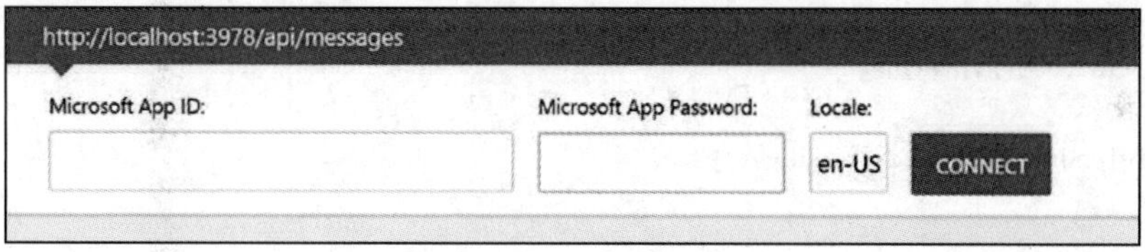

图 5-4　模拟器连接 UI

可以在模拟器日志中看到两条消息出现，均为 conversationUpdate（如图 5-5 所示）。

图 5-5　当模拟器与我们机器人的连接建立时的 conversationUpdate 消息

上面的日志有什么含义呢？我们称机器人和 consuming connector（在本例中就是模拟器）之间的消息为活动（activity），每一个活动都有一个类型，比如 message 或 typing。如果某个活动是 message 类型，那么顾名思义，它是机器人和用户之间发送的消息；如果活动是 typing（输入）类型，则用户会得到机器人正在处理消息的提示（就像即时聊天工具中的双方会看到"正在输入"的提示那样）。在这之前，我们还看到了 conversationUpdate 类型，该类型表明对话发生了变化，通常是用户离开或者加入了对话。在一对一的对话中，用户和机器人是组成对话的成员；而在群组对话的场景中，所有的用户和机器人组成了对话的成员。消息元数据的内容是哪一个用户加入或者离开了对话。如果点击两个 conversationUpdate 活动的 POST 链接，那么我们会在 Details 部分找到如下的 JSON 内容：

```json
{
    "type": "conversationUpdate",
    "membersAdded": [
        {
            "id": "default-user",
            "name": "User"
        }
    ],
    "id": "hg71ma8cfj27",
    "channelId": "emulator",
    "timestamp": "2018-02-22T22:02:10.507Z",
    "localTimestamp": "2018-02-22T17:02:10-05:00",
    "recipient": {
        "id": "8k53ghlggkl2jl0a3",
        "name": "Bot"
    },
    "conversation": {
        "id": "mf24ln43lde3"
    },
    "serviceUrl": "http://localhost:58462"
}
{
    "type": "conversationUpdate",
    "membersAdded": [
        {
            "id": "8k53ghlggkl2jl0a3",
            "name": "Bot"
        }
    ],
    "id": "jfcdbhek0m4m",
    "channelId": "emulator",
    "timestamp": "2018-02-22T22:02:10.502Z",
    "localTimestamp": "2018-02-22T17:02:10-05:00",
    "recipient": {
        "id": "8k53ghlggkl2jl0a3",
        "name": "Bot"
    },
    "conversation": {
        "id": "mf24ln43lde3"
    },
    "from": {
        "id": "default-user",
        "name": "User"
    },
    "serviceUrl": "http://localhost:58462"
}
```

现在，我们向机器人发送一个"echo！"消息，并且查看模拟器日志（如图5-6所示）。

如果我们没有设置显式的 bot storage 实现，则将会得到如下提示信息："警告：不建议在生产环境中使用 Bot 框架状态 API，在将来的版本中可能会弃用它。"我们将在下一章详细讲述该内容。该提示强烈建议不要使用默认的 bot storage，因此我们可以加入以下代码：

```
const inMemoryStorage = new builder.MemoryBotStorage();
bot.set('storage', inMemoryStorage);
```

如图 5-6 所示，现在模拟器中多了以下一些内容。一个内容为"echo！"的输入 POST、一个内容为"echo:echo！"的传出 POST 和一个带有 Debug Event 数据的 POST。点击 POST 链接，将显示该请求中接收或发送的具体 JSON 内容。请注意，两个有效负载都是不同的，尽管它们下面使用的是称为 IMessage 的相同接口。我们在第 6 章会更详细地讲述这部分内容。JSON 数据中的内容含义如下所示：

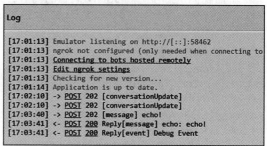

图 5-6　成功了

- Sender info(id/name)：发送方的信息，包括发送方的通道标识符和用户名。如果消息是从用户发到机器人，则该内容表示用户信息，反之该内容代表机器人信息。Bot builder SDK 负责填充此数据，对应于 JSON 文件的 from 域。
- Recipient info(id/name)：接收方的信息。对应 JSON 文件的 recipient 域。
- Timestamp：发送消息的日期和时间。通常，时间戳使用 UTC 格式，而 localTimestamp 使用当地时区时间（尽管令人困惑的是，机器人响应的 localTimestamp 是一个 UTC 时间戳）。
- ID：唯一且不重复的活动标识符，其通常映射到通道特定的消息 ID，即 ID 由通道分配。在模拟器中，到来的消息被分配一个 ID，但发出的消息则不会。
- ReplyToId：活动的标识符，用于确认当前消息是哪个活动的响应。
- Conversation：对话标识符。
- Type：活动的类型，可能的值包括 message、conversationUpdate、contactRelationUpdate、typing、ping、deleteUserData、endOfConversation、event 以及 invoke。
- Text：消息的内容。
- TextFormat：消息的格式，可能的值包括 plain、markdown 和 xml。
- Attachments：Bot 框架用于发送媒体附件（比如视频、图片、声音、卡片等）所使用的结构。开发者可以利用 Attachments 域引入自定义的附件类型。
- Text Local：用户所使用的语言，比如 en-us。
- ChannelData：通道特定的数据。对于传入消息，该数据表示来自通道的原始内容，比如来自 Facebook Messenger SendAPI 的内容。对于传出消息，该数据表示发送到通道中的原始内容。当微软通道连接器未针对某一通道实现特定类型的消息时，通常会使用此方法。我们将在第 8 章和第 9 章中用一些例子来进行实践。
- ChannelId：消息平台通道的标识符。
- ServiceUrl：机器人发送消息的端点。
- Entities：用户与机器人之间传递的一系列数据对象。

下面我们进一步分析 JSON 消息的内容，来自模拟器的传入消息内容如下：

```
{
    "type": "message",
    "text": "echo!",
    "from": {
        "id": "default-user",
        "name": "User"
    },
    "locale": "en-US",
    "textFormat": "plain",
    "timestamp": "2018-02-22T22:03:40.871Z",
    "channelData": {
        "clientActivityId": "1519336929414.7950057585459784.0"
    },
    "entities": [
        {
            "type": "ClientCapabilities",
            "requiresBotState": true,
            "supportsTts": true,
            "supportsListening": true
        }
    ],
    "id": "50769feaaj9j",
    "channelId": "emulator",
    "localTimestamp": "2018-02-22T17:03:40-05:00",
    "recipient": {
        "id": "8k53ghlggkl2jl0a3",
        "name": "Bot"
    },
    "conversation": {
        "id": "mf24ln43lde3"
    },
    "serviceUrl": "http://localhost:58462"
}
```

机器人响应的消息和此传入消息格式相似，但内容更为简练。传入消息由通道连接器用支撑数据填充，但响应消息不需要这些内容。需要注意的是，ID 域不会被填充，通道连接器通常会为我们处理这个问题。

```
{
    "type": "message",
    "text": "echo: echo!",
```

```
    "locale": "en-US",
    "localTimestamp": "2018-02-22T22:03:41.136Z",
    "from": {
        "id": "8k53ghlggkl2jl0a3",
        "name": "Bot"
    },
    "recipient": {
        "id": "default-user",
        "name": "User"
    },
    "inputHint": "acceptingInput",
    "id": null,
    "replyToId": "50769feaaj9j"
}
```

我们还注意到 inputHint 字段的存在,该字段主要与语音助理系统相关,并且是针对麦克风的建议状态的消息传递平台的指示。例如,如果值是 acceptingInput,则表明用户正在响应机器人,而 expectingInput 则表明需要用户进行响应。

最后,Debug Event 提供了机器人如何执行请求的数据。

```
{
    "type": "event",
    "name": "debug",
    "value": [
        {
            "type": "log",
            "timestamp": 1519337020880,
            "level": "info",
            "msg": "UniversalBot(\"*\") routing \"echo!\" from \"emulator\"",
            "args": []
        },
        {
            "type": "log",
            "timestamp": 1519337020881,
            "level": "info",
            "msg": "Session.beginDialog(/)",
            "args": []
        },
        {
            "type": "log",
            "timestamp": 1519337020882,
            "level": "info",
            "msg": "waterfall() step 1 of 1",
            "args": []
        },
        {
```

```
                "type": "log",
                "timestamp": 1519337020882,
                "level": "info",
                "msg": "Session.send()",
                "args": []
            },
            {
                "type": "log",
                "timestamp": 1519337021136,
                "level": "info",
                "msg": "Session.sendBatch() sending 1 message(s)",
                "args": []
            }
        ],
        "relatesTo": {
            "id": "50769feaaj9j",
            "channelId": "emulator",
            "user": {
                "id": "default-user",
                "name": "User"
            },
            "conversation": {
                "id": "mf24ln43lde3"
            },
            "bot": {
                "id": "8k53ghlggkl2jl0a3",
                "name": "Bot"
            },
            "serviceUrl": "http://localhost:58462"
        },
        "text": "Debug Event",
        "localTimestamp": "2018-02-22T22:03:41.157Z",
        "from": {
            "id": "8k53ghlggkl2jl0a3",
            "name": "Bot"
        },
        "recipient": {
            "id": "default-user",
            "name": "User"
        },
        "id": null,
        "replyToId": "50769feaaj9j"
    }
```

请注意，这些值与机器人控制台（bot console）输出中打印的值是一样的。同样，如果没有覆盖默认的机器人状态，那么我们会在这里看到更多与弃用代码相关的数据。控制台输出如下所示：

```
UniversalBot("*") routing "echo!" from "emulator"
Session.beginDialog(/)
/ - waterfall() step 1 of 1
/ - Session.send()
/ - Session.sendBatch() sending 1 message(s)
```

此输出跟踪用户请求的执行方式以及遍历对话的方式。我们将在本章进一步讨论这个问题。

如果使用模拟器发送更多消息,那么我们会看到相同类型的输出,因为这个机器人非常简单。随着我们在机器人中添加诸如卡片等更丰富的功能,我们将从模拟器和 JSON 消息中得到很大帮助。模拟器是 Bot 框架的重要组成部分:我们应尽可能熟悉它。

练习 5-1

连接到模拟器

使用 npm install 和 npm start 命令运行 echo bot 代码,下载模拟器并连接到机器人。
- 检查请求消息和响应消息。
- 注意模拟器和机器人的变化。
- 探索模拟器。使用 Settings 菜单创建新的对话或者向机器人发送系统活动消息。它是如何反应的?你能写一些代码来处理这些消息吗?

截至完成本练习,开发者应该能熟悉地运行本地机器人并与模拟器进行连接。

5.2 Bot 框架端到端的设置

Bot 框架让"把机器人连接到不同的通道上去"这件事变得非常简单,我们只需通过 Azure 门户(portal)注册机器人及其端点,并且将机器人订阅到 Facebook Messenger 通道。

第一步,我们需要在 Azure 门户创建 Azure Bot Service 注册。对于首次使用 Azure 的开发者,我们还需要创建 Azure 订阅(subscription)。该步设置需要使用 ngrok 以让机器人可以通过互联网访问,因此需要确保我们已经从 https://ngrok.com/ 安装了 ngrok。最后,我们把机器人部署到 Facebook Messenger 上。完成该步之前我们需要提前创建一个 Facebook 页面、一个 Facebook 应用,以及 Messenger 和 Webhook 集成,并将所有这些内容连接回 Bot 框架。看起来整个步骤比较多,但在我们熟悉使用 Azure 和 Facebook 的相关产品之后,整个过程再操作起来并不会那么烦琐。下面,我们先将整个流程实践一遍,然后反过头具体解释每一步的内容。

5.2.1 第一步:连接到 Azure

第一步需要登录 Azure 门户。如果开发者已经拥有 Azure 账户,并且拥有 Azure 订阅,则可以直接跳过第一步的内容。如果没有，则可以在 https://azure.microsoft.com/en-us/free/ 通过信用卡验证的方式，创建一个试用期限为 30 天、共 200 美元信用额度的免费开发者账户。

点击"Start free"（免费试用），将跳转到登录界面，我们需要使用微软账户或者工作账户登录。如果开发者不具备这两类账户，则可以在 https://account.microsoft.com/account 中创建微软账户。完成登录之后，开发者将跳转到如图 5-7 所示的页面。该页面中需要填写一些个人信息，并通过所填信息和有效的信用卡信息验证用户身份。不必惊慌，信用卡信息仅用于验证用户身份。我们在本书中使用的有关 Azure 的大部分服务都可以通过免费试用 Azure 服务获得。

图 5-7　Azure 注册页面

完成 Azure 账户注册与免费试用之后，我们将可以通过 https://portal.azure.com 访问 Azure 门户，如图 5-8 所示。在右上方，你会看到登录门户所使用的邮箱地址以及路径名。例如，若我的邮箱是 szymon.rozga@aol.com，则我的路径名就是 SZYMONROZGAAOL。如果你还被加入到别的路径中，那么此处将变成下拉菜单，用于选择本次所要进入的路径。

Azure 账户需要使用订阅，订阅可以简单理解为使用 Azure 服务的账单。如果导航到 https://

portal.azure.com/#blade/Microsoft_Azure_Billing/SubscriptionsBlade 或者门户中的 Subscriptions 服务，那么我们会看到刚才创建的 200 美元额度的试用账户的订阅，该免费试用订阅的名字为 Free Trial。每一个 Azure 订阅可以包括一个或多个资源组，它是开发者选定的一些 Azure 服务的集合，每个资源组的费用都被记录在资源组所关联的订阅上。对于我们使用的试用订阅而言，当我们使用 Azure 服务的总费用超过 200 美元时，服务就会被停止。此时，若我们还想继续使用，则需要通过信用卡支付或其他支付方式将免费账户转成付费账户。

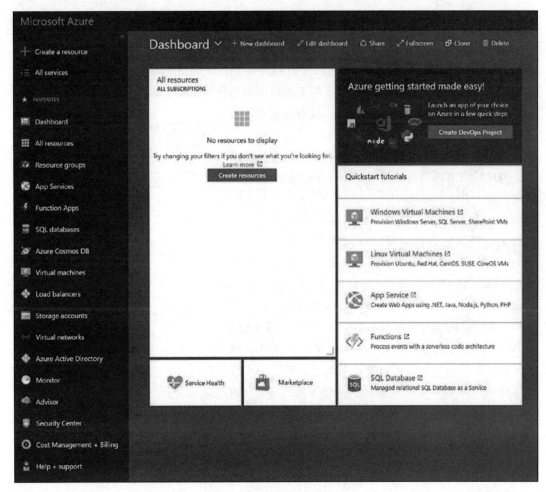

图 5-8 空的 Azure 门户

5.2.2 第二步：在 Azure 中创建 Bot Registration

在 Azure 门户左上方面板处点击 Create a resource 按钮，然后在 Search the Marketplace 文本框中输入 azure bot。我们会得到很多搜索结果，但主要关注前三个结果，如图 5-9 所示。

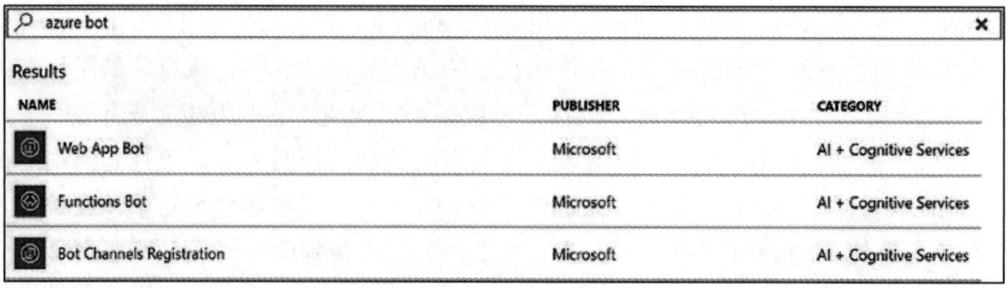

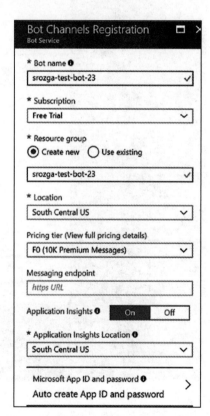

图 5-9 Azure 机器人资源

这三种机器人分别如下：

- Web App Bot：指向 Azure 上部署的 Web 应用程序的机器人。
- Functions Bot：指向 Azure 无服务器环境中运行的无服务器应用的机器人。
- Bot Channels Registration：没有云服务作为后端的机器人。

由于我们将一直在本地个人笔记本上运行机器人，因此我们选择创建 Bot Channels Registration 的机器人。点击 Bot Channels Registration 然后点击 Create。如图 5-10 所示，输入机器人的名称、该机器人使用的订阅、资源组名称以及资源位置等；对于 Pricing Tier，选择 F0（这是免费选项，且足以满足我们的需求）。然后，将 Messaging endpoint 留空，将 Application Insights 选择到 On，将 Application Insights Location 选择到和资源位置相同或相近的地区。Application Insights 是 Azure 的远程日志服务，Bot 框架使用它存储数据并分析机器人的使用情况。默认情况下，这将创建应用程序细节的基本层和自由层。选择尽可能靠近 Bot Channels Registration 位置的地方。点击 Create 完成创建。

在点击之后，Azure 门户上方会出现进度提示，在完成机器人注册之后我们会收到通知消息。我们也可以点击面板左侧的 Resource Groups 按钮导航到资源组页面，如图 5-11 所示。

接着，我们点击进入到 Bot Channels Registration （机器人通道注册），然后点击进入 Settings（如图 5-12 所示）。Azure 会自动填充 Application Insights 的 ID 和密钥（key），它们将用于追踪机器人的交互数据。

图 5-10 创建一个新的机器人通道注册

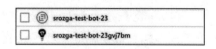

图 5-11 我们资源组中的资源

我们将在第 13 章中看到这些数据的分析结果。

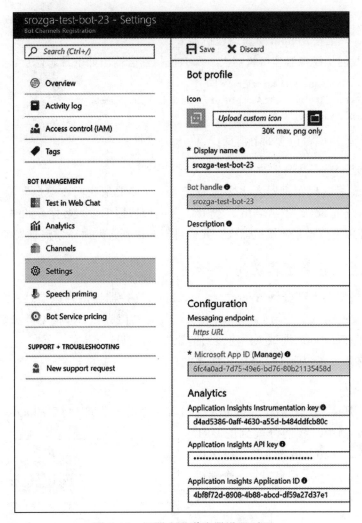

图 5-12　机器人通道注册设置页面

在该页面还会看到 Microsoft App ID，我们记录下该 ID 以备后面使用。点击 Manage 链接，进入 Microsoft Application 门户。由于该门户和 Azure 是互相独立的，因此我们还需要输入登录信息。在应用程序列表中找到新创建的机器人后，单击 Generate New Password（在 Application Secrets 部分中）并保存该值，注意该值只显示一次。下一步，我们来解决上一章中遇到的机器人的安全认证问题。

5.2.3　第三步：为机器人设置安全认证

在包含 echo bot 代码的目录中创建 .env 文件，并在其中输入 Microsoft App ID 和密码：

```
# Bot Framework Credentials
MICROSOFT_APP_ID={ID HERE}
MICROSOFT_APP_PASSWORD={PASSWORD HERE}
```

关闭文件，然后使用 npm 重新运行机器人。

此时如果我们从模拟器连接机器人，那么模拟器会输出如下日志信息：

```
[08:00:16] -> POST 401 [conversationUpdate]
[08:00:16] Error: The bot's MSA appId or password is incorrect.
[08:00:16] Edit your bot's MSA info
```

Bot 控制台输出中将包含如下消息：

```
ERROR: ChatConnector: receive - no security token sent.
```

从输出消息看，现在机器人比之前更安全了。接下来我们在模拟器输入 App ID 和密码：点击"Edit our bot's MSA info"㊀链接，并向模拟器中输入数据。此时，我们便可以借助 ID 和密码使用模拟器来连接机器人，我们可以向机器人发送一条消息来验证连接。

5.2.4 第四步：设置远程访问

我们可以将机器人部署到 Azure，将 Facebook 连接器连接到该端点，然后调用它。但是我们如何开发或调试一些与 Facebook 相关的特定功能呢？Bot 框架方法是运行机器人的本地实例，并将 Facebook 测试页面连接到本地机器人以进行开发。

我们需要在命令行中运行 ngrok 以实现此目的。

```
ngrok http 3978
```

如图 5-13 所示，默认情况下，ngrok 会分配一个随机子域（付费的 ngrok 版本允许你指定域名）。在本例中，我们分配到的 URL 是 https://cc6c5d5f.ngrok.io。注意，每次运行时，免费版本的 ngrok 都会提供一个随机子域，我们可以通过升级到付费版本或者尽可能长时间地离开 ngrok 对话来解决这个问题。

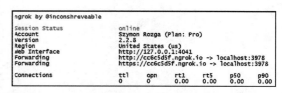

图 5-13　ngrok 将 HTTP/HTTPS 请求转发给我们的本地机器人

接着，在模拟器中输入消息传递端点：ngrok URL/api/messages。例如，对于我们分配到的 URL，消息传递端点是 https://cc6c5d5f.ngrok.io/api/messages。然后，将应用程序 ID 和应用程序密码信息添加到模拟器中。一旦点击"Connect"后，模拟器便应该成功与机器人连接并能与机器人聊天。

现在，在如图 5-12 所示的机器人通道注册设置页面中赋上与刚才相同的消息传递端点 URL。接下来，进入到 Test in Web Chat 页面并尝试向机器人发送消息。至此，我们已经完成了。你也已将第一个通道连接到机器人上（如图 5-14 所示）。

㊀ 其中的 MSA 指的是"微软账户"，全称是 Microsoft Account。

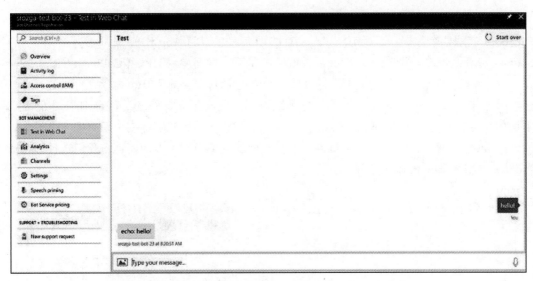

图 5-14　成功了！我们的机器人已经连接上第一个通道了

5.2.5　第五步：连接到 Facebook Messenger

到目前为止，Bot 框架几乎与我们的机器人完全集成。下面我们将机器人与 Facebook Messenger 进行集成。Bot Channels Registration 上的 Channels 支持开发者将机器人连接到微软支持的通道上，如图 5-15 所示。

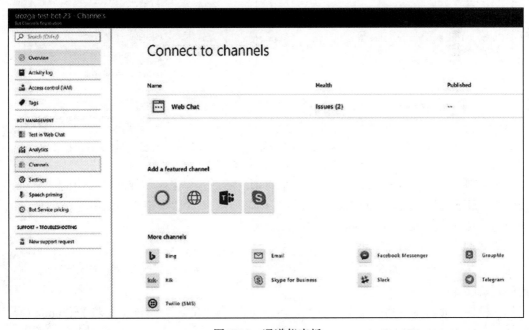

图 5-15　通道仪表板

点击 Facebook Messenger 按钮进入 Messenger 配置页面（如图 5-16 所示）。我们需要从 Facebook 获取四个数据：页面 ID（Page ID），应用程序 ID（App ID），应用程序密钥（App Secret）和页面访问令牌（Page Access Token）；最后，填写回调 URL（Callback URL）和验证令牌（Verify Token）。我们需要上述这些内容来建立 Facebook 和 Bot 框架之间的连接。

接下来，我们需要在 Facebook 中进行设置，因此必须先拥有 Facebook 账户才能完成下面的任务。我们进入 facebook.com 并使用右上角的下拉菜单创建一个新页面（如图 5-17 所示）。创建页面时，Facebook 将询问所创建页面的类型，对于本例而言，我们选择 Brand/Product 类型和 App Page 子类别。

图 5-16　Facebook Messenger Bot 框架连接器设置　　图 5-17　创建新的 Facebook 页面

我们创建一个名为 Szymon Test Page 的页面。然后，单击左侧导航窗格中的 "About" 链接，在最下面找到该页面的 Page ID（如图 5-18 所示），并将该值复制到如图 5-16 所示的 Bot Framework Facebook Messenger 通道配置表单中。

接下来，在新的浏览器选项卡或窗口中输入 https://developers.facebook.com，在页面中新创建一个应用程序（如图 5-19 所示），并命名该应用程序。如果无法创建应用程序，则请先在 Facebook 上注册开发者账户。

完成后，通过左侧边栏菜单导航到 "Settings" → "Basic" 页面，并将 Facebook 应用程序 ID 和应用程序密钥复制到 Bot 框架表单中（如图 5-20 所示）。

第 5 章　微软 Bot 框架概述　　115

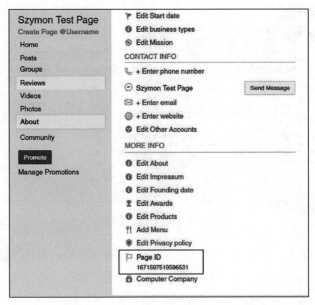

图 5-18　关于页的 Facebook 页面，包含页面 ID

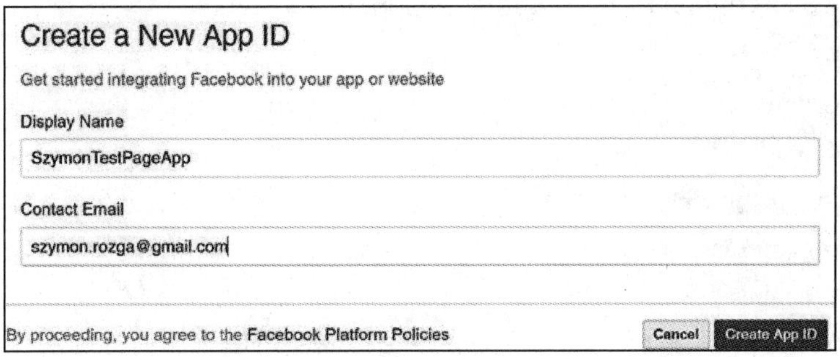

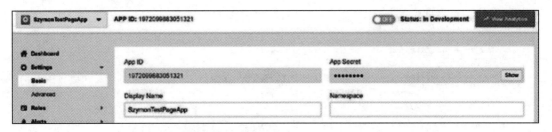

图 5-19　创新一个新的 Facebook 应用

图 5-20　应用程序 ID 和应用程序密钥

接下来，从左侧栏的链接点击进入到仪表板（Dashboard）页面并设置 Messenger。向下滚动页面，直到进入到令牌生成（Token Generation）内容。在令牌生成处选择页面来生成页面访问令牌（如图 5-21 所示），并将此令牌复制到 Azure 门户内的 Bot 框架表单中。

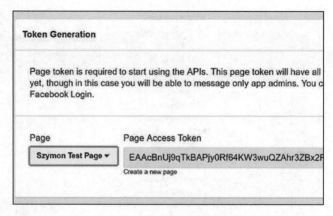

图 5-21　生成页面访问令牌

接下来，滚动页面到 Webhooks 处（位于 Facebook App Dashboard 的 Token Generation 下方），然后点击 Setup Webhooks，此时我们看到一个弹出窗口，询问是否有回调 URL 和验证令牌。此时，应复制在 Azure 门户内配置的 Facebook Messenger 表单中的回调 URL 和验证令牌，并粘贴在此处。

在订阅域（Subscription Fields）处选择下列域：
- messages
- message_deliveries
- message_reads
- messaging_postbacks
- messaging_optins
- message_echoes

点击 Verify 和 Save。最后，从下拉列表中选择我们希望机器人订阅的页面，然后点击 Subscribe。你的设置页面应如图 5-22 所示。

图 5-22　在测试页面上订阅消息

保存 Bot 框架配置。此时，我们便可以在 Facebook 的 Messenger 联系人中找到该页面。给它发一条消息，便能得到它的回复（如图 5-23 所示）。

5.2.6 第六步:将机器人部署到 Azure

最后一步,将代码部署到 Azure 上。我们将使用 Kudu ZipDeploy 创建一个 Web 应用程序并部署 Node.js 应用程序。最后,我们将机器人通道注册指向 Web 应用程序。

进入我们在步骤 2 中创建的 Azure 资源组并创建新的资源,搜索"web app",选择 Web App。注意不要选择 Web App Bot,Web App Bot 是机器人通道注册和应用服务的组合,此处我们不需要这种组合,因为我们已经创建了一个机器人通道注册。

图 5-23　Messenger 中的 Echo 机器人

在创建 Web 应用程序时,我们需要为其命名,还要确保选择了正确的资源组(如图 5-24 所示)。Azure 会将其添加到现有资源组,并为我们创建新的应用服务计划。应用服务计划是 Web 应用程序和类似计算资源的容器;它定义了我们应用程序运行的硬件以及成本。在图 5-24 中,我们创建了一个新的应用服务计划并选择了免费定价层。

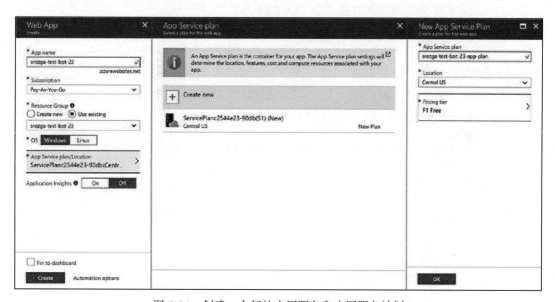

图 5-24　创建一个新的应用服务和应用服务计划

在部署 echo bot 之前,我们需要添加两项内容。第一,我们向基础 URL 端点添加响应,以验证我们的机器人是否已部署。将下面的代码添加到 app.js 文件的末尾:

```
server.get('/', (req, res, next) => {
    res.send(200, { "success": true });
    next();
});
```

第二，针对基于 Windows 的 Azure 设置，我们还需要包含一个自定义的 web.config 文件，以告知 Internet Information Services（IIS）[1]如何运行 Node 应用程序[2]。

```xml
<?xml version="1.0" encoding="utf-8"?>
<!--
     This configuration file is required if iisnode is used to
     run node processes behind
     IIS or IIS Express.  For more information, visit:

     https://github.com/tjanczuk/iisnode/blob/master/src/
     samples/configuration/web.config
-->
<configuration>
  <system.webServer>
    <!-- Visit http://blogs.msdn.com/b/windowsazure/
     archive/2013/11/14/introduction-to-websockets-on-windows-
     azure-web-sites.aspx for more information on WebSocket
     support -->
<webSocket enabled="false" />
<handlers>
   <!-- Indicates that the server.js file is a node.js site
   to be handled by the iisnode module -->
   <add name="iisnode" path="app.js" verb="*"
   modules="iisnode"/>
</handlers>
<rewrite>
  <rules>
    <!-- Do not interfere with requests for node-inspector
    debugging -->
    <rule name="NodeInspector" patternSyntax="ECMAScript"
    stopProcessing="true">
      <match url="^app.js\/debug[\/]?" />
    </rule>

    <!-- First we consider whether the incoming URL matches
    a physical file in the /public folder -->
    <rule name="StaticContent">
      <action type="Rewrite" url="public{REQUEST_URI}"/>
    </rule>

    <!-- All other URLs are mapped to the node.js site
    entry point -->
    <rule name="DynamicContent">
      <conditions>
        <add input="{REQUEST_FILENAME}" matchType="IsFile"
```

---

[1] Internet 信息服务（IIS）是微软丰富且可扩展的 Web 服务器。它可以运行所有 Azure Windows Web 应用程序。请参阅 https://www.iis.net/。

[2] 为节点应用程序使用自定义 web.config：https://github.com/projectkudu/kudu/wiki/Using-a-custom-web.config-for-Node-apps。

```
            negate="True"/>
        </conditions>
        <action type="Rewrite" url="app.js"/>
      </rule>
    </rules>
  </rewrite>
    <!-- 'bin' directory has no special meaning in node.js and
    apps can be placed in it -->
    <security>
      <requestFiltering>
        <hiddenSegments>
          <remove segment="bin"/>
        </hiddenSegments>
      </requestFiltering>
    </security>

    <!-- Make sure error responses are left untouched -->
    <httpErrors existingResponse="PassThrough" />

    <!--
      You can control how Node is hosted within IIS using the
      following options:
        * watchedFiles: semi-colon separated list of files that
        will be watched for changes to restart the server
        * node_env: will be propagated to node as NODE_ENV
        environment variable
        * debuggingEnabled - controls whether the built-in
        debugger is enabled

      See https://github.com/tjanczuk/iisnode/blob/master/
      src/samples/configuration/web.config for a full list of
      options
    -->
    <!--<iisnode watchedFiles="web.config;*.js"/>-->
  </system.webServer>
</configuration>
```

接下来，通过浏览器访问我们的机器人 Web 应用程序，就我们的例子而言，在浏览器中输入的访问链接是 https://srozga-test-bot-23.azurewebsites.net。该链接中有一个默认的"Your App Service app is up and running"页面。在部署之前，我们必须将 echo bot 压缩打包以转移到 Azure 上，压缩内容为所有应用程序文件，包括 node -modules 目录，压缩命令如下：

```
# Bash
zip -r echo-bot.zip .
# PowerShell
Compress-Archive -Path * -DestinationPath echo-bot.zip
```

现在已经拥有了一个 zip 压缩文件，我们有两种方式来部署它。第一种，我们使用 Kudu[⊖]

⊖ Kudu 是 Azure 网站部署的引擎。它也可以在 Azure 之外运行。请参阅 https://github.com/projectkudu/kudu/wiki。

端点在 https://{WEB_APP_NAME}.scm.azurewebsites.net 上利用命令行来部署机器人。要使用此方法，我们必须首先访问应用服务中的部署凭据（Deployment Credentials）（如图 5-25 所示），以设置部署用户名和密码组合。

图 5-25　设置部署凭据

完成之后，运行以下 curl 命令来启动部署过程：

```
curl -v POST -u srozga321 --data-binary @echo-bot.zip https://srozga-test-bot-23.scm.azurewebsites.net/api/zipdeploy
```

运行上述命令后，curl 将请求图 5-25 中的密码，然后上传 zip 并在应用服务上设置应用。在完成上述步骤后，向应用的 base URL 发出一个请求，此时我们便能看到成功设置为 true 的 200 响应。

```
$ curl -X GET https://srozga-test-bot-23.azurewebsites.net
{"success":true}
```

另一种部署方法是使用 SCM 网站上的 Kudu 界面：https://srozga-test-bot-23.scm.azurewebsites.net/ZipDeploy。我们只需要先将 zip 文件拖放到图 5-26 中的文件列表内。

然后，进入 Bot Channels Registration 条目中的 Settings 处，并将消息端点设置为新的应用服务（如图 5-27 所示），最后单击 "Save" 按钮。

保存并在 Web Chat 和 Messenger 上测试。到此处为止，我们便完成了一个使用 Node.js 和 Bot 框架在 Azure 上运行并且与 Web Chat 和 Facebook Messenger 交谈的机器人。接下来的内容将深入描述我们刚刚完成的六步工作。

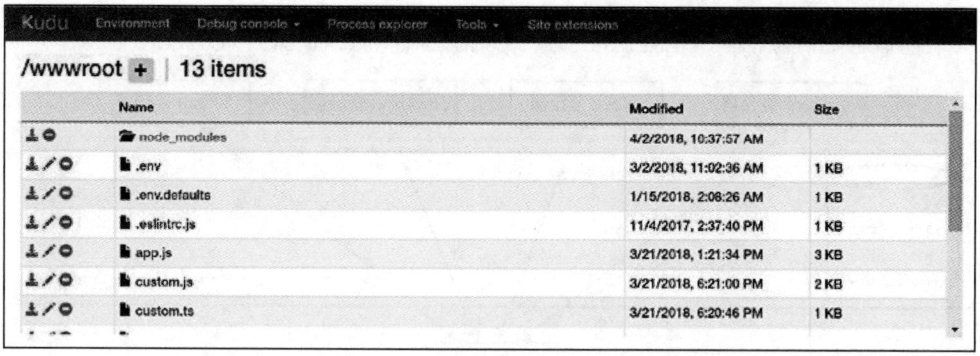

第 5 章 微软 Bot 框架概述　121

图 5-26　Kudu ZipDeploy 用户界面

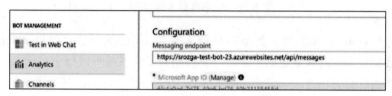

图 5-27　消息传递端点的最终更新

5.3　理解所做的操作

我们在上一节中学习了很多东西。在注册和创建机器人、建立与 Facebook 的连接以及部署到 Azure 方面，有许多详细的操作。其中许多操作只需要执行一次，但作为机器人开发人员，你应该对不同的系统和它们相互连接的方式，以及设置它们的方式有充分的了解。

5.3.1　Microsoft Azure

Microsoft Azure 是微软公司的云平台，上面集成了诸多类型的资源，包括基础设施即服务、平台即服务以及软件即服务。我们可以像创建新的应用程序服务那样轻松地配置新虚拟机，可以使用 Azure PowerShell、Azure CLI（或 Cloud Shell）、Azure 门户（如我们在示例中所做的那样）或 Azure 资源管理器来创建、修改和编辑资源。开发者可以通过查阅 Microsoft 在线文档以获取更多信息。

5.3.2　机器人通道注册入口

我们创建的机器人通道注册是一个全局注册，所有通道连接器都可以使用它来识别、验证并与机器人通信。每个连接器（无论是与 Messenger、Slack、Web Chat 还是 Skype 连接）都知道机器人的微软应用程序 ID / 密码、消息端点（messages endpoint）和其他设置（如图 5-28 所示）。机器人通道注册是 Bot 框架中机器人的起点。

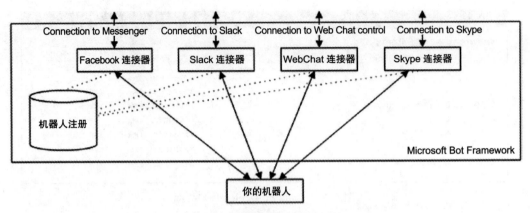

图 5-28 概念机器人框架架构

我们跳过 Azure 中其余两种类型的机器人资源：Web App Bot 和 Functions Bot。Web App Bot 是我们在本章前面创建的机器人，我们配置了服务端来运行它。Azure Functions 是 Azure 无服务器计算方法之一。它允许我们在云环境中托管不同的代码或函数来按需运行。我们只需要为使用的资源付费。Azure 根据负载情况动态地扩展基础设施。Functions 是一种非常有效的机器人开发方法，对于更复杂的场景，我们需要注意为横向扩展和多服务器部署构建函数代码。对于本书而言，我们不使用 Functions Bot。但是，我们建议开发者自行尝试一下，因为无服务器计算正变得越来越突出。

5.3.3 认证

微软应用程序 ID 和应用程序密码确保只有授权的通道连接器或应用程序才能与机器人进行通信。当连接器向机器人发送消息时，它将在 HTTP 授权标头中包含一个令牌，机器人会验证此令牌。当机器人将传出消息发送到连接器时，机器人必须从 Azure 中检索出有效的令牌，否则连接器将拒绝该消息。

Bot Builder SDK 提供了该过程的所有代码，因此该过程对开发人员是透明的。Bot 框架文档详细描述了其流程：https://docs.microsoft.com/en-us/bot-framework/rest-api/bot-framework-rest-connector-authentication。

5.3.4 连接和 ngrok

虽然 ngrok 不属于微软 Bot 框架，但它却是我们开发和调试机器人不可或缺的工具。ngrok 是一个反向代理，它将 ngrok.io 的外部可访问子域的所有请求传送到我们本地计算机上的端口。免费版 ngrok 每次运行时都会创建一个新的随机子域；专业版 ngrok 允许我们配置静态子域。ngrok 还公开了一个 HTTPS 端点，使本地开发设置变得更简单。

如果 ngrok 配置正确，那么在开发和调试遇到异常问题时（一般不是 ngrok 的原因），我们可以在外部服务或机器人上进行排查。

5.3.5 部署到 Facebook Messenger

Facebook 用户使用 Facebook Pages 与设立 Facebook 页面的公司或品牌进行内容互动。页面上的用户请求通常由具有页面访问权限的人员在查看页面的收件箱之后进行回复。许多企业实时聊天系统都会连接到 Facebook 页面并通过一批客户服务代表来实时响应用户的消息。通过 Bot 框架的 Facebook Messenger 连接器，我们现在可以让机器人响应用户的消息。我们将在第 13 章讨论机器人将对话交给代理的相关内容——人工切换。

Facebook 上的机器人是一个 Facebook 应用程序，它订阅通过网络挂钩（Web hook）进入 Facebook 页面的消息。当消息进入 Facebook 页面时，我们注册了一个由 Facebook 调用的 Bot 框架网络挂钩端点。机器人通道注册页面还提供了 Facebook 使用的验证令牌，以确保它连接到正确的网络挂钩。Azure 的 Bot Connector 需要知道 Facebook 应用程序 ID 和应用程序密钥以验证每个传入消息的签名。我们还需要页面访问令牌，以便在与页面聊天时将消息发送回用户。在 Facebook 文档页面有更多关于 Facebook SendAPI 和 Messenger Webhook 的内容：https://developers.facebook.com/docs/messenger-platform/reference/send-api/ 和 https://developers.facebook.com/docs/messenger-platform/webhook/。

一旦这些内容都设置完，我们就可以在 Facebook 和机器人之间来回发送和接收消息了。虽然 Facebook 有一些独特的概念，如页面访问令牌和 Webhook 类型的特定名称，但我们所做的总体思路与其他通道类似。通常，我们将在平台上创建一个应用程序，并在该应用程序和 Bot 框架端点之间建立联系。Bot 框架的作用是将消息转发给我们。

5.3.6 部署到 Azure

将代码部署到 Azure 的方法有很多。我们使用工具 Kudu 通过 REST API 来进行部署，此外我们也可以配置 Kudu 从 git 仓库或其他位置进行部署。除了 Kudu 之外，我们也可以利用其他工具简化部署。如果我们使用微软的 Visual Studio 或 Visual Studio Code 来编写机器人，那么可以使用扩展程序轻松地将代码部署到 Azure 中；而如果我们想在 Linux 应用服务上运行 Node.js 机器人，则可以使用 ZipDeploy REST API 进行部署。

因为可以使用模拟器在本地开发机器人并通过运行 ngrok 在各种通道上测试本地机器人，所以在本书剩下的内容中我们不再将机器人部署到 Azure。如有必要，请关闭 Web 应用程序实例，以免收取订阅费用。另外，确保删除应用服务计划，因为仅靠停止 Web 应用程序并不起作用。

5.4 Bot Builder SDK 重要概念

在本节中，我们将深入研究 Node.js 版的 Bot Builder SDK，它也是本章剩余部分和后续章节的重点内容。首先，我们将介绍 Bot Builder SDK 的四个基本概念；之后，我们将结合第 3 章中关于 LUIS 的 NLU 工作，给出日历机器人对话的代码，该机器人能通过对话来处理用户的日历任务（但还不会与任何 API 集成）。这是演示对话流程和在不经过整个后端集成的情况下进行工作的常用方法。

5.4.1 会话和消息

会话（session）是一个对象，表示当前会话以及在会话上可被调用的操作。最基本的操作是使用会话对象发送消息。

```
const bot = new builder.UniversalBot(connector, [
    session => {
        // for every message, send back the text prepended by
        echo:
        session.send('echo: ' + session.message.text);
    }
]);
```

消息（message）内容可以包括图片、视频、文件和自定义附件类型。图 5-29 显示的是发送图片消息。

```
session => {
    session.send({
        text: 'hello',
        attachments: [{
            contentType: 'image/png',
            contentUrl: 'https://upload.wikimedia.org/
wikipedia/commons/b/ba/New_York-Style_Pizza.png',
            name: 'image'
        }]
    });
}
```

图 5-29　发送一张图片

我们还可以发送 hero card。hero card 是独立的容器，包括图片、标题、副标题和文本以及可选的按钮列表，如图 5-30 所示。

```
let msg = new builder.Message(session);
msg.text = 'Pizzas!';
msg.attachmentLayout(builder.AttachmentLayout.carousel);
msg.attachments([
    new builder.HeroCard(session)
        .title('New York Style Pizza')
        .subtitle('the best')
        .text("Really, the best pizza in the world.")
        .images([builder.CardImage.create(session, 'https://
        upload.wikimedia.org/wikipedia/commons/b/ba/New_York-
        Style_Pizza.png')])
        .buttons([
            builder.CardAction.imBack(session, "I love New York
            Style Pizza!", "LOVE THIS")
        ]),
    new builder.HeroCard(session)
        .title('Chicago Style Pizza')
        .subtitle('not bad')
        .text("some people don't believe this is pizza.")
        .images([builder.CardImage.create(session, 'https://
        upload.wikimedia.org/wikipedia/commons/3/33/
        Ginoseastdeepdish.jpg')])
        .buttons([
            builder.CardAction.imBack(session, "I love Chicago
            Style Pizza!", "LOVE THIS")
        ]),
]);

session.send(msg);
```

图 5-30 一个比萨旋转木马样品

除了 hero card，Bot Builder SDK 还支持以下几种卡片：
- **Adaptive card**：自适应卡片十分灵活，它包括容器、按钮、输入字段、语音、文本和图片等项目的组合；但并非所有通道都能支持它，我们将在第 11 章深入研究自适应卡片。
- **Animation card**：支持 GIF 动画和短视频的卡片。
- **Audio card**：播放音频的卡片。
- **Thumbnail card**：和 hero card 十分相似，但它的图片尺寸大小更小。
- **Receipt card**：呈现包含常见订单项的收据，如说明、税金、总计等。
- **Sign in card**：启动登录过程的卡片。
- **Video card**：播放视频内容的卡片。

上面代码中涉及的第二个内容是关于附件的布局。默认情况下，附件以垂直列表的形式被发送。我们可以选择使用一个可滚动的水平列表——就像旋转木马一样——为用户提供更好的交互体验。

最后，上面代码中的按钮使用了 IM Back 动作，当用户点击 LOVE THIS 按钮时，按钮的值字段（"I love New York Style Pizza!" 或 "I love Chicago Style Pizza!"）将被作为文本消息发送给机器人。其他动作类型如下所述，每个消息传递平台都对这些动作类型提供了不同级别的支持：

- **postBack**：和 IM back 相同，区别在于用户看不到消息。
- **openUrl**：在浏览器中打开 URL。可以通过桌面默认的浏览器打开 URL，也可以通过应用中内嵌的 Web 视图打开该 URL。
- **call**：拨打电话号码。
- **downloadFile**：将文件下载到用户设备上。
- **playAudio**：播放音频文件。
- **playVideo**：播放视频文件。
- **showImage**：在图像查看器中显示图像。

我们还可以使用会话对象在支持书面和口头答复的通道中发送语音同意。我们可以像在旋转木马 hero card 样品中那样构建消息对象，也可以在对话中使用便捷方法，以下代码片段中的输入提示用于在交互界面中提示机器人是正在等待用户的响应、接受输入还是不需要用户输入。具有语音助理（如 Amazon 的 Alexa）开发经验的开发人员对此应该比较熟悉。

```
const bot = new builder.UniversalBot(connector, [
    session => {
        session.say('this is just text that the user will
        see', 'hello', { inputHint: builder.InputHint.
        acceptingInput});
    }
]);
```

会话也是帮我们访问相关用户对话数据的对象。例如，我们可以在会话的 private-ConversationData 中存储用户发送到机器人的最后一条消息，并在后面的对话中使用它，如下面的示例所示（如图 5-31 所示）：

```
session => {
    var lastMsg = session.privateConversationData.last;
    session.privateConversationData.last = session.message.text;
    if(lastMsg) {
        session.send(lastMsg);
    } else {
        session.send('i am memorizing what you are saying');
    }
}
```

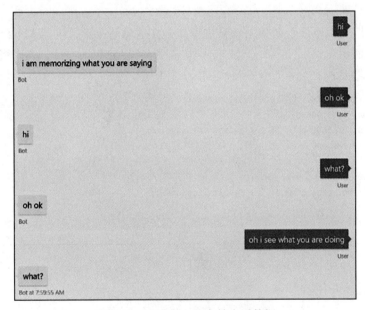

图 5-31　在消息之间存储会话数据

Bot Builder SDK 可以轻松地在会话对象中存储三类数据：
- PrivateConversationData：某一对话中的私人用户数据。
- ConversationData：对话中被所有用户共享的数据。
- UserData：一个用户在某一通道上所有对话中的数据。

默认情况下，这些对象都存储在内存中，但也可以以其他形式存储，我们将在第 6 章中进行实践。

5.4.2　瀑布和提示

瀑布（waterfall）是一组用于处理机器人传入消息的函数。Universal Bot 构造函数将这一组函数作为参数，Bot Builder SDK 连续调用每个函数，将上一步的结果传递给当前步骤。此方法的最常见用法是通过提示（prompt）向用户查询，以获取更多信息。在下面的代码中，我们使用文本提示，除此之外 Bot Builder SDK 也支持数字、日期或多项选择等（如图 5-32 所示）。

```
const bot = new builder.UniversalBot(connector, [
    session => {
        session.send('echo 1: ' + session.message.text);
        builder.Prompts.text(session, 'enter for another echo!');
    },
    (session, results) => {
        session.send('echo 2: ' + results.response);
    }
]);
```

我们也可以使用下一个函数手动推进瀑布，在这种情况下，机器人不会等待外部的输入（如图 5-33 所示），因此在第一步要求额外输入时可以使用该方法，我们将在日历机器人的代码中使用它。

```
const bot = new builder.UniversalBot(connector, [
    (session, args, next) => {
        session.send('echo 1: ' + session.message.text);
        next({response: 'again!'});
    },
    (session, results, next) => {
        session.send('echo 2: ' + results.response);
    }
]);
```

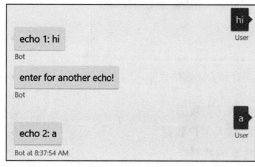

图 5-32　基本瀑布示例

图 5-33　程序化的瀑布流

以下是一个更复杂的用于数据收集的瀑布：

```
const bot = new builder.UniversalBot(connector, [
    session => {
        builder.Prompts.choice(session, "What do you want to
        do?", "add appointment|delete appointment", builder.
```

```
            ListStyle.button);
    },
    (session, results) => {
        session.privateConversationData.action = { type:
        results.response.index };
        builder.Prompts.time(session, "when?");
    },
    (session, results, next) => {
        session.privateConversationData.action.datetime =
        results.response.resolution.start;
        if (session.privateConversationData.action.type == 0) {
            builder.Prompts.text(session, "where?");
        } else {
            next({ response: null });
        }
    },
    (session, results, next) => {
        session.privateConversationData.action.location =
        results.response;

        let summary = null;
        const dt = moment(session.privateConversationData.
        action.datetime).format('M/D/YYYY h:mm:ss a');

        if (session.privateConversationData.action.type ==  0) {
            summary = 'Add Appointment ' + dt + ' at location '
            + session.privateConversationData.action.location;
        } else {
            summary  = 'Delete appointment  ' + dt;
        }

        const action = session.privateConversationData.action;
        // do something with action
        session.endConversation(summary);
    }
]);
```

在此示例中，我们使用了更多类型的提示：选择（Choice）和时间（Time）。选择提示会要求用户选择一个选项。提示可以使用内联文本（例如，在 SMS 场景中相关）或按钮来呈现选择。时间提示使用 chronos Node.js 库将日期时间的字符串表示形式解析为 datetime 对象。像"明天下午 5 点"这样的输入可以解析为计算机可以使用的值。

请注意，我们使用逻辑来跳过某些瀑布步骤。具体来说，如果在删除约会分支中，我们不需要事件位置。因此，我们甚至不要求它。我们利用 privateConversationData 对象来存储操作对象，它表示我们想要针对 API 调用的操作。最后，我们使用 session.endConversation 方法来完成对话。此方法将清除用户的状态，以便下次用户与机器人交互时，就好像机器人看到了一个新用户。

图 5-34 展示的是示例对话的内容。

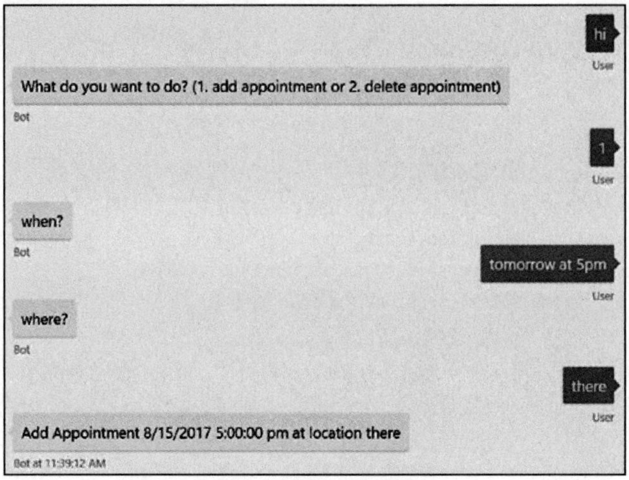

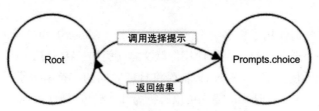

图 5-34　数据收集瀑布

5.4.3　对话框

在第 4 章，我们讨论了如何使用节点图——对话框（dialog）——来建模对话。到目前为止，我们已经在本章了解了瀑布以及如何在代码中建模对话。

我们还学习了如何利用提示从用户收集数据，提示是从用户收集数据的简单机制。

builder.Prompts.text(session, "where?");

提示是很有趣的。我们调用一个函数（builder.Prompts.text），让对话产生对用户的提示，接着一旦用户发送了有效的响应，那么瀑布中的下一步就会访问提示的结果。图 5-35 显示了整个过程，从瀑布的角度来看，我们并不真正知道 Prompts.choice 调用正在做什么，我们也不关心。如果用户不取消，它将一直监听用户输入、进行一些验证、对错误输入进行重输入提示，最后返回有效结果；所有这些逻辑都对开发者隐藏。

图 5-35　对话框之间的概念控制转移

通常函数调用的机制是栈，此交互过程与函数调用的模型相同。对比图 5-36 和以下代码：

function f(a,b) { return a + b; }

函数 f 被调用时，函数的参数将被推入栈顶。然后函数代码会处理栈，比如在此示例中，该函数代码将参数相加。最后，栈顶会剩下唯一的值，也就是函数的返回值。调用函数可以使用该返回值执行任何操作。

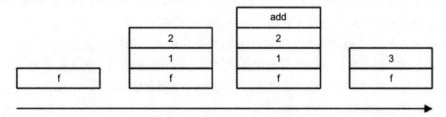

图 5-36　堆栈中的函数调用

下面是提示在对话中工作的方式。Bot Builder SDK 中的通用概念是对话框，提示也是一种对话框。对话框是对话逻辑的封装，类似于函数调用。对话框由一些参数初始化，它接收来自用户的输入，执行其自己的代码或在此过程中调用其他对话框，并且可以将响应发送回用户。对话框运行结束后会向调用对话框返回一个值。简而言之，调用对话框将子对话框推入栈顶，子对话框完成后，会从栈中弹出。

回到选择提示示例。在对话框栈模型中，Root 对话框将 Prompt.Choice 对话框放在栈顶。Prompt.Choice 对话框完成执行后，生成的用户输入对象将传递回 Root 对话框。然后，Root 对话框执行它需要对生成的对象做的任何操作。具体过程如图 5-37 所示。

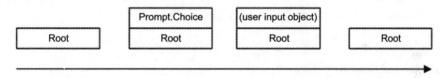

图 5-37　对话框堆栈时间轴上的对话框

我们会进一步地应用这一概念。可以想象在日历机器人中添加新日历条目的流程。首先，添加新日历条目会调用新的对话框 AddCalendarEntry。然后，它调用一个 Prompt.Time 对话框来收集事件的日期和时间，以及调用一个 Prompt.Text 对话框用于收集事件主题。AddCalendarEntry 打包收集的数据，并通过调用某个日历 API 来创建新的日历条目。最后，将 Control 返回到 Root 对话框，整个过程如图 5-38 所示。如果某一流程过于复杂或者我们想要重用其他对话框中的逻辑，那么还可以让 AddCalendarEntry 调用另一个封装的对话框，在该对话框中封装调用 API 的逻辑（如图 5-38 所示）。

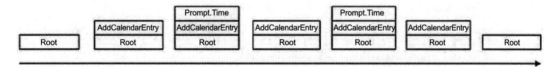

图 5-38　更为复杂的对话框堆栈在时间轴上的解释

瀑布和对话框是将对话设计转化为实际代码的主力，也是 Bot Builder SDK 的核心之一，我们将在接下来的章节中介绍这些细节。在对话的每个节点，对话框栈、用户和对话数据都将被存储，这意味着（根据对话的存储实现），用户可以在任何时候停止与机器人聊天，并且再次返回时还可以从上次停止的地方继续与机器人聊天。

我们如何利用上述概念呢？回到添加和删除约会的瀑布示例，我们可以创建一个机器人，然后基于选择提示来启动以下两个对话框之一：一个用于添加日历条目或另一个用于删除日历条目。对话框具有所有必要的逻辑，例如确定要添加或删除哪一个约会、解决冲突、提示用户确认等。代码如下所示：

```
const bot = new builder.UniversalBot(connector, [
    session => {
        builder.Prompts.choice(session, "What do you want to
        do?", "add appointment|delete appointment", builder.
        ListStyle.button);
    },
    (session, results) => {
        if (results.response.index == 0) {
            session.beginDialog('AddCalendarEntry');
        } else if (results.response.index == 1) {
            session.beginDialog('RemoveCalendarEntry');
        }
    },
    (session, results) => {
        session.send('excellent! we are done!');
    }
]);

bot.dialog('AddCalendarEntry', [
    (session, args) => {
        builder.Prompts.time(session, 'When should the
        appointment be added?');
    },
    (session, results) => {
        session.dialogData.time = results.response.resolution.
        start;
        builder.Prompts.text(session, 'What is the meeting
        subject?');
    },
    (session, results) => {
        session.dialogData.subject = results.response;
        builder.Prompts.text(session, 'Where should the meeting
        take place?');
    },
    (session, results) => {
        session.dialogData.location = results.response;

        // TODO: take the data and call an API to add the
```

```
            calendar entry

        session.endDialog('Your appointment has been added!');
    }]);
    bot.dialog('RemoveCalendarEntry', [
        (session, args) => {
            builder.Prompts.time(session, 'Which time do you want
            to clear?');
        },
        (session, results) => {
            var time = results.response.resolution.start;
            // TODO: find the relevant appointment, resolve
            conflicts, confirm prompt, and delete
            session.endDialog('Your appointment has been
            removed!');
        }]);
```

我们通过调用 session.beginDialog 方法并在方法中传入对话框名称来启动一个新对话框。此外，我们还可以在方法中传入一个可选的参数对象，并可以使用调用对话框中的 args 参数来访问它。我们使用 session.dialogData 对象来存储对话状态。我们之前遇到过 userData、privateConversationData 和 conversationData，它们都作用于整个对话过程。但是，DialogData 仅作用于当前对话框实例的生命周期内。如果要结束对话，则可以调用 session.endDialog，它会将控制权返回到根瀑布中的下一步。最后，session.endDialogWithResult 的方法允许我们将数据传递回调用对话框。

Messenger 中的对话最终如图 5-39 所示。

上面的代码有一些缺点。首先，我们没有办法执行取消添加约会或取消删除约会的操作。其次，如果在添加一个约会的过程中想删除另一个约会，那么我们不能轻易切换到所要删除约会的对话框，必须完成当前对话框然后才能切换。最后，没有将机器人连接到 LUIS 模型上，如果连接上 LUIS 模型，那么用户就可以使用自然语言与机器人交互。接下来，我们先解决前两个问题，然后再连接到 LUIS 模型，真正地为机器人构建一些智能。

5.4.4 调用对话框

我们需要支持用户能在对话中的任意时刻

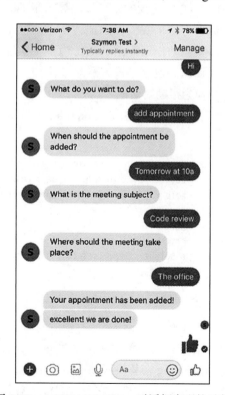

图 5-39 AddCalendarEntry 对话框实现的示范

询问帮助，这种场景非常普遍。有时候，"帮助"（help）仅与某一上下文对话框相关联；而在其他时候，帮助是一个全局操作，是一个可以从对话中任何位置访问的机器人行为。Bot Builder SDK 允许我们在对话框中插入这两种类型的行为。

我们在这里介绍一个简单的帮助对话框，如下所示：

```
bot.dialog('help', (session, args, next) => {
    session.endDialog("Hi, I am a calendar concierge bot. I can
        help you make and cancel appointments!");
})
.triggerAction({
    matches: /^help$/i
});
```

这段代码定义了一个新对话框，其中包含与"帮助"输入匹配的全局操作处理程序。TriggerAction 定义了一个全局动作。当用户的输入与正则表达式 ^help$ 匹配时，将在全局触发帮助对话框。^ 字符表示行的开头，$ 字符表示行的结尾。但这会引发一个问题，正如我们在图 5-40 中看到的，当我们寻求帮助时，机器人似乎忘记了我们在添加约会对话框中。实际上，全局动作匹配的默认行为是替换堆栈顶部的对话框。也就是说，删除了添加约会对话框并替换为帮助对话框。

我们可以通过实现 onSelectAction 回调来解决上述问题，代码如下：

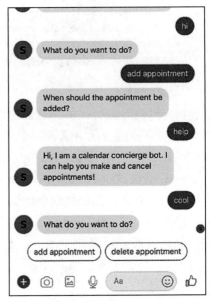

图 5-40　帮助取消了前面的对话框；这样不好

```
bot.dialog('help', (session, args, next) => {
    session.endDialog("Hi, I am a calendar concierge bot. I can
        help you make and cancel appointments!");
})
.triggerAction({
    matches: /^help$/i,
    onSelectAction: (session, args, next) => {
        session.beginDialog(args.action, args);
    }
});
```

上述操作引出了一个有趣的问题：开发者如何人为地安排对话框？答案是当我们正在处理对话框流程并希望转换到另一个对话框时，我们可以使用 replaceDialog 或 beginDialog。replaceDialog 会替换栈顶部的对话框，而 beginDialog 会将对话框推入到栈顶。会话还有一个名为 reset 的方法，它会重置整个对话框栈，其默认行为是重置对话框栈并在栈顶推入一个新对话框。

另外，如果我们仅仅是想要包含一个上下文对话框的帮助怎么办？下面，我们创建一个新对话框用于处理添加日历条目对话框的帮助。具体来说，我们在该对话框上使用 beginDialogAction 方法来定义一个在 AddCalendarEntry 对话框之上启动新对话框的触发器。

```
bot.dialog('AddCalendarEntry', [
    ...
])
    .beginDialogAction('AddCalendarEntryHelp',
    'AddCalendarEntryHelp', { matches: /^help$/ });
bot.dialog('AddCalendarEntryHelp', (session, args, next) => {
    let msg = "Add Calendar Entry Help: we need the time of
    the meeting, the subject and the location to create a new
    appointment for you.";
    session.endDialog(msg);
});
```

当我们运行它时，会得到预期的效果，如图 5-41 所示。

我们将在下一章深入探讨动作（action）及其行为。

5.4.5 识别器

上一小节我们定义了一个由正则表达式触发的帮助对话框。Bot Builder SDK 依靠识别器（recognizer）实现该过程。识别器是一段代码，它接受传入的消息并确定用户的意图，返回意图名称和分数。当然，意图和分数也可以来自像 LUIS 这样的 NLU 服务。

如前面的例子所示，在默认情况下，机器人中唯一的识别器是正则表达式或纯文本匹配器。识别器接受正则表达式或字符串，并将其与传入消息的文本进行匹配。我们可以通过在机器人的识别器列表中添加一个 RegExpRecognizer 来显式地利用识别器。下面这段代码表示如果用户的输入与提供的正则表达式匹配，则解析名为 HelpIntent 的意图，并且得分为 1.0。否则，得分为 0.0。

图 5-41　正确处理上下文动作

```
bot.recognizer(new builder.RegExpRecognizer('HelpIntent',
/^help$/i));

bot.dialog('help', (session, args, next) => {
    session.endDialog("Hi, I am a calendar concierge bot. I can
    help you make and cancel appointments!");
})
    .triggerAction({
        matches: 'HelpIntent',
        onSelectAction: (session, args, next) => {
            session.beginDialog(args.action, args);
        }
    });
```

识别器模型还支持创建自定义识别器，自定义识别器可以执行我们自定义的任何代码并解析得到意图和分数，比如下面的例子：

```
bot.recognizer({
    recognize: (context, done) => {
        var intent = { score: 0.0 };
        if (context.message.text) {
            if (context.message.text.toLowerCase().
            startsWith('help')) intent = { score: 1.0, intent:
            'HelpIntent' };
        }
        done(null, intent);
    }
});
```

上面只是一个非常简单的例子，我们在实际应用时应能做到举一反三。例如，如果用户的输入是非文本媒体（比如图像或视频），那么我们也应该能做到编写自定义识别器来识别媒体并据此做出响应。

Bot Builder SDK 支持在机器人中注册多个识别器。每当消息进入机器人时，各个识别器都会被调用，具有最高分数的识别器被视为获胜者。如果两个或多个识别器的分数相同，则首先注册的识别器获胜。

最后，该机制同样适用于将机器人连接到 LUIS，事实上，Bot Builder SDK 包含了针对这种情况的识别器。为此，我们为 LUIS 应用程序（比如我们在第 3 章中创建的应用程序）获取端点 URL，并将其用作 LuisRecognizer 的参数。代码如下所示：

```
bot.recognizer(new builder.LuisRecognizer('https://westus.api.
cognitive.microsoft.com/luis/v2.0/apps/{APP_ID}?subscription-
key={SUBSCRIPTION_KEY}'));
```

一旦设置了它，我们就为需要全局处理的每个意图添加了一个 triggerAction 调用，该操作类似于我们在帮助对话框中执行的操作。需要注意的是作为"matches"成员传递的字符串必须与 LUIS 意图名称相对应。

```
bot.dialog('AddCalendarEntry', [
    ...
])
.beginDialogAction('AddCalendarEntryHelp',
'AddCalendarEntryHelp', { matches: /^help$/ })
.triggerAction({matches: 'AddCalendarEntry'});
bot.dialog('RemoveCalendarEntry', [
    ...
])
.triggerAction({matches: 'DeleteCalendarEntry'});
```

此时，机器人对话可以使用 LUIS 意图切换不同的对话框（如图 5-42 所示）。并且 LUIS 的意图和实体对象被传递到了对话框中。

图 5-42　最终由我们的 LUIS 模型所掌控

练习 5-2

将机器人连接到 LUIS

在本练习中，我们将机器人连接到第 3 章所创建的 LUIS 应用。

- 创建一个新机器人并创建用于处理在第 3 章中创建的每种意图的对话框。对于每个对话框，只需发送带有对话框名称的消息。
- 在机器人中创建 LUIS 识别器，并测试其是否有效。
- 每个对话框瀑布的第一个方法是传递对话对象和一个 args 对象。感兴趣的话，可以使用调试器来对这两个对象做进一步的探索⊖。LUIS 数据的结构是什么？或者，将表示 args 对象的 JSON 字符串发送给用户。

⊖ Node.js 应用程序调试：https://nodejs.org/en/docs/guides/debugging-getting-started/。如 VS Code 一样的富 IDE 让调试变得非常简单：https://code.visualstudio.com/docs/nodejs/nodejs-debugging。

识别器是 Bot Builder SDK 中非常强大的功能，支持我们根据传入消息为机器人定义各种各样的响应。

5.5 创建一个简单的日历机器人

随着学习的深入，如何构建对话的模式越来越清晰。本书附带提供的 GitHub 仓库[⊖]中包含了一个日历机器人，在本书剩余的章节中我们会动手构建它，后续每一章对机器人的更改都在 repo 中有对应文件夹。第 5 章包含与 LUIS 集成的框架代码，第 7 章将介绍 Auth 和 API 集成。此外，我们还将在第 10 章添加多语言支持，在第 12 章添加人工切换，在第 13 章添加分析集成。

下面是我们打算在第 5 章中解决的一些问题：

- 在 Node 的上下文中，我们如何构建机器人及其组件对话框？
- 解释传递给对话框的数据的代码的一般模式是什么？
- 虽然可以使用 Bot Builder SDK 创建端到端测试，但对对话逻辑进行单元测试并不是一项可以直接进行的任务。我们如何构建代码，以便尽可能地对其进行单元测试？

当我们仔细研究代码并检查不同的组件时，请记住以下几点：

- 我们会发现 LUIS 应用程序在构建和测试阶段存在差距。在构造代码的过程中，我们的模型与第 3 章中的内容略有不同。新增的内容是新的话语和实体，代码示例中包括的是新版本的模型。
- 我们需要定义每个对话框的作用范围。例如，编辑日历条目对话框用于变更约会。
- 我们创建了一些辅助类，其中包含一些最棘手的逻辑，即从 LUIS 结果中读取每种类型的实体，并将它们转换为可在对话框中使用的对象。例如，许多对话框根据日期时间或范围以及主题或被邀请者来对日历执行操作。

我们利用 Bot Builder 库将对话框模块化为库。先不管它的细节，它只是一种捆绑对话框功能的方法，我们将在下一章深入介绍更多 Bot Builder 的信息。查看 repo 中的代码，可以发现其代码结构如下：

- 常量和帮助。
- 将 LUIS 意图和实体转换成应用对象的代码。
- 支持添加、移动、删除约会的对话框，查看是否有时间，以及获得当天的议程。
- 最后，app.js 入口点（entry point）将上述内容连接在一起。

⊖ 本书提供的 GitHub 仓库为：https://github.com/Apress/practical-bot-development。

5.6 结束语

本章是对 Bot 框架和 Bot Builder SDK 的一个很好介绍，通过学习本章内容，我们目前具备了创建基本的机器人交互体验的能力。在本章中，创建机器人通道注册、将机器人连接到通道连接器、使用 Bot 框架模拟器和 ngrok 进行调试以及使用 Bot Builder SDK 构建机器人等，是我们需要了解的核心概念。Bot Builder SDK 是一个功能强大的库，可以帮助我们完成此过程。我们从 SDK 中介绍了上面提到的核心概念，在不深入了解 SDK 细节的情况下，我们开发了一个可以解释各种自然语言输入的聊天机器人，这些自然语言输入可以实现第 3 章中用例的功能，并且我们唯一要做的就是拉入日历 API 并将 LUIS 意图和实体组合转换为正确的 API 调用。

下一章，我们将深入研究 Bot Builder SDK，以确保我们在最终实现中选择正确的方法。

CHAPTER 6

第 6 章

深入 Bot Builder SDK

在上一章，我们构建了一个简单的机器人，它可以利用现有的 LUIS 应用程序和 Bot Builder SDK 来启用日历机器人的对话流程。就目前而言，日历机器人仅以文本形式回应用户输入所描述的内容，并没有实现任何实质内容，因此它还无法真正地投入使用。我们一方面需要将机器人连接到 Google Calendar API，与此同时，我们还需要弄清楚 Bot Builder SDK 提供哪些工具来创建能真正投入使用的有意义对话。

而本章将详细介绍我们在第 5 章代码里所涉及的一些技术，并且更深入地探索 Bot Builder SDK 的功能。我们将通过本章内容掌握 SDK 如何存储对话状态，如何构建具有丰富内容的消息，如何构建动作和卡片，以及如何支持自定义通道行为、自定义对话行为和自定义用户动作处理。最后，我们会研究如何将一个机器人所具有的功能变成可重用组件。

6.1 对话状态

一个好的对话引擎能存储每个用户和对话的状态，以便用户想与机器人再次交互时，能够恢复到上一次的对话状态，为用户提供持续连贯的交互体验。在 Bot Builder SDK 中，默认情况下，对话状态通过 MemoryBotStorage 存储在内存中。在之前版本中，对话状态存储在云端点内，但目前这种方式早已被弃用。我们可能会在一些较旧的文档中遇到对状态服务的引用，因此请注意这对新版本的 Bot Builder SDK 已经不再适用。

每个对话的状态都由三部分数据组成，开发者可以访问这三部分数据。我们在前一章已经介绍了所有这些内容：

- userData：一个用户在一个通道上的所有对话数据。
- privateConversationData：用户在一个对话中的私人数据。
- conversationData：对话中所有用户共享的数据。

此外，当一个对话框在运行时，我们可以访问其状态对象 dialogData。每当收到用户发送的消息时，Bot Builder SDK 都将从状态存储中检索用户的状态，在会话对象上填充三个数据对象和 dialogData，并执行对话中当前步骤的逻辑，以进行响应。一旦发出所有响应，机器人框架将把状态保存回状态存储。

```
let entry = new et.EntityTranslator(session.dialogData.
addEntry);
if (!entry.hasDateTime) {
    entry.setEntity(results.response);
}
session.dialogData.addEntry = entry;
```

在上一章的一些代码中，对于有些实例，我们不得不从 dialogData 重新创建一个自定义对象，然后将该对象存储到 dialogData 中。这样做的原因是将对象保存到 dialogData（或任何其他状态容器）中会使对象被转换为 vanilla JavaScript 对象，就像使用 JSON.stringify 一样。在重置为新对象之前，尝试在先前代码中调用 session.dialogData.addEntry 上的任何方法都会导致错误。

存储机制由名为 IBotStorage 的接口实现。

```
export interface IBotStorage {
    getData(context: IBotStorageContext, callback: (err: Error,
    data: IBotStorageData) => void): void;
    saveData(context: IBotStorageContext, data:
    IBotStorageData, callback?: (err: Error) => void): void;
}
```

构建机器人实例时，我们实例化的 ChatConnector 类安装了默认的 MemoryBotStorage 实例，这对开发来说是一个很好的选择。Bot Builder SDK 还允许我们自己定义实例来替换默认实例，这在机器人发布部署中非常有用，因为它可以确保在实例重新启动时状态是被存储的，而不是已经被擦除了。对于自定义方式，Microsoft 提供了两种额外的接口实现：一个用于 Azure Cosmos DB[⊖] 的 NoSQL 实现和一个用于 Azure 表存储[⊜] 的实现，二者都是通过 Azure 门户提供的 Azure 服务。开发者可以在 botbuilder-azure 节点包中找到两种存储实现，它们被记录在 https://github.com/Microsoft/BotBuilderAzure 中；此外，你还可以使用 Bot Builder SDK 自己编写代码来实现 IBotStorage，比如下面的代码：

```
const bot = new builder.UniversalBot(connector, (session) => {
    // ... Bot code ...
})
.set('storage', storageImplementation);
```

6.2 消息

在前面的章节中，我们的机器人通过使用 session.send 或 session.endDialog 方法发送文本消息来与用户交互。机器人和用户之间的消息由我们在 5.1 节遇到的各种数据组成。

⊖ Azure Cosmos DB：https://azure.microsoft.com/en-us/services/cosmos-db/。

⊜ Azure 表存储：https://azure.microsoft.com/en-us/services/storage/tables/。

Bot Builder IMessage 接口定义了消息的组成内容：

```
interface IEvent {
    type: string;
    address: IAddress;
    agent?: string;
    source?: string;
    sourceEvent?: any;
    user?: IIdentity;
}

interface IMessage extends IEvent {
    timestamp?: string;           // UTC Time when message
                                  was sent (set by service)
    localTimestamp?: string;      // Local time when message
                                  was sent (set by client
                                  or bot, Ex: 2016-09-
                                  23T13:07:49.4714686-07:00)
    summary?: string;             // Text to be displayed by
                                  as fall-back and as short
                                  description of the message
                                  content in e.g. list of
                                  recent conversations
    text?: string;                // Message text
    speak?: string;               // Spoken message as
                                  Speech Synthesis Markup
                                  Language (SSML)
    textLocale?: string;          // Identified language of
                                  the message text.
    attachments?: IAttachment[];  // This is placeholder
                                  for structured objects
                                  attached to this message
    suggestedActions: ISuggestedActions; // Quick reply actions
                                  that can be suggested
                                  as part of the message
    entities?: any[];             // This property is
                                  intended to keep
                                  structured data objects
                                  intended for Client
                                  application e.g.:
                                  Contacts, Reservation,
                                  Booking, Tickets.
                                  Structure of these object
                                  objects should be known to
                                  Client application.
    textFormat?: string;          // Format of text fields
                                  [plain|markdown|xml]
                                  default:markdown
```

```
    attachmentLayout?: string;      // AttachmentLayout -
                                    hint for how to deal with
                                    multiple attachments
                                    Values: [list|carousel]
                                    default:list
    inputHint?: string;             // Hint for clients to
                                    indicate if the bot is
                                    waiting for input or not.
    value?: any;                    // Open-ended value.
    name?: string;                  // Name of the operation
                                    to invoke or the name of
                                    the event.
    relatesTo?: IAddress;           // Reference to another
                                    conversation or message.
    code?: string;                  // Code indicating why the
                                    conversation has ended.
}
```

在本章中,我们主要研究 text、attachments、suggestedActions 和 attachmentLayout,它们是创建优秀对话用户体验的基础。

要在代码中创建消息对象,我们应先创建一个 builder.Message 对象,并按照下面的示例分配属性,然后将消息传递到 session.send 方法。

```
const reply = new builder.Message(session)
    .text('Here are some results for you')
    .attachmentLayout(builder.AttachmentLayout.carousel)
    .attachments(cards);

session.send(reply);
```

同样,当有消息传入机器人时,会话对象中也会包含一个相同类型的消息对象。只不过,与发送消息不同的是传入消息来自通道。

```
const bot = new builder.UniversalBot(connector, [
    (session) => {
        const input = session.message.text;
    }]);
```

注意,IMessage 继承自 IEvent,这意味着它具有类型字段。此字段可以设置为 IMessage 的消息,也可以设置为来自框架或自定义应用程序的其他事件。

根据通道支持的差异,机器人框架支持的一些其他事件类型如下:

❑ conversationUpdate:当在对话中添加或删除用户,或者有关对话的某些元数据发生更改时引发;用于群聊管理。

❑ contactRelationUpdate:在从用户的联系人列表中添加或删除机器人时引发。

❑ typing:在用户键入消息时引发;并非所有通道都支持。

❑ ping:在确定机器人端点是否可用时引发。

❑ deleteUserData:当用户请求删除其用户数据时引发。

❑ endOfConversation：谈话结束时引发。

❑ invoke：在为机器人发送请求以执行某些自定义逻辑时引发。例如，某些通道可能需要调用机器人上的函数并期望响应。机器人框架会将此请求作为调用请求发送，期望同步 HTTP 回复。这不是常见的情况。

我们可以使用 UniversalBot 上的 on 方法来为每种事件类型注册一个处理函数，这样做可以为用户提供更加身临其境的对话体验（如图 6-1 所示）。

```
const bot = new builder.UniversalBot(connector, [
    (session) => {
    }
]);

bot.on('conversationUpdate', (data) => {
    if (data.membersAdded && data.membersAdded.length > 0) {
        if (data.address.bot.id === data.membersAdded[0].id)
            return;
        const name = data.membersAdded[0].name;
        const msg = new builder.Message().address(data.
        address);
        msg.text('Welcome to the conversation ' + name + '!');
        msg.textLocale('en-US');
        bot.send(msg);
    }
});

bot.on('typing', (data) => {
    const msg = new builder.Message().address(data.address);
    msg.text('I see you typing... You\'ve got me hooked! Reel
    me in!');
    msg.textLocale('en-US');
    bot.send(msg);
});
```

图 6-1　机器人对于 typing 和 conversationUpdate 事件的响应

6.3　地址和主动消息

在消息接口中，地址属性可以独一无二地表示和区分对话中的用户，地址的格式如下：

```
interface IAddress {
    channelId: string;              // Unique identifier for
                                    channel
    user: IIdentity;                // User that sent or should
                                    receive the message
    bot?: IIdentity;                // Bot that either received
                                    or is sending the message
    conversation?: IIdentity;       // Represents the current
                                    conversation and tracks
                                    where replies should be
                                    routed to.
}
```

我们可以使用地址在对话框的作用域之外主动发送消息。比如，我们可以创建一个每五秒向随机地址发送一条消息的进程。发送的消息对用户对话框栈不会产生任何影响。

```
const addresses = {};

const bot = new builder.UniversalBot(connector, [
    (session) => {
        const userid = session.message.address.user.id;
        addresses[userid] = session.message.address;
        session.send('Give me a couple of seconds');
    }
]);
function getRandomInt(min, max) {
    return Math.floor(Math.random() * (max - min + 1)) + min;
}
setInterval(() => {
    const keys = Object.keys(addresses);
    if (keys.length == 0) return;
    const r = getRandomInt(0, keys.length-1);
    const addr = addresses[keys[r]];
    const msg = new builder.Message().address(addr).text('hello from outside dialog stack!');
    bot.send(msg);
}, 5000);
```

如果我们想改变对话框栈的话，可以通过在 UniversalBot 对象中调用 beginDialog 方法来实现。

```
setInterval(() => {
    var keys = Object.keys(addresses);
    if (keys.length == 0) return;
    var r = getRandomInt(0, keys.length-1);
    var addr = addresses[keys[r]];

    bot.beginDialog(addr, "dialogname", { arg: true });
}, 5000);
```

地址和主动消息会影响用户在机器人内部的对话状态。我们将在下一章 OAuth 网络挂钩的相关内容中看到它们的应用。

6.4 富媒体内容

富媒体内容可以在 BotBuilder IMessage 接口中通过附件（attachment）功能发送给用户。在 Bot Builder SDK 中，附件仅仅是一个命名、内容 URL 和 MIME 类型[⊖]。在 Bot Builder SDK 中，消息可以接收零个或多个附件，这具体取决于机器人连接器，它将消息转换成通道可以解析的内容。对于一个通道而言，它并不支持所有类型的消息和附件，因此在创建不同 MIME 类型的附件时务必注意。

例如，我们可以使用下面的代码来分享一张图片：

```
const bot = new builder.UniversalBot(connector, [
    (session) => {
        session.send({
            text: "Here, have an apple.",
            attachments: [
                {
                    contentType: 'image/jpeg',
                    contentUrl: 'https://upload.wikimedia.org/wikipedia/commons/thumb/1/15/Red_Apple.jpg/1200px-Red_Apple.jpg',
                    name: 'Apple'
                }
            ]
        })
    }
]);
```

图 6-2 展示的是模拟器中显示的结果，图 6-3 展示的是 Facebook Messenger 中显示的结果。同样，我们也可以在其他通道上实现相同的结果。

下面这段代码将发送一段音频附件，该音频可以在消息通道中被播放。

```
const bot = new builder.UniversalBot(connector, [
    (session) => {
        session.send({
            text: "Here, have some sound!",
            attachments: [
                {
                    contentType: 'audio/ogg',
                    contentUrl: 'https://upload.wikimedia.org/wikipedia/en/f/f4/Free_as_a_Bird_%28Beatles_song_-_sample%29.ogg',
```

⊖ MIME 类型：https://developer.mozilla.org/en-US/docs/Web/HTTP/Basics_of_HTTP/MIME_types。

```
                name: 'Free as a bird'
            }
        ]
    })
    }
]);
```

图 6-2 模拟器图片附件

图 6-3 Facebook Messenger 图片附件

图 6-4 展示的是在模拟器中收到这段音频的结果，图 6-5 展示的是在 Facebook Messenger 中收到音频的结果。

图 6-4 模拟器中的 OGG 音频文件附件

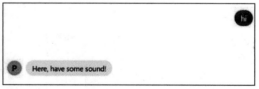

图 6-5 Facebook Messenger 中的 OGG 音频文件附件

如图 6-5 所示，Facebook Messenger 通道并不支持 OGG[⊖]格式的文件。该例子也向我们展示了当机器人向 Facebook 或任何其他通道发送无效消息时，Bot 框架会如何处理，具体内容我们将在 6.8 节进行探索。对于该无效消息，我们可以从控制台看到以下错误日志消息：

```
Error: Request to 'https://facebook.botframework.com/v3/
conversations/1912213132125901-1946375382318514/activities/
mid.%24cAAbqN9VFI95k_ueU0VezaJiLWZXe' failed: [400] Bad Request
```

⊖ OGG 格式，一种免费且开放的容器格式（https://en.wikipedia.org/wiki/Ogg）。

如果在 Bot Framework Messenger Channel 页面查一下错误列表，那么我们还会找到图 6-6 中显示的内容。

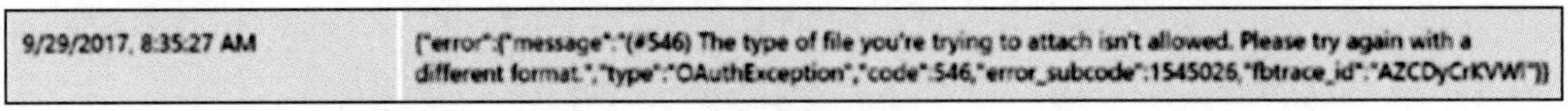

图 6-6　Messenger 中 OGG 音频文件的 Bot 框架错误

错误列表使我们排查这类问题变得更加容易，它的内容告诉我们必须提供不同的文件格式。我们下面再试一下 MP3 音频格式。

```
const bot = new builder.UniversalBot(connector, [
    (session) => {
        session.send({
            text: "Ok have a vulture instead!",
            attachments: [
                {
                    contentType: 'audio/mp3',
                    contentUrl: 'http://static1.grsites.com/archive/sounds/birds/birds004.mp3',
                    name: 'Vulture'
                }
            ]
        })
    }
]);
```

它在模拟器和 Facebook Messenger 中显示的结果分别如图 6-7 和图 6-8 所示。

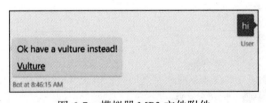

图 6-7　模拟器 MP3 文件附件

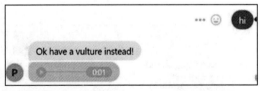

图 6-8　Facebook Messenger MP3 文件附件

模拟器生成的仍然是链接，但此时 Messenger 中会出现一个内置的音频播放器来播放该音频。除了支持音频播放，Messenger 还在对话中提供了内置的视频播放器用于播放视频文件。

练习 6-1

练习使用附件

在本练习中，我们将写一个可以向用户发送不同类型附件的机器人，并在模拟器以及其他通道（如 Facebook Messenger）中查看该消息。

- 使用 echo bot 创建一个新的简单机器人。
- 用机器人发送包含不同类型附件的消息，比如 JSON、XML 或者文件。对于文件附件，尝试发送视频之类的富媒体内容。分别在模拟器和 Messenger 中查看附件内容如何被渲染和展示。
- 尝试从模拟器向机器人发送图片，查看传入消息中包含的数据内容，并与通过 Messenger 向机器人发送图片进行比较。

附件是向用户分享各种形式内容的一种好方法，通过使用附件可以创造更加丰富和令人沉浸的对话体验。

6.5 按钮

机器人还可以向用户发送按钮。每个按钮都有一个与之关联的标签以及值，按钮还关联了一个动作类型，用于确定当按钮被点击时对该值做什么处理。最常见的三种动作类型是打开 URL 链接、回发（post back）和 IM 返回（IM back）。打开 URL 通常是在消息传递应用程序或一个新的浏览器窗口中打开 Web 视图。回发和 IM 返回都会将按钮的值作为消息发送给机器人，两者之间的区别在于，回发消息不在聊天记录中显示，而 IM 返回消息则会在聊天记录中显示。最后，需要注意的是，并非所有通道都能实现对后面这两种类型按钮的支持。

```javascript
const bot = new builder.UniversalBot(connector, [
    (session) => {
        const cardActions = [
            builder.CardAction.openUrl(session,
                'http://google.com', "Open Google"),
            builder.CardAction.imBack(session, "Hello!",
                "Im Back"),
            builder.CardAction.postBack(session, "Hello!",
                "Post Back")
        ];
        const card = new builder.HeroCard(session).
        buttons(cardActions);
        const msg = new builder.Message(session).text("sample
        actions").addAttachment(card);

        session.send(msg);
    }
]);
```

注意，在上面的代码中我们使用了 CardAction 对象。CardAction 是对按钮数据的封装：一种动作、一个标题、一个值。通道连接器将 CardAction 渲染为按钮并显示在不同通道的交互界面上。

图 6-9 展示的是此代码在模拟器中运行之后显示的结果，图 6-10 展示的则是此代码在 Facebook Messenger 中运行之后显示的结果。如果我们点击模拟器中的 Open Google 按钮，就会在默认浏览器中打开网页。如果我们在模拟器中首先点击 Im Back，然后在收到响应卡片后，再点击 Post Back，那么点击 Im Back 按钮会发送一条消息，并且该消息会显示在聊天记录中，而点击 Post Back 按钮之后发送的消息不会出现在聊天记录中。

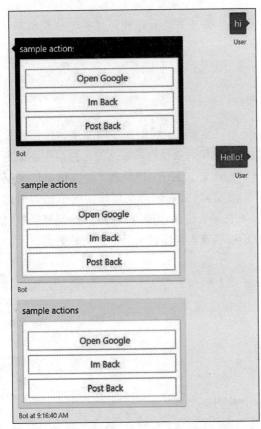

图 6-9　模拟器中的 Bot Builder 按钮行为示例

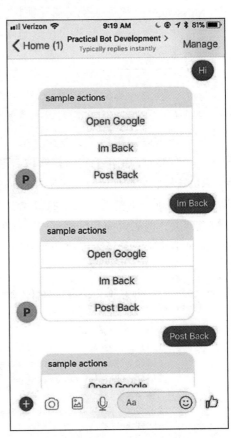

图 6-10　Facebook Messenger 中的按钮行为示例

Messenger 的工作方式与模拟器略有不同○，我们在 Messenger 应用中进行下面的测试：如果我们点击 Open Google 按钮，此时会弹出一个 Web 视图，覆盖屏幕的 90% 左右；如果我们点击 Im Back 和 Post Back，那么 Messenger 应用的反应是一样的，因为 Messenger 仅支持回发。此外，点击 Post Back，按钮的值不会显示给用户，因此聊天记录中仅包含所点击按钮的标题。

Bot Builder SDK 支持下列动作类型：

○ Facebook Messenger SendAPI 按钮文档：https://developers.facebook.com/docs/messenger-platform/send-messages/buttons。

- openUrl：在浏览器中打开 URL。
- imBack：从用户向机器人发送对话中所有参与者都可见的消息。
- postBack：从用户向机器人发送对话中所有参与者未必全部可见的消息。
- Call：拨打电话。
- playAudio：在交互界面中播放音频文件。
- playVideo：在交互界面中播放视频文件。
- showImage：在交互界面中显示图片。
- signin：启动 OAuth 登录认证。

当然，并非所有通道都支持上述所有的动作类型；另外，通道也可能还支持一些 Bot Builder SDK 不支持的功能。图 6-11 展示的文档内容是 Messenger 通过按钮所支持的动作类型。我们将在本章后面讨论如何利用原生通道功能。

- URL Button. Can be used to open a webpage in the in-app browser.
- Postback Button. Sends back developer-defined payload so you can perform an action or reply back.
- Call Button. Dials a phone number when tapped.
- Share Button. Opens a share dialog in Messenger enabling people to share message bubbles with friends.
- Buy Button. Opens a checkout dialog to enables purchases.
- Log In and Log Out buttons. Used in Account Linking flow intended to deliver page-scoped user id on web safely.

图 6-11　Messenger 按钮模板类型

在 Bot Builder SDK 中，每一个卡片动作（card action）都可以在 CardAction 类中通过使用静态工厂方法创建。下面是 Bot Builder 中与之相关的源代码：

```
CardAction.call = function (session, number, title) {
    return new CardAction(session).type('call').
    value(number).title(title || "Click to call");
};
CardAction.openUrl = function (session, url, title) {
    return new CardAction(session).type('openUrl').
    value(url).title(title || "Click to open website in
    your browser");
};
CardAction.openApp = function (session, url, title) {
    return new CardAction(session).type('openApp').
    value(url).title(title || "Click to open website in a
    webview");
};
CardAction.imBack = function (session, msg, title) {
```

```
        return new CardAction(session).type('imBack').
            value(msg).title(title || "Click to send response to
            bot");
    };
    CardAction.postBack = function (session, msg, title) {
        return new CardAction(session).type('postBack').
            value(msg).title(title || "Click to send response to
            bot");
    };
    CardAction.playAudio = function (session, url, title) {
        return new CardAction(session).type('playAudio').
            value(url).title(title || "Click to play audio file");
    };
    CardAction.playVideo = function (session, url, title) {
        return new CardAction(session).type('playVideo').
            value(url).title(title || "Click to play video");
    };
    CardAction.showImage = function (session, url, title) {
        return new CardAction(session).type('showImage').
            value(url).title(title || "Click to view image");
    };
    CardAction.downloadFile = function (session, url, title) {
        return new CardAction(session).type('downloadFile').
            value(url).title(title || "Click to download file");
    };
```

6.6 卡片

另一种 Bot Builder 附件是英雄卡片（hero card）。"英雄卡片"一词源于赛车世界，旨在宣传比赛团队，特别是车手和赞助商。卡片上印有照片、车手和赞助商信息、联系信息等。

在用户交互体验（UX）设计方面，卡片是一种显示图片、文本和动作的组织方式。它是谷歌在向开发者介绍 Android 和 Web 上的 Material Design[⊖]时推出的东西。图 6-12 展示的是谷歌 Material Design 文档中的两个卡片设计示例，卡片中图片、标题、副标题的用法各不相同。

在机器人中，英雄卡片指的是一组带有文本内容的图片、动作按钮和可选的默认点击（tap）行为。不同的通道对卡片的叫法可能不同，Facebook 将其称为模板（template），其他通道则简单地将其称为消息中的附加内容。

在 Bot Builder SDK 中，我们可以使用下面的代码来创建卡片。此外，我们还展示了该卡片在模拟器（如图 6-13 所示）和 Facebook Messenger（如图 6-14 所示）中的呈现方式。

```
const bot = new builder.UniversalBot(connector, [
    (session) => {
        const cardActions = [
```

⊖ Google Material Design：https://material.io/guidelines/。

```
            builder.CardAction.openUrl(session, 'http://google.
            com', "Open Google"),
            builder.CardAction.imBack(session, "Hello!",
            "Im Back"),
            builder.CardAction.postBack(session, "Hello!",
            "Post Back")
        ];
        const card = new builder.HeroCard(session)
            .buttons(cardActions)
            .text('this is some text')
            .title('card title')
            .subtitle('card subtitle')
            .images([new builder.CardImage(session).
            url("https://bot-framework.azureedge.net/bot-
            icons-v1/bot-framework-default-7.png").toImage()])
            .tap(builder.CardAction.openUrl(session, "http://
            dev.botframework.com"));

        const msg = new builder.Message(session).text("sample
        actions").addAttachment(card);

        session.send(msg);
    }
]);
```

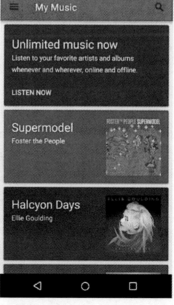

图 6-12　谷歌 Material Design 卡片示例

图 6-13　模拟器展示的英雄卡片　　　　图 6-14　Facebook Messenger 展示的同样的英雄卡片

卡片是向用户发送机器人响应内容的好方式。如果我们想呈现一些带有图片和动作的内容，那么没有比使用卡片更合适的方法了。当然，卡片的呈现能力也是有限的；对于更复杂的可视化呈现方式和应用场景，还可以使用自适应卡片或渲染自定义图形，我们将在第 11 章中探讨它们。

此外，我们还可以对卡片进行布局，使它们像旋转木马一样并排显示，并能左右进行滑动。Bot Builder SDK 中的消息具有 attachmentLayout 的属性，我们将其设置为旋转木马（carousel），然后继续添加多张卡片并设置属性，便可完成对卡片进行旋转木马样式的布局。模拟器（如图 6-15 所示）和 Facebook Messenger（如图 6-16 所示）都支持以旋转木马的布局方式来铺设卡片。在 Bot Builder SDK 中默认的 attachmentLayout 是列表，使用这种列表布局，卡片之间将上下排列；这种布局对用户而言并不是非常友好的交互方式。

```
const bot = new builder.UniversalBot(connector, [
    (session) => {
        const cardActions = [
            builder.CardAction.openUrl(session, 'http://google.
            com', "Open Google"),
            builder.CardAction.imBack(session, "Hello!",
            "Im Back"),
            builder.CardAction.postBack(session, "Hello!",
            "Post Back")
```

```
    ];

    const msg = new builder.Message(session).text("sample
actions");

    for(let i=0;i<3;i++) {
        const card = new builder.HeroCard(session)
            .buttons(cardActions)
            .text('this is some text')
            .title('card title')
            .subtitle('card subtitle')
            .images([new builder.CardImage(session).
                url("https://bot-framework.azureedge.net/
                bot-icons-v1/bot-framework-default-7.png").
                toImage()])
            .tap(builder.CardAction.openUrl(session,
                "http://dev.botframework.com"));
        msg.addAttachment(card);
    }
    msg.attachmentLayout(builder.AttachmentLayout.carousel);

    session.send(msg);
}
]);
```

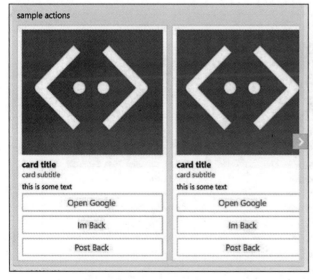

图 6-15　模拟器中的英雄卡片旋转木马

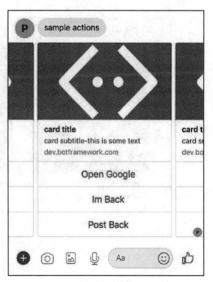

图 6-16　Messenger 中的英雄卡片旋转木马

卡片内容的布局比较棘手，因为对按钮和图片进行布局设置的方式和限制太多，每个平台都有略微不同的设置规则。在某些平台上，openUrl 按钮（但不包括其他按钮）必须指向 HTTPS 地址；还有的平台会限制每张卡片上按钮的数量以及旋转木马中卡片的数量和图片宽高比。尽管借助微软 Bot 框架我们能在很大程度上解决这些问题，但了解这些问题有助于我们在开发过程中对机器人进行调试。

6.7 建议动作

在前几章，我们在对话设计中讨论过建议动作；建议动作是消息上下文特定的操作，可以在收到消息后立即执行。如果另一条消息进入，则此时上下文便会丢失，建议动作也因此消失。它与卡片动作相反，卡片动作在聊天记录中几乎永远保留于卡片上。在交互界面中，建议动作（也称为快速回复，quick reply）通常对应于设置在屏幕底部水平布局的按钮。

构建建议动作的代码类似于 hero card。不同之处在于构建建议动作时我们唯一需要的数据是 CardActions 集合。建议动作中所支持的动作类型取决于具体的通道，图 6-17 和图 6-18 分别展示了在模拟器和 Facebook Messenger 中的呈现效果。

```
msg.suggestedActions(new builder.SuggestedActions(session).
actions([
    builder.CardAction.postBack(session, "Option 1", "Option 1"),
    builder.CardAction.postBack(session, "Option 2", "Option 2"),
    builder.CardAction.postBack(session, "Option 3", "Option 3")
]));
```

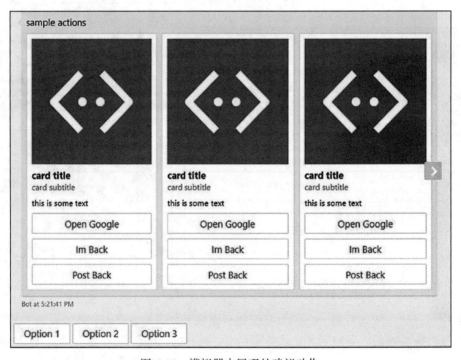

图 6-17　模拟器中展现的建议动作

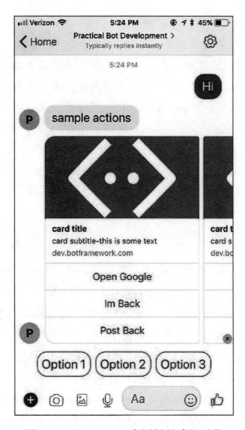

图 6-18　Messenger 中同样的建议动作

建议动作按钮使机器人不必猜测用户在消息输入框中输入的内容就能让机器人与用户之间持续进行对话。

练习 6-2

卡片和建议动作

我们在本练习中创建字典和词库查询机器人，并在机器人中使用卡片和建议动作。用户输入单词，返回结果用卡片呈现，卡片中可以显示单词的图片解释和单词的文字定义；按钮让我们打开可以参考的页面，如 https://www.merriam-webster.com/。建议动作可以设置成当前查询单词的同义词的一组按钮。

❑ 创建账户，并建立与 https://dictionaryapi.com 的连接。该 API 支持我们使用 Dictionary API（字典）和 Thesaurus API（词库）。

❑ 创建可以查询单词的机器人，它根据用户的输入使用 Dictionary API 来对单词进行查询，并使用 hero card 将查询结果返回。返回的查询结果包括单词的定义以及一个可以打开单词释义页面的按钮。
- ❑ 连接到 Thesaurus API，以返回前十个同义词作为建议动作。
- ❑ 使用 Bing Image Search API 在卡片中填充图片。我们可以在 Azure 中获取访问密钥，并使用下面的教程实现：https://docs.microsoft.com/en-us/azure/cognitive-services/bing-image-search/image-search-sdk-node-quickstart。

完成本练习之后，我们已经能够将机器人连接到不同功能的 API 上以实现机器人的功能了，并且我们能将 API 的相应结果转换成 hero card、按钮和建议动作进行呈现。

6.8 通道错误

在前面的小节中，我们注意到当机器人发送了一个 Facebook Messenger 连接器不支持的请求时，机器人将收到"HTTP 错误"的提示，该错误提示会同时输出到机器人的控制台终端。另外，Azure 内的通道详细信息页面中也会包含这些错误信息。通道错误尽管看起来微不足道，但却是一个非常强大的功能。它能让我们快速查看被 API 拒绝的消息的数量和相应的错误代码。我们在前面小节中遇到的例子是不支持特定的文件类型格式（比如音频文件 Ogg 不被 Facebook Messenger 支持），这种情况是最容易遇到的错误之一。除了消息内容的格式不正确，如果身份验证存在问题，或者 Facebook 因其他原因拒绝连接器（Facebook Messenger 连接器）消息，那么我们会收到通道错误提示。通常，连接器能自动将 Bot 框架中的消息转换为不会被通道拒绝的内容，但有时候通道错误确实不可避免地会发生并被我们遇到。

通常，如果机器人向 Bot 框架连接器发送消息并且消息没有出现在交互界面中，则很有可能连接器和通道之间的交互存在问题，此时我们可以在在线错误日志里看到相关的失败信息，以进行问题确认。

6.9 通道数据

我们之前已经提到不同的通道可能以不同的方式和效果来呈现消息，不同的通道对某些内容也有不同的限制和要求，例如旋转木马中 hero card 的数量或 hero card 中的按钮数量。在本章中，我们一直将 Messenger 和模拟器作为示例通道对消息呈现进行展示。在本小节，我们将探索其他几个通道对消息的呈现。Skype 支持 Bot Builder 中大量的功能（二者都归微软所有）。Slack 对这些功能的支持没有像 Skype 那样丰富，但它的可编辑消息是一个非常灵活的功能，我们将在第 8 章进行探索。

图 6-19 中展示的是采用旋转木马布局并包含建议动作的卡片在 Slack 中的呈现效果。

可以在图 6-19 中看到，卡片的布局并不是旋转木马，这是因为 Slack 本身就不支持旋转木马这种布局方式。此外，卡片里只有消息和附件，图片也无法点击，默认的是链接被放置在图片的上方，Im Back 和 Post Back 按钮都可以执行回发的动作。没有别的建议动作（也叫快速回复）了。更多关于 Slack Message 的信息可以查看相关网页内容[○]。

尽管消息在不同通道中呈现的内容和效果会发生很大变化，但幸运的是 Bot Builder SDK 开发团队已经考虑到了如何明确指定消息在原生通道的渲染效果，使之区别于默认的 Bot 框架连接器为消息在该通道上提供的呈现内容和效果。解决方法是在 Message 对象中提供一个域，域中包含能被该原生通道解析的传入消息和响应消息，两种消息均以 JSON 数据形式表示。

在实现层面上，Node SDK 中使用的是 sourceEvent（Bot Builder 的 C# 版本将其称为 channelData）。Node SDK 中的 sourceEvent 存在于 IEvent 接口中，IEvent 接口由 IMessage 实现。这意味着来自机器人连接器的任何事件中都包含使用 JSON 数据格式作为消息的原始通道。

我们来看一下 Facebook Messenger 中尚未被 Bot 框架支持一个功能。默认情况下，Messenger 中的卡片对图像尺寸的要求是 1.91∶1（高宽比）[○]。连接器默认会使用此模板对 hero card 中的图像进行转换。然而，Messenger 也支持 1∶1 的图像高宽比。此外，从 Bot 框架官方文档中，我们还可以看到其他被 Bot 框架隐藏的功能选项。例如，Facebook

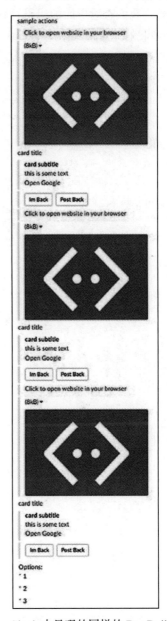

图 6-19　Slack 中呈现的同样的 Bot Builder 对象

中有一个特定的标志，可以将卡片设置为可共享；我们可以控制 Messenger 中 openURL 按

○　Slack 消息：https://api.slack.com/docs/messages。

○　Facebook 通用模板参考：https://developers.facebook.com/docs/messenger-platform/send-messages/template/generic。

钮调用的 WebView 的大小。目前，我们先实现修改图像的高宽比。

首先，我们查看下面的代码。它使用 hero card 对象发送卡片，但在 hero card 对象中使用 Facebook 的原生格式。

```
const bot = new builder.UniversalBot(connector, [
    (session) => {
        if (session.message.address.channelId == 'facebook') {
            const msg = new builder.Message(session);
            msg.sourceEvent({
                facebook: {
                    attachment: {
                        type: 'template',
                        payload: {
                            template_type: 'generic',
                            elements: [
                                {
                                    title: 'card title',
                                    subtitle: 'card subtitle',
                                    image_url: 'https://bot-framework.azureedge.net/bot-icons-v1/bot-framework-default-7.png',
                                    default_action: {
                                        type: 'web_url',
                                        url: 'http://dev.botframework.com',
                                        webview_height_ratio: 'tall',
                                    },
                                    buttons: [
                                        {
                                            type: "web_url",
                                            url: "http://google.com",
                                            title: "Open Google"
                                        },
                                        {
                                            type: 'postback',
                                            title: 'Im Back',
                                            payload: 'Hello!'
                                        },
                                        {
                                            type: 'postback',
                                            title: 'Post Back',
```

```
                    payload: 'Hello!'
                   }
                 ]
                }
              ],
             }
            }
           }
         });
         session.send(msg);
       } else {
         session.send('this bot is unsupported outside of
         facebook!');
       }
     }
   }
]);
```

呈现效果（如图 6-20 所示）看起来与使用 hero card 的呈现效果相同。

我们将 image_aspect_ratio 设置为 square，此时便会发现 Facebook 将其转为正方形进行渲染（如图 6-21 所示）。

图 6-20　在 Messenger 中渲染通用模板

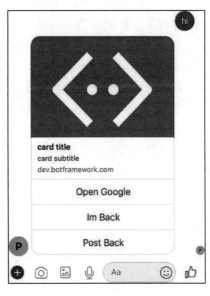

图 6-21　在 Messenger 上使用方形图像来渲染通用模板

```
const msg = new builder.Message(session);
msg.sourceEvent({
```

```
            facebook: {
                attachment: {
                    type: 'template',
                    payload: {
                        template_type: 'generic',
                        image_aspect_ratio: 'square',
                        // more...
                    }
                }
            }
        });
        session.send(msg);
```

上面内容只是一个示例。在第 8 章，我们将探索使用 Bot 框架来与 Slack 进行集成。

6.10　群组聊天

在 Messenger、Twitter Direct Message 或其他平台中，用户和机器人之间的交互通常是一对一的；然而，还有一些通道更加专注于协作，比如 Slack。在这种情况下，对于机器人自身而言，能支持同时与多个用户交谈的能力非常重要。我们需要让机器人能高效地参与群组对话并正确处理和响应消息内容。

某些通道支持机器人查看用户之间互相发送的每条消息，也就是说这些消息都会发给机器人。而其他通道只有在机器人被提及时才向机器人发送消息（例如，"hey @szymonbot, write a book on bots will ya?"）。

如果我们使用的通道支持机器人查看用户之间互相发送的每条消息，那么机器人将有两种处理方式：一种是监控整个群聊对话的消息，并且静默地执行代码，只在适当的时候回复消息（因为回复群组对话中每条消息的机器人显得很烦人）；另一种是机器人会忽略掉所有没有提及它自身的消息。当然，机器人也可以实现两种处理方式的组合，其中机器人被带有特定命令的 mention 激活并变得健谈。

在 6.2 节的内容中，我们没有提及实体列表，而在本节内容中我们将会使用到它。mention（提及）是一种从连接器接收的实体，该对象包括所述用户的名称和 ID，如下所示：

```
{
    mentioned: {
        id: '',
        name: ''
    },
    text: ''
};
```

Facebook 不支持这种类型的实体，但 Slack 支持，我们将在第 8 章中将机器人连接到 Slack。我们先在这里展示下面的代码，这段代码让机器人在与用户进行一对一聊天时总是进行回复，而针对群聊，则只有被提及时才会进行回复：

```
const bot = new builder.UniversalBot(connector, [
    (session) => {
        const botMention = _.find(session.message.entities,
            function (e) { return e.type == 'mention' &&
            e.mentioned.id == session.message.address.bot.id; });

        if (session.message.address.conversation.isGroup &&
        botMention) {
            session.send('hello ' + session.message.user
                .name + '!');
        }
        else if (!session.message.address.conversation.isGroup) {
            // 1 on 1 session
            session.send('hello ' + session.message.user
                .name + '!');
        } else {
            // silently looking at non-mention messages
            // session.send('bein creepy...');
        }
        session.send(msg);
    }
]);
```

图 6-22 展示的是机器人在 Slack 通道中与用户进行一对一聊天时的行为。

图 6-23 展示的是机器人在 Slack 通道中进行群组聊天时的行为。

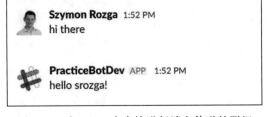

图 6-22　在 Slack 中直接进行消息传递的群组聊天机器人

图 6-23　群组聊天机器人忽略了消息而没有提及

6.11　自定义对话框

通过前面的学习，我们知道可以使用 bot.dialog(...) 方法构建对话框，并且我们还讨论了瀑布的概念。在日历机器人中，我们的每个对话框都是通过瀑布实现的，也就是一组按序列执行的步骤，我们称其为预定义序列。预定义序列逻辑由 Bot Builder SDK 中名为 WaterfallDialog 的类实现，如果查看 dialog(...) 调用背后的代码，那么我们会发现如下的

内容:

```
if (Array.isArray(dialog) || typeof dialog === 'function') {
    d = new WaterfallDialog(dialog);
} else {
    d = <any>dialog;
}
```

如果对话难以用瀑布抽象表示,那么该如何解决?此时,我们可以创建自定义实现的对话框。

在 Bot Builder SDK 中,对话框类用于表示用户和机器人之间的交互,一个对话框表示一个交互。对话框可以调用其他对话框并接受来自这些子对话框的返回值,对话框存在于对话框栈中。使用默认瀑布助手时,对话框栈的很多功能和细节会被隐藏,实现自定义对话框有助于我们更了解对话框栈。Bot Builder 中的 Dialog 抽象类如下所示:

```
export abstract class Dialog extends ActionSet {
    public begin<T>(session: Session, args?: T): void {
        this.replyReceived(session);
    }
    abstract replyReceived(session: Session, recognizeResult?:
    IRecognizeResult): void;

    public dialogResumed<T>(session: Session, result:
    IDialogResult<T>): void {
        if (result.error) {
            session.error(result.error);
        }
    }

    public recognize(context: IRecognizeDialogContext, cb:
    (err: Error, result: IRecognizeResult) => void): void {
        cb(null, { score: 0.1 });
    }
}
```

Dialog 只是一个我们可以继承的类,它有四个重要的方法。

❑ begin:当对话框入栈时被调用。

❑ replyReceived:当有来自用户的消息到达时被调用。

❑ dialogResumed:当子对话框结束,当前对话框变为活跃状态时被调用。dialogResumed 方法接收的参数之一是子对话框的返回结果。

❑ recognize:支持我们添加自定义对话框识别逻辑。默认情况下,BotBuilder 提供声明性方法来设置自定义全局或对话框范围的识别。但如果想添加进一步的识别逻辑,则可使用这种方法。我们将在 6.12 节对其进行详细介绍。

为了加深对上面四个方法的理解,我们下面会创建一个 BasicCustomDialog,它主要由两部分代码完成。另外，由于 Bot Builder 是由 TypeScript 编写的[⊖]，因此我们也继续使用 TypeScript 编写子类，并使用 TypeScript 编译器（tsc）将其编译成 JavaScript，然后在 app.js 中使用 JavaScript。

第一部分，我们编写下面的自定义对话框代码。从代码中可以看出，当对话框被运行时，机器人会发送"begin"文本内容；当收到消息时，机器人会以"reply received"文本内容进行响应；如果用户发送了"prompt"文本，那么该对话框将要求用户输入一些文本内容，然后在 dialogResumed 方法中接收文本输入并打印结果。如果用户输入"done"，则对话框结束并返回到根对话框。

```typescript
import { Dialog, ResumeReason, IDialogResult, Session, Prompts
} from 'botbuilder'
export class BasicCustomDialog extends Dialog {
    constructor() {
        super();
    }

    // called when the dialog is invoked
    public begin<T>(session: Session, args?: T): void {
        session.send('begin');
    }

    // called any time a message is received
    public replyReceived(session: Session): void {
        session.send('reply received');
        if(session.message.text === 'prompt') {
            Prompts.text(session, 'please enter any text!');
        } else if(session.message.text == 'done') {
            session.endDialog('dialog ending');
        } else {
            // no-op
        }
    }

    public dialogResumed(session: Session, result: any): void {
        session.send('dialog resumed with value: ' + result);
    }
}
```

第二部分，我们直接在 app.js 中实例化对话框。从下面代码中可以看出，在默认瀑布中，我们将消息内容进行回显，但如果输入是"custom"输入，我们则通过 beginDialog 方法调用和运行自定义对话框。

```javascript
const bot = new builder.UniversalBot(connector, [
    (session) => {
        if(session.message.text === 'custom') {
```

⊖ TypeScript：http://www.typescriptlang.org/。

```
                session.beginDialog('custom');
            } else {
                session.send('echo ' + session.message.text);
            }
        }
    }
]);
const customDialogs = require('./customdialogs');
bot.dialog('custom', new customDialogs.BasicCustomDialog());
```

图 6-24 展示的是用上面两部分代码编写的自定义对话框运行时与用户进行交互的结果。

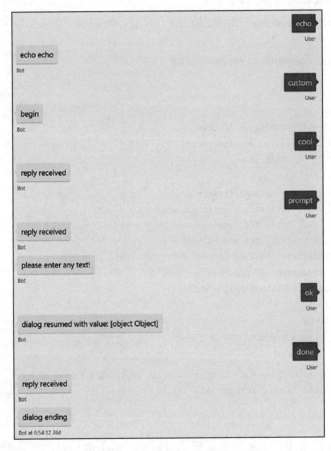

图 6-24 与自定义对话框交互

另外，Promps.text、Prompts.number 和其他提示（Prompt）对话框都是自定义对话框。

我们将用 TypeScript 编写的自定义对话框编译成 JavaScript 语言，代码如下所示，它是标准的 ES5 JavaScript 原型继承[○]。

○ JavaScript ES5 中的经典传承：https://eli.thegreenplace.net/2013/10/22/classical-inheritance-in-javascript-es5。

```javascript
"use strict";
var __extends = (this && this.__extends) || (function () {
    var extendStatics = Object.setPrototypeOf ||
        ({ __proto__: [] } instanceof Array && function (d, b)
        { d.__proto__ = b; }) ||
        function (d, b) { for (var p in b) if
        (b.hasOwnProperty(p)) d[p] = b[p]; };
    return function (d, b) {
        extendStatics(d, b);
        function __() { this.constructor = d; }
        d.prototype = b === null ? Object.create(b) : (__.
        prototype = b.prototype, new __());
    };
})();
exports.__esModule = true;
var botbuilder_1 = require("botbuilder");
var BasicCustomDialog = /** @class */ (function (_super) {
    __extends(BasicCustomDialog, _super);
    function BasicCustomDialog() {
        return _super.call(this) || this;
    }
    // called when the dialog is invoked
    BasicCustomDialog.prototype.begin = function (session,
    args) {
        session.send('begin');
    };
    // called any time a message is received
    BasicCustomDialog.prototype.replyReceived = function
    (session) {
        session.send('reply received');
        if (session.message.text === 'prompt') {
            botbuilder_1.Prompts.text(session, 'please enter
            any text!');
        }
        else if (session.message.text == 'done') {
            session.endDialog('dialog ending');
        }
        else {
            // no-op
        }
    };
    BasicCustomDialog.prototype.dialogResumed = function
    (session, result) {
        session.send('dialog resumed with value: ' + result);
    };
    return BasicCustomDialog;
}(botbuilder_1.Dialog));
```

```
exports.BasicCustomDialog = BasicCustomDialog;
```

> ### 练习 6-3
>
> ### 实现自定义的 Prompts.number 对话框
>
> 在本练习中，我们将创建一个自定义的 Prompts.number 对话框。通过创建自定义对话框，我们能更加了解框架层的一些机制是如何实现的。
>
> - 创建一个包含两步瀑布的机器人：首先，它使用 Prompts.number 对话框收集数值；然后再将数字返回给用户。注意，我们将在瀑布函数的 args 参数上使用 response 字段。
> - 创建自定义的 Prompts.number 对话框，该对话框收集用户输入，直至接收到数字为止。当接收到有效的数字时，调用 session.endDialogWithResult，该函数参数使用一个和 Prompts.number 返回值具有相同结构的对象。如果用户的输入是无效输入，则返回错误信息，并提示用户重新输入。
> - 在机器人的瀑布中，不调用 Prompts.number 对话框，而调用自定义的 Prompts.number 对话框，此时机器人应该依旧可以正确运行。
> - 另外，在自定义对话框中添加逻辑，最多允许 5 次尝试。然后，将一个已取消的结果返回到瀑布。
>
> 完成本练习以后，我们希望读者能彻底理解如何在 Bot Builder SDK 中构建对话框，并可以利用这些知识来构建任何类型的交互。

6.12 动作

我们现在已经掌握了抽象对话框的强大功能以及 Bot Builder SDK 管理对话框栈的方式，下面我们深入了解用户动作如何切换对话框栈。最基本的一种切换对话框栈的方法是在代码中直接调用 beginDialog 方法。但我们如何根据用户输入决定是否调用 beginDialog 方法呢？我们如何将对话框栈的切换与我们在前一章中学到的识别器联系起来（特别是 LUIS）？这就是动作允许我们做的事情。

Bot Builder SDK 包含六种动作，其中两种是全局动作（triggerAction 和 customAction），另外四种是上下文动作（作用在对话框范围内）。我们之前遇到过 triggerAction，它使机器人在意图被匹配上时（无论在对话期间的什么时刻）都调用对话框。该过程在收到用户输入的时候发生，默认行为是在调用对话框之前清除整个对话框栈。

```
lib.dialog(constants.dialogNames.AddCalendarEntry, [
    function (session, args, next) {
        ...
]).triggerAction({
```

```
    matches: constants.intentNames.AddCalendarEntry
});
```

我们希望上一章的日历机器人在本节中具有下面的行为:除了 Help 对话框,每个主要对话框都使用默认的 triggerAction 行为。Help 对话框在对话框栈顶时被调用,由于它没有使用默认的 triggerAction 行为,因此当它运行完成时,用户将返回到之前所在的对话框。为了达到这个效果,我们首先需要重写 onSelectAction 方法,然后指定我们想要的行为。重写 onSelectAction 方法的代码如下。

```
lib.dialog(constants.dialogNames.Help, (session, args, next) => {
    ...
}).triggerAction({
    matches: constants.intentNames.Help,
    onSelectAction: (session, args, next) => {
        session.beginDialog(args.action, args);
    }
});
```

customAction 直接绑定到机器人对象(而不是对话框),并支持我们绑定一个用来响应用户输入的函数。它适用于只根据用户输入返回消息或执行某些 HTTP 调用。我们没机会像对话框实现那样向用户查询更多信息,但可以像下面这样重写 Help 对话框。代码很简单,和上面的那段代码相比我们没有使用对话框模型。换句话说,我们不再拥有自己对话框中的逻辑——能够执行多个步骤、收集用户输入或向调用对象提供结果。

```
lib.customAction({
    matches: constants.intentNames.Help,
    onSelectAction: (session, args, next) => {
        session.send("Hi, I am a calendar concierge bot. I
        can help you create, delete and move appointments. I
        can also tell you about your calendar and check your
        availability!");
    }
});
```

四种类型的上下文动作(作用域仅限于对话框)是 beginDialogAction、reloadAction、cancelAction 和 endConversationAction。

beginDialogAction 创建的动作是:只要动作被匹配,就会在对话框栈顶推入一个新话框。我们在日历机器人中的帮助对话框使用了这种方法。我们创建了两个帮助对话框:一个作为对 AddCalendarEntry 对话框的帮助,另一个作为对 RemoveCalendarEntry 对话框的帮助;代码如下。

```
// help message when help requested during the add calendar
entry dialog
lib.dialog(constants.dialogNames.AddCalendarEntryHelp,
(session, args, next) => {
```

```
    const msg = "To add an appointment, we gather the following
    information: time, subject and location. You can also
    simply say 'add appointment with Bob tomorrow at 2pm for an
    hour for coffee' and we'll take it from there!";
    session.endDialog(msg);
});
// help message when help requested during the remove calendar
entry dialog
lib.dialog(constants.dialogNames.RemoveCalendarEntryHelp,
(session, args, next) => {
    const msg = "You can remove any calendar either by subject
    or by time!";
    session.endDialog(msg);
});
```

AddCalendarEntry 对话框可以将 beginDialogAction 绑定到其对应的帮助对话框,代码如下:

```
lib.dialog(constants.dialogNames.AddCalendarEntry, [
    // code
]).beginDialogAction(constants.dialogNames.
AddCalendarEntryHelp, constants.dialogNames.
AddCalendarEntryHelp, { matches: constants.intentNames.Help })
.triggerAction({ matches: constants.intentNames.
AddCalendarEntry });
```

注意此动作的行为与手动调用 beginDialog 相同,新对话框放在对话框栈的顶部,完成后将继续当前对话框。

调用 reloadAction 方法将执行 replaceDialog。replaceDialog 是 session 对象上的一个方法,它结束当前对话框并将其替换为另一个对话框的实例。新对话框完成之后,将结果返回给父对话框。在实践中,我们可以利用它来重新启动交互(重新启动原对话框)或切换对话框。

在下面这段对话的代码中,我们调用了 reloadAction 方法,它的运行结果如图 6-25 所示。

```
lib.dialog(constants.dialogNames.AddCalendarEntry, [
    // code
])
    .beginDialogAction(constants.dialogNames.
    AddCalendarEntryHelp, constants.dialogNames.
    AddCalendarEntryHelp, { matches: constants.intentNames.Help
    })
    .reloadAction('startOver', "Ok, let's start over...", {
    matches: /^restart$/i })
    .triggerAction({ matches: constants.intentNames.
    AddCalendarEntry });
```

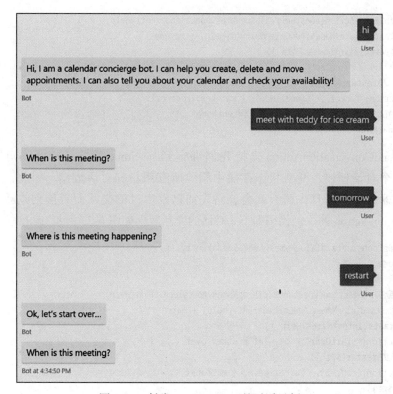

图 6-25　触发 reloadAction 的对话示例

cancelAction 可以让我们取消当前对话框。父对话框通过收到被设置为 true 的取消标志位（cancelled flag），将对话框正确地取消。调用 cancelAction 的示例代码如下（对话的交互效果如图 6-26 所示）：

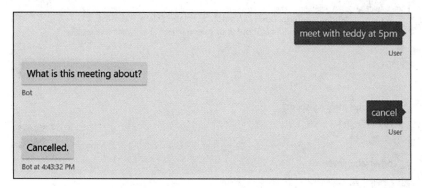

图 6-26　触发 cancelAction 的对话示例

```
lib.dialog(constants.dialogNames.AddCalendarEntry, [
    // code
])
```

```
    .beginDialogAction(constants.dialogNames.AddCalendarEntryHelp,
        constants.dialogNames.AddCalendarEntryHelp, { matches:
        constants.intentNames.Help })
.reloadAction('startOver', "Ok, let's start over...", {
matches: /^restart$/i })
.cancelAction('cancel', 'Cancelled.', { matches: /^cancel$/i })
.triggerAction({ matches: constants.intentNames.
AddCalendarEntry });
```

最后，endConversationAction 支持我们绑定到 session.endConversation 调用。结束对话将清空整个对话框栈，并从状态存储中删除所有用户和对话数据。因此，如果用户再次开始向机器人发送消息，那么就会忽略先前已发生过的交互而直接创建新对话。调用 endConversationAction 的示例代码如下（对话的交互效果如图 6-27 所示）：

```
lib.dialog(constants.dialogNames.AddCalendarEntry, [
    // code
])
    .beginDialogAction(constants.dialogNames.AddCalendarEntryHelp,
        constants.dialogNames.AddCalendarEntryHelp, { matches:
        constants.intentNames.Help })
.reloadAction('startOver', "Ok, let's start over...", {
matches: /^restart$/i })
.cancelAction('cancel', 'Cancelled.', { matches:
/^cancel$/i})
.endConversationAction('end', "conversation over!", {
matches: /^end!$/i })
.triggerAction({ matches: constants.intentNames.
AddCalendarEntry });
```

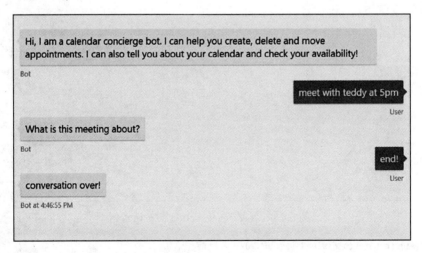

图 6-27　触发 endConversationAction 的对话示例

关于动作的额外说明

回顾前面章节的内容，识别器接收用户输入，并返回一个包含意图和得分的对象。我们可以使用 LUIS、正则表达式或其他自定义的逻辑作为识别器。在动作内的 matches 对象中，我们可以指定动作使用哪一个识别器所识别的意图。matches 对象可实现下面的接口：

```
export interface IDialogActionOptions {
    matches?: RegExp|RegExp[]|string|string[];
    intentThreshold?: number;
    onFindAction?: (context: IFindActionRouteContext,
    callback: (err: Error | null, score: number, routeData?:
    IActionRouteData) => void) => void;
    onSelectAction?: (session: Session, args?: any, next?:
    Function) => void;
}
```

matches 对象包括以下内容：
- matches 是意图名称或正则表达式。
- intentThreshold 是识别器给意图打分的最小阈值，只有得分超过最小阈值，动作才会被调用。
- onFindAction 允许我们在检查动作是否应该被触发时调用自定义逻辑。
- onSelectAction 支持对动作的行为进行自定义。比如，如果我们不想清空对话框栈，而仅仅想替换栈顶的对话框，那么便可以使用它。

我们已经在自定义对话框的学习中了解了全局动作、作用域为对话框的动作以及每个对话框上可能的 recognize 的实现，Bot Builder SDK 中还有关于动作及其优先级的规则。当一条消息到达时，动作的优先级顺序如下：首先，Bot Builder SDK 在当前对话框中查找 recognize 的实现。然后，SDK 会查看对话框栈，从当前对话框开始一直到根对话框结束。最后，如果该路径上没有匹配的动作，则查询全局动作。此顺序可确保最接近当前对话框的动作被优先处理。在设计机器人交互时，我们应该明白该优先级规则。

6.13 库

库是打包和发布与开发工程相关的机器人对话框、识别器和其他功能的方法。库可以引用其他库，使机器人的功能更加丰富。从开发者角度看，库就是一系列打包的对话框、识别器、其他 Bot Builder 对象以及一些在调用对话框和其他功能时所使用的辅助方法。在第 5 章的 Calendar Concierge Bot 中，每个对话框都对应机器人的一个功能，都是库的一部分。app.js 代码加载所有的模块，然后通过 bot.library 调用将它们安装到机器人中。

```javascript
const helpModule = require('./dialogs/help');
const addEntryModule = require('./dialogs/addEntry');
const removeEntryModule = require('./dialogs/removeEntry');
const editEntryModule = require('./dialogs/editEntry');
const checkAvailabilityModule = require('./dialogs/checkAvailability');
const summarizeModule = require('./dialogs/summarize');
const bot = new builder.UniversalBot(connector, [
    (session) => {
        // code
    }
]);

bot.library(addEntryModule.create());
bot.library(helpModule.create());
bot.library(removeEntryModule.create());
bot.library(editEntryModule.create());
bot.library(checkAvailabilityModule.create());
bot.library(summarizeModule.create());
```

从代码中看，UniversalBot 本身就是 Library 的子类，UniversalBot 库导入了其他六个库；任何来自其他上下文的对话框的引用都必须使用库名称作为前缀。另外，从根库或 UniversalBot 对象中对话框的角度来看，调用任何其他库的对话框时所使用的对话框名称必须遵循 libName:dialogName 的格式。如果不是跨库调用对话框，而是在同一个库中调用，则库前缀 libName 不是必需的。

关于对话框的调用，我们还可以公开一个辅助方法用于调用库中的对话框。例如下面的代码中，help 库就公开了一个调用该库 Help 对话框的辅助方法——help。

```javascript
const lib = new builder.Library('help');
exports.help = (session) => {
    session.beginDialog('help:' + constants.dialogNames.Help);
};
```

6.14　结束语

微软的 Bot Builder SDK 是一个强大的机器人构建库和对话引擎，它可以帮助我们开发各种类型的异步对话体验——从简单的机器人到具有多种行为的复杂机器人。对话框抽象是一种强大的对话建模方式；识别器帮助机器人将用户输入转换为机器可读意图；动作将这些识别器结果映射到对话框栈的操作上。对话框主要涉及三个方面：对话框开始运行时会发生什么，收到用户消息时会发生什么，以及当子对话框返回结果时会发生什么。每个对话框都使用被称为会话（session）的机器人上下文来检索用户消息并进行响应。响应可以由文本、视频、音频或图像组成。此外，卡片可以产生更丰富的交互体验；建议动作负责提示用户下一步该做什么。

在下一章，我们会将这些概念应用到机器人与 Google Calendar API 的集成上，以创建更加有趣的机器人体验。

CHAPTER 7
第 7 章

构建一个完整的 Bot

到目前为止，我们已经构建了一个非常好的 LUIS 应用程序，并且随着时间的推移其还在不断发展。我们还使用了 Bot Builder（构建器）对话框引擎，它使用我们的自然语言模型，从用户的话语中提取相关的意图和实体，并包含关于输入到 Bot 框架的许多不同输入排列的条件逻辑。但是，我们的代码并不会真的做什么事。那么怎样才能让代码做些有用且真实的事情呢？自始至终，本书一直都有做一个日历机器人的想法。这就意味着我们要集成某种日历 API。为了满足本书的目的，我们将集成谷歌的 Calendar API。与 API 建立连接之后，就要考虑如何把那些调用函数集成到 Bot 流程中。在 OAuth 的这个时代，我们不会在聊天窗口中花费时间来收集用户的姓名和密码；那是不安全的。相反，我们将使用谷歌 OAuth 库来实现一支三足 OAuth 流。然后，我们继续并进行代码更改，以支持与谷歌 Calendar API 的通信。在本章的最后，我们将实现一个机器人，一个可以用来在日历中创建约会和查看条目的机器人。

提示一下，本章的代码可以在代码存储库中找到（是其中的一部分）。纵观这个机器人代码和本书的代码，可以发现多种库文件的应用。Underscore 是使用较多的库文件之一。Underscore 是一个很好的库，它提供了一系列有用的实用功能，尤其是在集合应用方面。

7.1 关于 OAuth 2.0

这不是关于安全方面的书，但了解基本的认证和授权机制对于开发人员来说是必不可少的。OAuth 2.0 是一个标准的授权协议。三足的 OAuth 2.0 流允许第三方应用为另一个实体访问服务。在我们的实例中，可以为了另外一个用户来访问这个用户的谷歌 Calendar 数据。在三足 OAuth 流的最后，我们通过使用访问令牌（access token）和刷新令牌（refresh token）来结束整个过程。访问令牌包含在对授权 HTTP 报头内的 API 的请求中，并向 API 提供数据，声明我们请求数据的用户。访问令牌通常是短暂的，以减少可以利用受损访问令牌的窗口。当访问令牌到期时，我们可以使用刷新令牌来接收新的访问令牌。

要启动此流程，我们首先会将用户重定向到可以对其进行身份验证的服务，如 Google。Google 提供了一个 OAuth 2.0 登录页面，用于对用户进行身份验证并要求用户许可，以便机器人可以代表他们从 Google 访问用户的数据。当身份验证和许可成功时，Google 会通过所谓的重定向 URI 将授权代码发回给机器人的 API。最后，我们的机器人通过向 Google 的令牌端点提供授权代码来请求访问和刷新令牌。Google 的 OAuth 库将帮助我们在日历机器人中实现三足流程。

7.2　Google API 的建立

在进入正式实现机器人之前，我们应该让自己能够使用 Google API。幸运的是，Google 通过 Google Cloud Platform API 控制台轻松实现了这一目标。Google Cloud Platform 是 Google 的 Azure 或 AWS；这是 Google 提供和管理不同云服务的一站式商店。要开始使用该控制台，可以访问 https://console.cloud.google.com。如果是第一次访问该网站，则会被要求接受服务条款。之后，会呈现一个仪表板（如图 7-1 所示）。

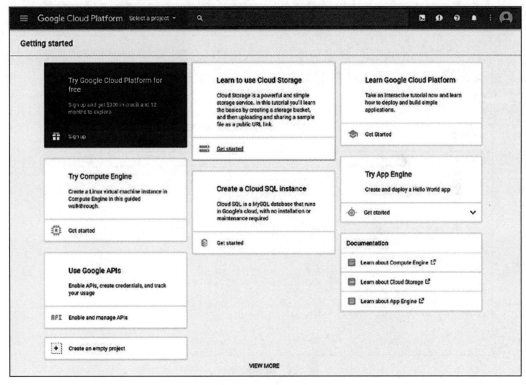

图 7-1　Google Cloud Platform 仪表板

下一步的工作是：创建一个新的项目；在这个项目中，请求访问 Google Calendar API。我们还将使我们的项目能够使用 OAuth2 代表用户登录。完成后，我们将收到客户 ID 和密码。这两个数据以及我们的重定向 URI 足以让我们在机器人中使用 Google API 库。

点击 Select a Project 下拉框，会出现一个弹出窗口。如果以前还没有使用过这个控制台，那么弹出窗口自然是空的（如图 7-2 所示）。

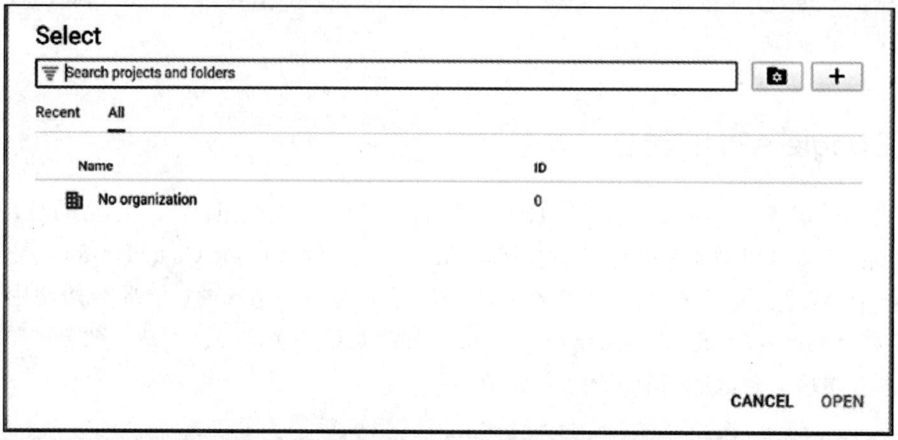

图 7-2　Google Cloud Platform 仪表板项目选择

点击"+"号按钮，添加一个新的项目，输入项目的名称。一旦创建了项目，我们就能够通过 Select a Project 功能选择它（如图 7-3 所示）。系统还以项目名称为前缀为项目分配了一个 ID。

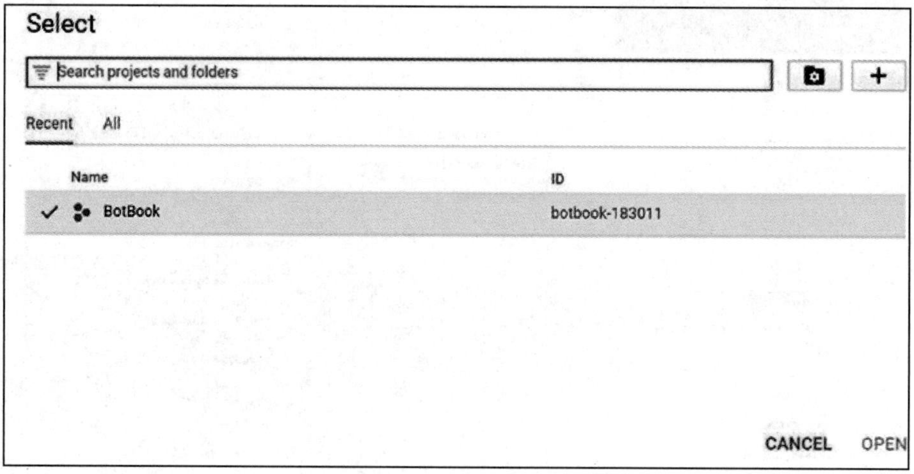

图 7-3　创建的项目

打开项目，会出现一个项目仪表板，看起来很复杂（如图 7-4 所示）。我们可以在这里做很多事情。

让我们开始访问 Google Calendar API。我们首先点击 APIs & Services。我们可以在左侧导航面板的前几个项目中找到此链接。该页面已经填充了很多东西。这些是默认的

Google Cloud Platform 服务。由于我们没有使用它们，因此可以禁用它们。准备好后，可以单击"Enable APIs and Services"按钮。我们搜索 Calendar 并点击 Google Calendar API。最后，我们单击 Enable 按钮将其添加到我们的项目中（如图 7-5 所示）。我们将收到一条警告，指出我们可能需要凭据才能使用 API。没问题，我们接下来会这样做。

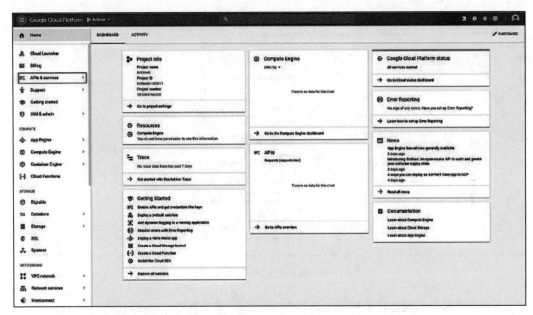

图 7-4　项目仪表板

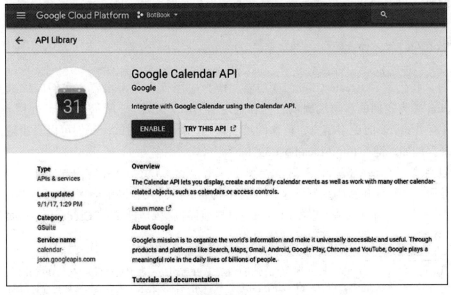

图 7-5　为项目启用 Calendar API

要设置授权,请单击左侧面板中的"Credentials"链接。我们将收到创建凭据的提示。对于将访问用户日历的用例,我们需要一个 OAuth Client ID[⊖](如图 7-6 所示)。

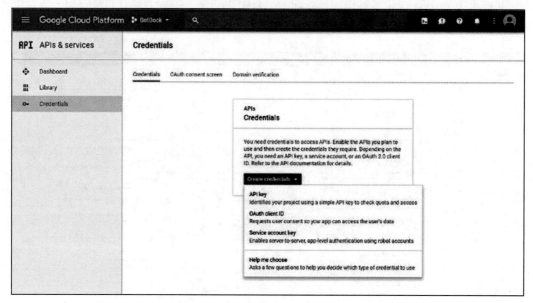

图 7-6　设置我们的客户端凭据

首先会要求我们设置许可屏幕(如图 7-7 所示)。这是在对 Google 进行身份验证时用来显示用户的屏幕。大多数人可能在不同的 Web 应用程序中遇到过这些类型的屏幕。例如,每当我们通过 Facebook 登录 App 时,都会看到一个页面,显示该 App 需要获得阅读所有联系人信息和照片的权限,甚至是最深层的秘密信息。这是 Google 设置类似网页的方式。它要求提供诸如产品名称、徽标、服务条款、隐私政策 URL 等数据。为了测试该项功能,至少需要一个产品名称。

此时,我们回到 Create Client ID 功能。作为应用程序类型设置,我们应该选择 Web Application 并为我们的客户端提供名称和重定向 URI(如图 7-8 所示)。我们使用 ngrok 代理 URI(有关 ngrok 的更多信息,请参阅第 5 章)。对于本地测试,我们可以自由输入本地主机地址,例如,键入 http://localhost:3978。

一旦点击了 Create 按钮,系统就会弹出一个包含客户端 ID 和客户端密码的窗口(如图 7-9 所示)。把 ID 和密码复制下来,因为在我们的机器人开发中会用到。即使客户端 ID 和密码丢失了,我们也总是可以找回——通过导航面板找到项目的"Credentials"页面,在 OAuth 2.0 客户端 ID 集中选择已经创建的条目。

⊖ Google Cloud Platform 支持三种类型的服务凭据。API 密钥是一种识别项目并接收 API 访问、配额和报告的方法。OAuth 客户端 ID 允许你的应用程序代表用户发出请求。最后,服务账户允许应用程序代表应用程序发出请求。你可以在 https://support.google.com/cloud/answer/6158857?hl=en 上找到更多信息。

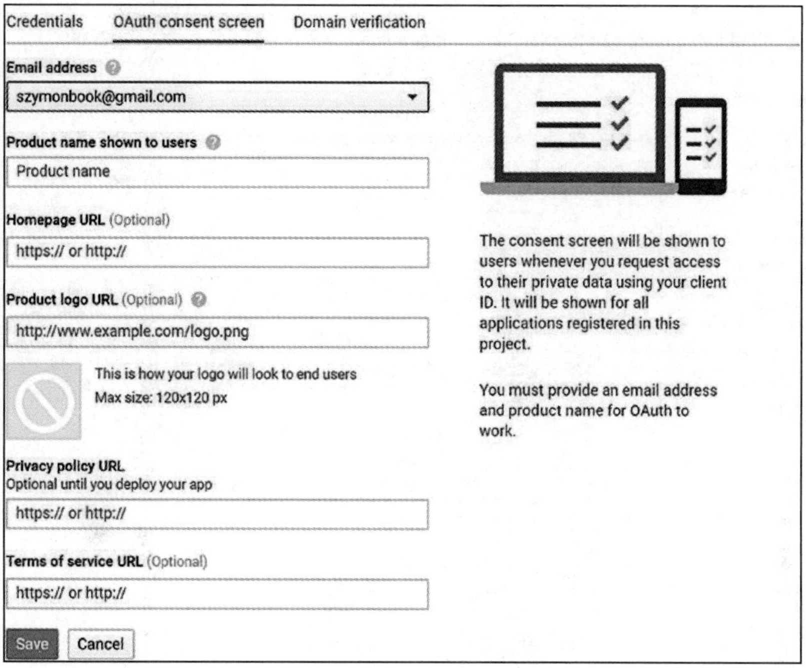

图 7-7　OAuth 许可配置

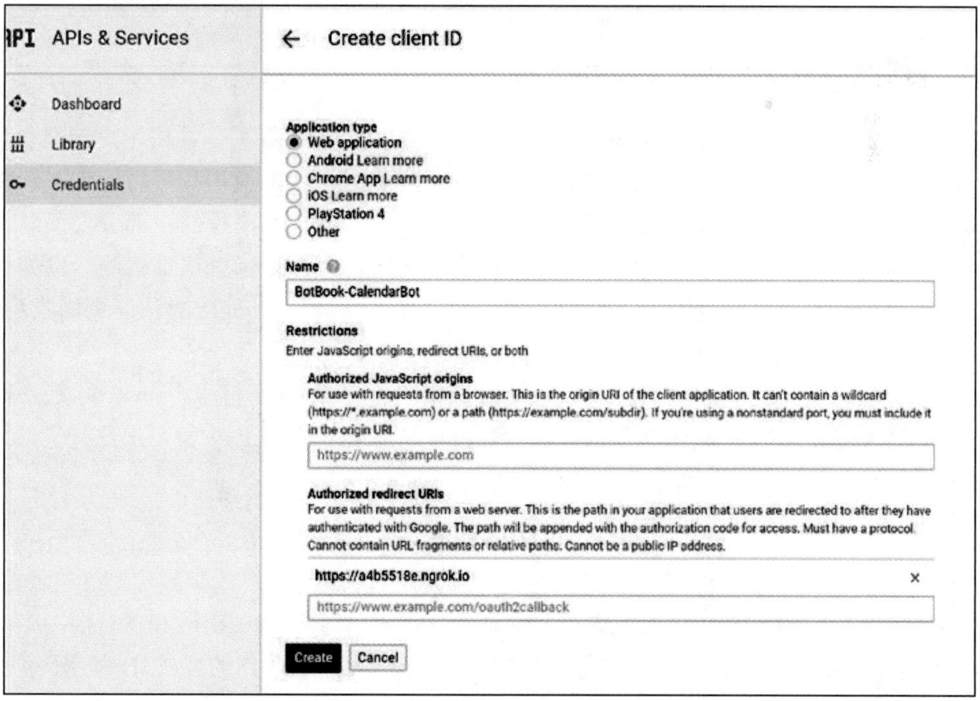

图 7-8　创建新的 OAuth 2.0 客户端 ID 并提供重定向 URI

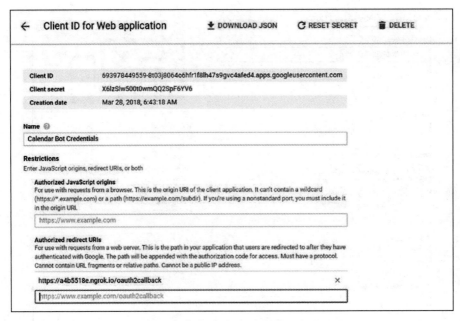

图 7-9 客户端 ID 和密码找回方法

此时，我们已准备好将我们的机器人连接到 Google OAuth2 提供商。

7.3 将身份验证与 Bot Builder 集成

需要安装 googleapis 节点包以及 crypto-js（一个对数据加密的库）。在将用户转到 OAuth 登录页面时，我们还在 URL 中包含了一个状态。状态只是我们的应用程序可用于识别用户及其对话的有效负载。当 Google 将授权代码作为 OAuth 2.0 三足流程的一部分发回时，它也会将状态发回。状态参数是我们的 API 可识别的东西，但恶意玩家很难猜测，例如状态参数可以是会话哈希值或我们感兴趣的其他一些信息。一旦从 Google 的认证页面收到它，我们就可以使用状态参数中的数据继续用户的对话。

为了屏蔽来自入侵者的数据，我们将此对象编码为 Base64 字符串。Base 64 是一种二进制数据的 ASCII 表示①。由于恶意入侵者可以很容易地从 Base64 串中解码出这些信息，因此我们将使用 crypto-js 对状态字符串进行加密。

首先，让我们安装两个包。

```
npm install googleapis crypto-js --save
```

接着，在我们的 .env 文件中添加三个变量，分别表示客户 ID、密码和重定向 URI。这里，我们会使用图 7-8 中提供的重定向 URI，以及从图 7-9 中接收到的客户 ID 和密码。

---

① Base64：https://en.wikipedia.org/wiki/Base64。

```
GOOGLE_OAUTH_CLIENT_ID=693978449559-8t03j8064o6hfr1f8lh47s9gvc4
afed4.apps.googleusercontent.com
GOOGLE_OAUTH_CLIENT_SECRET=X6lzSlw500t0wmQQ2SpF6YV6
GOOGLE_OAUTH_REDIRECT_URI=https://a4b5518e.ngrok.io
```

我们需要生成登录页面的 URL，并能通过一个按钮来打开这个 URL。Google Auth API 可以帮我们完成这方面的大量工作，我们在代码里只需要做很少的事情。首先，我们引入两个包 crypto-js 和 googleapis；接着，我们创建一个包含有我们客户端数据的 OAuth2 客户端实例。我们将要发送出去的状态字是登录 URL 一个组成部分，且包含用户地址。如前面章节所示，一个地址足以标识用户对话的唯一性，而且 Bot 构建器能够通过简单地显示对话地址来帮助我们向用户发送消息。我们调用 crypto-js 并借助 ASE 算法○来对状态字进行加密。AES 是一种对称密钥算法，即使用相同的密钥或密码来对数据进行加密和解密。我们将密码添加到 .env 文件中，命名为 AES_PASSPHRASE。

```
GOOGLE_OAUTH_CLIENT_ID=693978449559-8t03j8064o6hfr1f8lh47s9gvc4
afed4.apps.googleusercontent.com
GOOGLE_OAUTH_CLIENT_SECRET=X6lzSlw500t0wmQQ2SpF6YV6
GOOGLE_OAUTH_REDIRECT_URI=https://a4b5518e.ngrok.io/
oauth2callback
AES_PASSPHRASE=BotsBotsBots!!!
```

另一个需要注意的问题就是数组 scopes。当调用 Google API 请求认证的时候，我们会指定给谷歌的那些 API，也是我们正在寻找的可访问作用域的 API。我们可以将作用域数组中的每一项视为我们希望从 Google 的 API 中访问的关于用户的数据。当然，这个数组需要是我们的 Google 项目可能直接访问的 API 的子集。如果我们在前面的项目中添加了一个不能启用的作用域，那么授权过程就会失败。

```
const google = require('googleapis');
const OAuth2 = google.auth.OAuth2;
const CryptoJS = require('crypto-js');

const oauth2Client = getAuthClient();
const state = {
    address: session.message.address
};
const googleApiScopes = [
    'https://www.googleapis.com/auth/calendar'
];
const encryptedState = CryptoJS.AES.encrypt(JSON.
stringify(state), process.env.AES_PASSPHRASE).toString();
const authUrl = oauth2Client.generateAuthUrl({
    access_type: 'offline',
```

○ CryptoJS 支持相当少的不同的哈希和密码算法。完整的列表可以在项目 GitHub 上找到，地址为 https://github.com/jakubzapletal/crypto-js。而更多关于 ASE 算法的信息则可以访问 https://en.wikipedia.org/wiki/Advanced_Encryption_Standard。

```
    scope: googleApiScopes,
    state: encryptedState
});
```

我们还需要能够发送一个按钮，方便用户来授权 Bot。为此，我们使用内置的 SigninCard。

```
const card = new builder.SigninCard(session).button('Login to
Google', authUrl).text('Need to get your credentials. Please
login here.');
const loginReply = new builder.Message(session)
    .attachmentLayout(builder.AttachmentLayout.carousel)
    .attachments([card]);
```

在模拟器中呈现 SigninCard，如图 7-10 所示。

此时我们可以单击 Login 按钮登录 Google 并授权机器人访问我们的数据，但它会失败，因为我们还没有提供代码来处理来自返回 URI 的消息。就像我们安装 API 消息端点那样，使用相同的方法为 https://a4b5518e.ngrok.io/oauth2 callback 端点安装处理程序。我们还启用了 restify.queryParser，它将查询字符串中的每个参数都公开为 req.query 对象中的一个字段。

图 7-10　在 Bot 框架模拟器中呈现的 SigninCard

例如，redirectUri?state=state&code=code 形式的回调将导致查询对象具有两个属性，即状态和代码。

```
const server = restify.createServer();
server.use(restify.queryParser());
server.listen(process.env.port || process.env.PORT || 3978,
function () {
    console.log('%s listening to %s', server.name, server.url);
});
server.get('/oauth2callback', function (req, res, next) {
    const code = req.query.code;
    const encryptedState = req.query.state;
    ...
});
```

我们从回调中读取授权码，并使用 Google OAuth2 客户端从令牌端点获取令牌。令牌 JSON 将类似于以下数据。请注意，expiry_date 是自新纪元以来以毫秒为单位的日期时间[⊖]。

```
{
    "access_token": "ya29.GluMBfdm6hPy9QpmimJ5qjJpJXThL1y
```

⊖ UNIX 新纪元时间是自 1970 年 1 月 1 日 00:00:00 UTC 以来经过的毫秒数：https://en.wikipedia.org/wiki/Unix_time。

```
       GcKHrOI7JCXQ46XdQaCDBcJzgp1gWcWFQNPTXjbBYoBp43BkEAyLi3
       ZPsR6wKCGlOYNCQIkeLEMdRTntTKIf5CE3wkolU",
       "refresh_token": "1/GClsgQh4BvHTxPdbQgwXtLW2hBza6FPLXDC9zBJ
       sKf4NK_N7AfItvO73kssh5VHq",
       "token_type": "Bearer",
       "expiry_date": 1522261726664
}
```

一旦收到令牌,我们就可以在 OAuth2 对象上调用 setCredentials 了,而且还可以使用它来访问 Google Calendar API。

```
server.get('/oauth2callback', function (req, res, next) {
    const code = req.query.code;
    const encryptedState = req.query.state;

    const oauth2Client = new OAuth2(
        process.env.GOOGLE_OAUTH_CLIENT_ID,
        process.env.GOOGLE_OAUTH_CLIENT_SECRET,
        process.env.GOOGLE_OAUTH_REDIRECT_URI
    );

    res.contentType = 'json';
    oauth2Client.getToken(code, function (error, tokens) {
        if (!error) {
            oauth2Client.setCredentials(tokens);

            // We can now use the oauth2Client to call the
            calendar API

            next();
        } else {
            res.send(500, {
                status: 'error',
                error: error
            });
            next();
        }
    });
});
```

在可以访问 Calendar API 的代码位置,我们可以编写代码来获取我们拥有的日历列表并打印出它们的名称。请注意,以下代码中的 calapi 是一个帮助对象,它在 JavaScript 承诺中包装 Google Calendar API。该代码可在本章的代码库中找到。

```
calapi.listCalendars(oauth2Client).then(function (data) {
    const myCalendars = _.filter(data, p => p.accessRole ===
    'owner');
    console.log(_.map(myCalendars, p => p.summary));
});
```

这段代码导致以下控制台输出,这是一个令人遗憾的提醒,因为自从我成为一名父亲后，相当枯燥的工作计划一直没有看到太多的进展。

Array(5) ["BotCalendar", "Szymon Rozga", "Work", "Szymon WFH Schedule", "Workout schedule"]

除了父亲体重的增加外，我们确实遇到了一些挑战。我们需要存储用户的 OAuth 令牌，以便可以在用户向我们发送消息时随时访问它们。我们在哪里存放它们？这个很简单：私密对话数据。在这种情况下，我们如何访问该数据字典？我们通过将用户的地址传递给 bot.loadSession 方法来完成此操作。

还记得，我们曾将用户的地址存储到加密状态变量中。我们可以使用用于加密数据的相同密码来解密该对象。

```
const state = JSON.parse(CryptoJS.AES.decrypt(encryptedState,
process.env.AES_PASSPHRASE).toString(CryptoJS.enc.Utf8));
```

收到令牌后，我们可以从地址加载 bot 会话。此时，我们有一个会话对象，其中包含所有供我们使用的对话框方法，如 beginDialog。

```
oauth2Client.getToken(code, function (error, tokens) {
    bot.loadSession(state.address, (sessionLoadError, session)
    => {
        if (!error && !sessionLoadError) {
            oauth2Client.setCredentials(tokens);

            calapi.listCalendars(oauth2Client).then(function
            (data) {
                const myCalendars = _.filter(data, p =>
                p.accessRole === 'owner');
                session.beginDialog('processUserCalendars', {
                tokens: tokens, calendars: myCalendars });

                res.send(200, {
                    status: 'success'
                });
                next();
            });

            // We can now use the oauth2Client to call the
            calendar API
        } else {
            res.send(500, {
                status: 'error',
                error: error
            });
            next();
        }
    });
});
```

processUserCalendars 对话框看起来像这样。它将令牌设置为私密对话数据，让用户知道他们已登录，并显示所有客户端日历的名称。

```
bot.dialog('processUserCalendars', (session, args) => {
    session.privateConversationData.userTokens = args.tokens;
    session.send('You are now logged in!');
    session.send('You own the following calendars. ' +
    _.map(args.calendars, p => p.summary).join(', '));
    session.endDialog();
});
```

交互大概如图 7-11 所示。

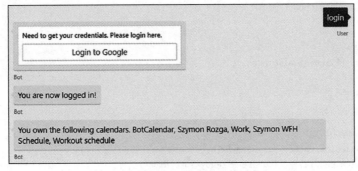

图 7-11　集成了对话框的登录流程

7.4　无缝登录流程

我们已经成功登录并存储了访问令牌，但是当对话框要求我们的用户登录时，我们还没有演示无缝机制来重定向到登录流程。更具体地说，如果在日历机器人的上下文中，用户未登录并要求机器人添加新的日历条目，那么机器人应显示登录按钮，然后在登录成功后继续添加条目对话框。

针对与现有对话流集成，存在一些要求如下：

1. 我们希望允许用户随时通过文字 login 或 logout 向机器人发送消息，让机器人做正确的事情。

2. 当需要授权的对话框开始执行时，它需要验证用户授权是否存在。如果还没有得到授权，则应显示登录按钮并阻止用户继续进行该对话，直到用户获得授权。

3. 如果用户说 logout，则应从私人对话数据中清除令牌并通过 Google 撤销。

4. 如果用户说 login，则机器人需要呈现登录按钮。此按钮将指向用户授权 URL。这与前面描述的相同。但是，我们必须确保单击按钮两次不会使得机器人执行混乱，且不会混淆其对用户状态的理解。

我们自然会实现一个 Login 对话框和一个 Logout 对话框。注销（logout）只是检查对话状态中是否存在令牌。如果没有令牌，那么我们已经退出。如果这样做，那么我们会使用

Google 的库来撤销用户的凭据[一]; 该令牌不再有效。

```
function getAuthClientFromSession(session) {
    const auth = getAuthClient(session.privateConversation
    Data.tokens);
    return auth;
};

function getAuthClient(tokens) {
    const auth = new OAuth2(
        process.env.GOOGLE_OAUTH_CLIENT_ID,
        process.env.GOOGLE_OAUTH_CLIENT_SECRET,
        process.env.GOOGLE_OAUTH_REDIRECT_URI
    );
    if (tokens) {
        auth.setCredentials(tokens);
    }
    return auth;
}

bot.dialog('LogoutDialog', [(session, args) => {
    if (!session.privateConversationData.tokens) {
        session.endDialog('You are already logged out!');
    } else {
        const client = getAuthClientFromSession(session);
        client.revokeCredentials();
        delete session.privateConversationData['tokens'];
        session.endDialog('You are now logged out!');
    }
}]).triggerAction({
    matches: /^logout$/i
});
```

Login 是一个瀑布对话框,可在进入下一步之前启动 EnsureCredentials(确认凭据)对话框。在第二步中,它将验证是否已登录。请参阅以下代码。它通过验证它是否从 Ensure-Credentials 对话框接收经过身份验证的标志来完成此操作。如果是,则它只是让用户知道他已登录。否则,向用户显示错误。

注意我们在这里做了什么。需要了解我们是否已经登录、正在登录,然后将结果发送回另一个对话框的逻辑。只要该对话框返回一个带有经过身份验证的字段的对象,并且可选地返回错误,这就行了。我们会使用相同的技术将授权流注入任何其他需要它的对话框。

```
bot.dialog('LoginDialog', [(session, args) => {
    session.beginDialog(constants.dialogNames.Auth.
    EnsureCredentials);
}, (session, args) => {
    if (args.response.authenticated) {
```

[一] OAuth 令牌撤销: https://tools.ietf.org/html/rfc7009。

```
            session.send('You are now logged in!');
        } else {
            session.endDialog('Failed with error: ' + args.
            response.error)
        }
    }]).triggerAction({
        matches: /^login$/i
    });
```

那么，最重要的问题来了，EnsureCredentials 做了什么？此代码需要处理四种情况，前两个很简单：

❑ 如果对话框需要凭据并且授权成功，则会发生什么？
❑ 如果对话框需要凭据并且授权失败，则会发生什么？

另外两个问题更加细致入微。我们的问题是关于机器人应该做什么（如果一个对话框没有等待授权，但无论如何它都会出现）。或者换句话说，如果 EnsureCredentials 不在堆栈顶部，则会发生什么？

❑ 如果用户单击（在需要它的对话框范围之外的）登录按钮并且授权成功，则会发生什么？
❑ 如果用户单击（在需要它的对话框范围之外的）登录按钮并且授权失败，则会发生什么？

我们在图 7-12 中对第一种情况的流程进行阐述。在继续之前，对话框请求我们拥有用户的授权，例如上一代码中的"登录"对话框。用户被发送到认证授权页面。一旦认证授权页面返回成功的授权代码，它就会向我们的 oauth2callback 发送回调。一旦获得令牌，我们调用 StoreTokens 对话框将令牌存储到会话数据中。该对话框将向 EnsureCredentials 返回成功消息。反过来，其会向调用对话框返回成功的身份验证消息。

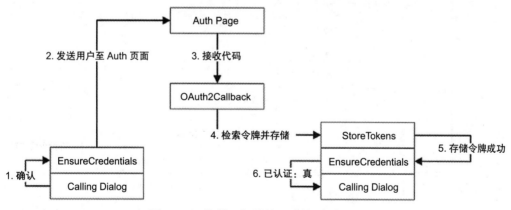

图 7-12　对话框需要授权和授权成功流程

如果发生错误，则流程类似，只是我们使用"错误"（Error）对话框替换 EnsureCredentials 对话框。然后，"错误"对话框将向调用对话框返回一个失败的认证消息，该对话框可以处理最恰当的错误（如图 7-13 所示）。回想一下，正如我们在第 5 章中所提到的，

replaceDialog 是一个调用，用另一个对话框的实例替换堆栈顶部的当前对话框。该调用对话框不需要知道也不关心此实现细节。

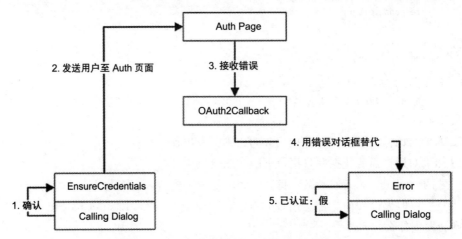

图 7-13　对话框需要授权和授权失败流程

如果用户在对话框不期待回复并且 EnsureCredentials 对话框不在堆栈顶部时单击登录按钮，则流程略有不同。如果授权成功或失败，那么我们仍希望向用户显示成功或失败消息。为实现此目的，我们将在调用 StoreTokens 对话框之前于堆栈上放置一个确认对话框 AuthConfirmation（如图 7-14 所示）。

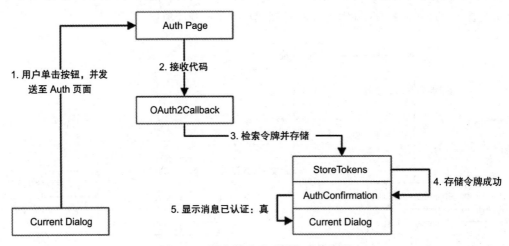

图 7-14　用户说登录后授权成功流程

同样，在收到授权错误的情况下，我们在按下错误（Error）对话框中的确定按钮之前将 AuthConfirmation 对话框推到堆栈顶部（如图 7-15 所示）。这将确保确认对话框向用户显示正确类型的消息。

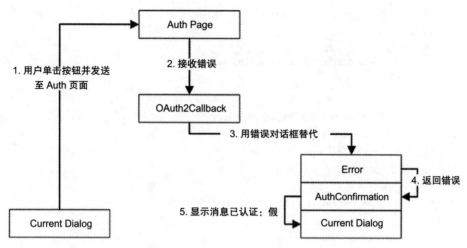

图 7-15　用户说登录后授权失败流程

让我们看看代码是什么样的。登录和注销对话框已完成，我们就来看看 EnsureCredentials、StoreTokens 和 Error 这三个对话框的代码。

EnsureCredentials 对话框分两个步骤实现。第一步，如果用户定义了一组令牌，则对话框完成传递（指示用户可以去的）结果。否则，我们创建认证 URL 并向用户发送 SigninCard，就像我们在上一节中所做的。第二步也在情况 1 中执行，只是告诉调用对话框用户是否被授权。

```
bot.dialog('EnsureCredentials', [(session, args) => {
    if(session.privateConversationData.tokens) {
        // if we have the tokens... we're good. if we have the
        tokens for too long and the tokens expired
        // we'd need to somehow handle it here.
        session.endDialogWithResult({ response: {
        authenticated: true } });
        return;
    }
    const oauth2Client = getAuthClient();
    const state = {
        address: session.message.address
    };
    const encryptedState = CryptoJS.AES.encrypt(JSON.
    stringify(state), process.env.AES_PASSPHRASE).toString();
    const authUrl = oauth2Client.generateAuthUrl({
        access_type: 'offline',
        scope: googleApiScopes,
        state: encryptedState
    });
    const card = new builder.HeroCard(session)
        .title('Login to Google')
```

```
            .text("Need to get your credentials. Please login
            here.")
            .buttons([
                builder.CardAction.openUrl(session, authUrl,
                'Login')
            ]);
        const loginReply = new builder.Message(session)
            .attachmentLayout(builder.AttachmentLayout.carousel)
            .attachments([card]);
        session.send(loginReply);
    }, (session, args) => {
        session.endDialogWithResult({ response: { authenticated:
        true } });
    }]);
```

对话框 StoreTokens 和对话框 Error 的实现很相似。两者基本上都将授权结果返回到其父级对话框。对于 StoreTokens，我们还将令牌存储到对话数据中。

```
    bot.dialog('Error', [(session, args) => {
        session.endDialogWithResult({ response: { authenticated:
        false, error: args.error } });
    }]);
    bot.dialog('StoreTokens', function (session, args) {
        session.privateConversationData.tokens = args.tokens;
        session.privateConversationData.calendarId = args.
        calendarId;
        session.endDialogWithResult({ response: { authenticated:
    true }});
    });
```

请注意，EnsureCredentials 对话框将使用成功或失败两者中任何一个的结果，并将其简单地传递给调用对话框。由调用对话框显示成功或错误消息。甚至可能没有成功的消息；调用对话框可能只是跳到自己的步骤。

这涵盖了前面的情况 1 和情况 2。为了确保涵盖情况 3 和情况 4，我们需要实现对话框 AuthConfirmation。此对话框的作用是显示成功或失败消息。前面提过，我们在对话框 AuthConfirmation 之上放置了一个对话框 Error（情况 3）或对话框 StoreTokens（情况 4）。我们的想法是对话框 AuthConfirmation 将接收放置在其自身之上的对话框的名称，然后在收到结果时将相应的消息发送给用户。

```
    bod.dialog('AuthConfirmation', [
        (session, args) => {
            session.beginDialog(args.dialogName, args);
        },
        (session, args) => {
            if (args.response.authenticated) {
```

```
            session.endDialog('You are now logged in.')
        }
        else {
            session.endDialog('Error occurred while logging in.
            ' + args.response.error);
        }
    }
]);
```

最后，我们如何更改端点回调代码？在遇到该问题之前，我们编写了一些帮助程序来调用不同的对话框。我们公开了一个名为 isInEnsure 的函数，它验证我们是否从 EnsureCredentials 对话框中获取了这段代码。这将决定我们是否需要 AuthConfirmation。对话框 beginErrorDialog 和 beginStoreTokensAndResume 都使用这种方法。最后，函数 ensureLoggedIn 是一个所有需要授权的对话框都必须调用以启动流程的函数。

```
function isInEnsure(session) {
    return _.find(session.dialogStack(), function (p) { return
    p.id.indexOf('EnsureCredentials') >= 0; }) != null;
}
const beginErrorDialog = (session, args) => {
    if (isInEnsure(session)) {
        session.replaceDialog('Error', args);
    }
    else {
        args.dialogName = 'Error';
        session.beginDialog('AuthConfirmation', args);
    }
};
const beginStoreTokensAndResume = (session, args) => {
    if (isInEnsure(session)) {
        session.beginDialog('StoreTokens', args);
    } else {
        args.dialogName = 'StoreTokens';
        session.beginDialog('AuthConfirmation', args);
    }
};
const ensureLoggedIn = (session) => {
    session.beginDialog('EnsureCredentials');
};
```

最后，让我们看一下回调。其实现代码看起来类似于上一节中的回调，只不过这里我们需要添加逻辑以开始正确的对话框。如果在加载会话对象时遇到任何错误，或者收到 OAuth 错误（例如用户拒绝访问我们的 Bot），那么我们会将用户重定向到 Error 对话框。否则，我们会使用 Google 的授权码来获取令牌，在 OAuth 客户端中设置凭据，然后调用 StoreTokens 或 AuthConfirmation 对话框。以下代码涵盖了本节开头特别强调的四种情况：

```js
exports.oAuth2Callback = function (bot, req, res, next) {
    const code = req.query.code;
    const encryptedState = req.query.state;
    const oauthError = req.query.error;
    const state = JSON.parse(CryptoJS.AES.decrypt
    (encryptedState, process.env.AES_PASSPHRASE).
    toString(CryptoJS.enc.Utf8));
    const oauth2Client = getAuthClient();
    res.contentType = 'json';

    bot.loadSession(state.address, (sessionLoadError,
    session) => {
        if (sessionLoadError) {
            console.log('SessionLoadError:' +
            sessionLoadError);
            beginErrorDialog(session, { error: 'unable to load
            session' });
            res.send(401, {
                status: 'Unauthorized'
            });
        } else if (oauthError) {
            console.log('OAuthError:' + oauthError);
            beginErrorDialog(session, { error: 'Access Denied'
            });
            res.send(401, {
                status: 'Unauthorized'
            });
        } else {
            oauth2Client.getToken(code, (error, tokens) => {
                if (!error) {
                    oauth2Client.setCredentials(tokens);
                    res.send(200, {
                        status: 'success'
                    });
                    beginStoreTokensAndResume(session, {
                        tokens: tokens
                    });
                } else {
                    beginErrorDialog(session, {
                        error: error
                    });
                    res.send(500, {
                        status: 'error'
                    });
                }
            });
        }
        next();
    });
};
```

> **练习 7-1**
>
> **使用 Gmail Access 设置 Google Auth**
>
> 本练习的目的是创建一个允许用户对 Gmail API 进行授权的机器人，遵循这些步骤：
> 1. 建立一个 Google 项目并启用对 Google Gmail API 的访问权限；
> 2. 创建一个 OAuth 客户端 ID 和密码；
> 3. 在机器人中创建一个基本工作流程，允许用户使用 Gmail 作用域登录 Google 并将令牌存储在用户的私密对话数据中。
>
> 在结束本练习时，你将创建完成一个能够取代 Bot 用户访问 Gmail API 的机器人。

7.5 与 Google Calendar API 集成

我们现在已准备好与 Google Calendar API 集成。首先，应该解决一些问题。Google 日历允许用户访问多个日历，并且还可以为每个日历设置不同的权限级别。在我们的机器人中，假设任何时候我们都只在一个日历中查询或添加事件，就像看起来有缺陷一样。我们可以扩展 LUIS 应用程序和机器人，以包括为每个话语指定日历的功能。

为了解决这个问题，我们创建了一个 PrimaryCalendar 对话框，允许用户设置、重置和检索他们的主日历。与在每个需要身份验证的对话框的开头调用的 EnsureCredentials 对话框类似，我们创建了一个类似的机制来保证将日历设置为主要日历。

在此之前，让我们先了解下如何连接到 Google Calendar API。googleapis 节点包包括 Calendar API 等。API 使用以下格式：

```
API.Resource.Method(args, function (error, response) {

});
```

日历调用看起来如下所示：

```
calendar.events.get({
    auth: auth,
    calendarId: calendarId,
    eventId: eventId
}, function (err, response) {
    // do stuff with the error and/or response
});
```

首先，我们将这调整为 JavaScript Promise[①]模式。promise 模式使得使用异步调用变得容易。JavaScript 中的 promise 表示操作的最终完成或失败，以及其返回值。它支持一个

[①] Mozilla 开发者网：Promise 对象：https://developer.mozilla.org/en-US/docs/Web/JavaScript/Reference/Global_Objects/Promise。

允许我们对结果执行操作的 then 方法和一个允许我们对错误对象执行操作的 catch 方法。promise 可以被串成链，即 promise 的结果可以传递给另一个 promise，它产生一个可以传递给另一个 promise 等的结果，从而产生如下代码：

```
promise1()
    .then(r1 => promise2(r2))
    .then(r2 => promise3(r2))
    .catch(err => console.log('Error in promise chain. ' + err));
```

我们修改后的 Google Calendar Promise API 将如下所示：

```
gcalapi.getCalendar(auth, temp)
    .then(function (result) {
        // do something with result
    }).catch(function (err) {
        // do something with err
    });
```

我们将所有必要的函数包装在一个名为 calendar-api 的模块中。其中部分代码如下：

```
const google = require('googleapis');
const calendar = google.calendar('v3');

function listEvents (auth, calendarId, start, end, subject) {
    const p = new Promise(function (resolve, reject) {
        calendar.events.list({
            auth: auth,
            calendarId: calendarId,
            timeMin: start.toISOString(),
            timeMax: end.toISOString(),
            q: subject
        }, function (err, response) {
            if (err) reject(err);
            resolve(response.items);
        });
    });
    return p;
}

function listCalendars (auth) {
    const p = new Promise(function (resolve, reject) {
        calendar.calendarList.list({
            auth: auth
        }, function (err, response) {
            if (err) reject(err);
            else resolve(response.items);
        });
    });
    return p;
};
```

随着 API 的运行，我们现在将焦点转移到 PrimaryCalendar 对话框。此对话框必须能够处理多种情况。

- 如果用户发送诸如"获取主日历"或"设置主日历"等的话语，则会发生什么？前者应返回日历的卡片表示，后者应允许用户选择日历卡。
- 如果用户登录并且未设置主日历，则会发生什么？此时，我们会自动尝试让用户选择日历。
- 如果用户通过日历卡上的操作按钮选择日历，则会发生什么？
- 如果用户通过键入日历名称选择日历，则会发生什么？
- 如果用户尝试执行需要设置日历的操作（例如添加新约会），则会发生什么？

PrimaryCalendar 对话框是一个包含三个步骤的瀑布对话框。步骤 1 通过调用 Ensure-Credentials 对话框来确保用户已登录。步骤 2 期望从用户接收命令。我们可以获取当前的主日历，设置日历或重置日历；因此，三个命令是获取（get）、设置（set）或重置（reset）。设置日历采用可选的日历 ID。如果未传递日历 ID，则会相应地处理 set 命令以重置。重置只是向用户发送用户具有写访问权限的所有可用日历的列表（另一个简化假设）。

get 情况由以下代码处理：

```
let temp = null;
if (calendarId) { temp = calendarId.entity; }
if (!temp) {
    temp = session.privateConversationData.calendarId;
}
gcalapi.getCalendar(auth, temp).then(result => {
    const msg = new builder.Message(session)
        .attachmentLayout(builder.AttachmentLayout.carousel)
        .attachments([utils.createCalendarCard
        (session, result)]);

    session.send(msg);
}).catch(err => {
    console.log(err);
    session.endDialog('No calendar found.');
});
```

reset 情况是向用户发送日历卡的轮播。如果用户输入文本输入，则瀑布过程的第三步假定输入是日历名称并设置正确的日历。如果无法识别输入，则会发送错误消息。

```
handleReset(session, auth);

function handleReset (session, auth) {
    gcalapi.listCalendars(auth).then(result => {
        const myCalendars = _.filter(result, p => { return
        p.accessRole !== 'reader'; });
        const msg = new builder.Message(session)
            .attachmentLayout(builder.AttachmentLayout.
```

```
            carousel)
                .attachments(_.map(myCalendars, item => { return
                utils.createCalendarCard(session, item); }));
        builder.Prompts.text(session, msg);
    }).catch(err => {
        console.log(err);
        session.endDialog('No calendar found.');
    });
}
```

方法 createCalendarCard 只发送一张带有标题、副标题以及发送 set calendar 命令的按钮的卡片。该按钮回发此值：将主日历设置为 {calendarId}。

```
function createCalendarCard (session, calendar) {
    const isPrimary = session.privateConversationData.
    calendarId === calendar.id;
    let subtitle = 'Your role: ' + calendar.accessRole;
    if (isPrimary) {
        subtitle = 'Primary\r\n' + subtitle;
    }
    let buttons = [];
    if (!isPrimary) {
        let btnval = 'Set primary calendar to ' + calendar.id;
        buttons = [builder.CardAction.postBack(session, btnval,
        'Set as primary')];
    }
    const heroCard = new builder.HeroCard(session)
        .title(calendar.summary)
        .subtitle(subtitle)
        .buttons(buttons);
    return heroCard;
};
```

这提出了一个有趣的挑战。如果在 PrimaryCalendar 对话框以外的任何上下文中发送日历卡，我们就需要一个完整的话语来将之解析为全局操作，然后调用 PrimaryCalendar 对话框。但是，如果我们在主日历对话框的上下文中提供这样的卡，那么该按钮仍将触发全局操作，从而会重置整个堆栈。我们不希望根据创建卡的对话框设置不同的文本，因为这些按钮保留在聊天记录中，并且可以随时被单击。

此外，如果调用了 PrimaryCalendar 对话框，那么我们希望确保它不会删除当前对话框。例如，如果我正在添加约会，那么我应该能够切换日历并在之后返回到正确的步骤。

我们重写 triggerAction 和 selectAction 方法以确保正确的行为。如果 PrimaryCalendar 对话框的另一个实例在堆栈上，那么我们将替换它。否则，我们将 PrimaryCalendar 对话框推送到堆栈顶部。

```
.triggerAction({
    matches: constants.intentNames.PrimaryCalendar,
    onSelectAction: (session, args, next) => {
        if (_.find(session.dialogStack(), function (p) { return
        p.id.indexOf(constants.dialogNames.PrimaryCalendar)
        >= 0; }) != null) {
            session.replaceDialog(args.action, args);
        } else {
            session.beginDialog(args.action, args);
        }
    }
});
```

如果在用户位于 PrimaryCalendar 对话框的另一个实例中时调用了 PrimaryCalendar 对话框，那么我们会将顶部对话框替换为 PrimaryCalendar 对话框的另一个实例。实际上可以这么说，这只会在 reset 命令中发生，它实际上会替换我们在 handleReset 中调用的 builder.Prompts.text 对话框。

因此，本质上我们最终得到一个 PrimaryCalendar 对话框，等待一个响应对象，该对象现在可以来自另一个 PrimaryCalendar 对话框。我们可以让最顶层的实例在完成时返回一个标志，以便另一个实例在第三步恢复时简单地退出。以下是说明此逻辑的最终瀑布流步骤：

```
function (session, args) {
    // if we have a response from another primary calendar
    dialog, we simply finish up!
    if (args.response.calendarSet) {
        session.endDialog({ response: { calendarSet: true } });
        return;
    }

    // else we try to match the user text input to a calendar
    name
    var name = session.message.text;
    var auth = authModule.getAuthClientFromSession(session);

    // we try to find the calendar with a summary that matches
    the user's input.
    gcalapi.listCalendars(auth).then(function (result) {
        var myCalendars = _.filter(result, function (p) {
        return p.accessRole != 'reader'; });
        var calendar = _.find(myCalendars, function (item)
        { return item.summary.toUpperCase() === name.
        toUpperCase(); });
        if (calendar == null) {
            session.send('No such calendar found.');
            session.replaceDialog(constants.dialogNames.
            PrimaryCalendar);
        }
```

```
        else {
            session.privateConversationData.calendarId =
            result.id;
            var card = utils.createCalendarCard(session, result);
            var msg = new builder.Message(session)
                .attachmentLayout(builder.AttachmentLayout.
                carousel)
                .attachments([card])
                .text('Primary calendar set!');
            session.send(msg);
            session.endDialog({ response: { calendarSet: true }
            });
        }
    }).catch(function (err) {
        console.log(err);
        session.endDialog('No calendar found.');
    });
}
```

set 命令的动作不那么复杂。如果收到日历 ID 以及用户消息，那么我们只需设置该消息并发回日历卡。如果没有收到日历 ID，那么我们会采取与重置相同的行为。

```
let temp = null;
if (calendarId) { temp = calendarId.entity; }
if (!temp) {
    handleReset(session, auth);
} else {
    gcalapi.getCalendar(auth, temp).then(result => {
        session.privateConversationData.calendarId = result.id;
        const card = utils.createCalendarCard(session, result);
        const msg = new builder.Message(session)
            .attachmentLayout(builder.AttachmentLayout.
            carousel)
            .attachments([card])
            .text('Primary calendar set!');
        session.send(msg);
        session.endDialog({ response: { calendarSet: true } });
    }).catch(err => {
        console.log(err);
        session.endDialog('this calendar does not exist');
        // this calendar id doesn't exist...
    });
}
```

这需要处理很多，但它很好地说明了一些对话体操需要发生以确保一致和全面的对话体验。在下一节中，我们将身份验证和主日历流程集成到我们在第 6 章开发的对话框中，并将调用逻辑连接到 Google Calendar API。

7.6　实现 Bot 功能

此时，我们已准备好将机器人代码连接到 Google Calendar API。我们的代码跟第 5 章相比没有太大变化。我们对话框的代码的主要变化如下：

- 我们必须确保用户已登录。
- 我们必须确保主日历被设置。
- 利用 Google Calendar API 最终实现目标！

让我们从前两个项目开始。针对此目的，我们创建了 EnsureCredentials 和 PrimaryCalendar 对话框。在给出的代码中，我们的 authModule 和 primaryCalendarModule 模块包含有可以用来调用 EnsureCredentials 和 PrimaryCalendar 对话框的帮助程序。对话框的每个功能都可以利用帮助程序来确保设置了凭据和主日历。

对于这些对话框，有太多的功能要实现。我们必须在每个对话框中添加两个步骤。也就是说，让我们创建一个对话框，它可以按正确的顺序评估所有预检，并简单地将一个结果传递给调用对话框。下面来看一看我们是如何实现这一目标的。我们创建一个名为 PreCheck 的对话框。如果出现错误，则该对话框将进行必要的检查并返回带有错误集的响应对象，以及给出能指明具体是哪个检查失败的标志。

```
bot.dialog('PreCheck', [
    function (session, args) {
        authModule.ensureLoggedIn(session);
    },
    function (session, args) {
        if (!args.response.authenticated) {
            session.endDialogWithResult({ response: { error:
            'You must authenticate to continue.', error_auth:
            true } });
        } else {
            primaryCalendarModule.ensurePrimaryCalendar
            (session);
        }
    },
    function (session, args, next) {
        if (session.privateConversationData.calendarId)
        session.endDialogWithResult({ response: { } });
        else session.endDialogWithResult({ response: { error:
        'You must set a primary calendar to continue.', error_
        calendar: true } });
    }
]);
```

任何需要授权和需要设置主日历的对话框都需要调用 PreCheck 对话框并确保没有错误。以下是示例代码中 ShowCalendarSummary 对话框的示例。请注意，瀑布过程中的第一步调用 PreCheck，第二步确保成功传递所有预先检查。

```
lib.dialog(constants.dialogNames.ShowCalendarSummary, [
    function (session, args) {
        g = args.intent;
        prechecksModule.ensurePrechecks(session);
    },
    function (session, args, next) {
        if (args.response.error) {
            session.endDialog(args.response.error);
            return;
        }
        next();
    },
    function (session, args, next) {
        // do stuff
    }
]).triggerAction({ matches: constants.intentNames.
ShowCalendarSummary });
```

这就是前两个项目。至此,剩下的就是第三个;我们需要实现与 Google Calendar API 的实际集成。以下是 ShowCalendarSummary 对话框的第三步示例。请注意,我们收集 datetimeV2 实体以确定需要检索事件的时间段,我们可选择使用 Subject 实体来过滤日历项,然后构建一个按日期排序的事件卡轮播。createEventCard 方法为每个 Google Calendar API 事件对象创建一个 HeroCard 对象。

其余对话框的实现均可在本书附带的 calendar-bot-buildup 库中找到。

```
function (session, args, next) {
    var auth = authModule.getAuthClientFromSession(session);
    var entry = new et.EntityTranslator();
    et.EntityTranslatorUtils.attachSummaryEntities(entry,
    session.dialogData.intent.entities);
    var start = null;
    var end = null;

    if (entry.hasRange) {
        if (entry.isDateTimeEntityDateBased) {
            start = moment(entry.range.start).
            startOf('day');
            end = moment(entry.range.end).endOf('day');
        } else {
            start = moment(entry.range.start);
            end = moment(entry.range.end);
        }
    } else if (entry.hasDateTime) {
        if (entry.isDateTimeEntityDateBased) {
            start = moment(entry.dateTime).startOf('day');
            end = moment(entry.dateTime).endOf('day');
        } else {
```

```
            start = moment(entry.dateTime).add(-1, 'h');
            end = moment(entry.dateTime).add(1, 'h');
        }
    }
    else {
        session.endDialog("Sorry I don't know what you
        mean");
        return;
    }
    var p = gcalapi.listEvents(auth, session.
    privateConversationData.calendarId, start, end);
    p.then(function (events) {
        var evs = _.sortBy(events, function (p) {
            if (p.start.date) {
                return moment(p.start.date).add(-1, 's').
                valueOf();
            } else if (p.start.dateTime) {
                return moment(p.start.dateTime).valueOf();
            }
        });

        // should also potentially filter by subject
        evs = _.filter(evs, function(p) {
            if(!entry.hasSubject) return true;

            var containsSubject = entry.subject.
            toLowerCase().indexOf(entry.subject.
            toLowerCase()) >= 0;
            return containsSubject;
        });

        var eventmsg = new builder.Message(session);
        if (evs.length > 1) {
                eventmsg.text('Here is what I found...');
            } else if (evs.length == 1) {
                eventmsg.text('Here is the event I found.');
            } else {
                eventmsg.text('Seems you have nothing going on
                then. What a sad existence you lead.');
            }

            if (evs.length >= 1) {
                var cards = _.map(evs, function (p) {
                    return utils.createEventCard(session, p);
                });
                            eventmsg.attachmentLayout
                            (builder.AttachmentLayout.
                            carousel);
```

```
            eventmsg.attachments(cards);
        }
            session.send(eventmsg);
            session.endDialog();
        });
    }
    function createEventCard(session, event) {
        var start, end, subtitle;
        if (!event.start.date) {
            start = moment(event.start.dateTime);
            end = moment(event.end.dateTime);

            var diffInMinutes = end.diff(start, "m");
            var diffInHours = end.diff(start, "h");

            var duration = diffInMinutes + ' minutes';
            if (diffInHours >= 1) {
                var hrs = Math.floor(diffInHours);
                var mins = diffInMinutes - (hrs * 60);

                if (mins == 0) {
                    duration = hrs + 'hrs';
                } else {
                    duration = hrs + (hrs > 1 ? 'hrs ' : 'hr ') +
                    (mins < 10 ? ('0' + mins) : mins) + 'mins';
                }
            }
            subtitle = 'At ' + start.format('L LT') + ' for ' +
            duration;
        } else {
            start = moment(event.start.date);
            end = moment(event.end.date);

            var diffInDays = end.diff(start, 'd');
            subtitle = 'All Day ' + start.format('L') +
            (diffInDays > 1 ? end.format('L') : '');
        }

        var heroCard = new builder.HeroCard(session)
            .title(event.summary)
            .subtitle(subtitle)
            .buttons([
                builder.CardAction.openUrl(session, event.htmlLink,
                'Open Google Calendar'),
                builder.CardAction.postBack(session, 'Delete event
                with id ' + event.id, 'Delete')
            ]);
        return heroCard;
    };
```

> **练习 7-2**
>
> **与 Gmail API 集成**
>
> 虽然欢迎你参照上一节中的代码，然后使用本书提供的代码组合日历机器人，但本练习的目的是创建一个可以从用户的 Gmail 账户发送电子邮件的机器人。这样，你就可以从练习 7-1 中运用你的身份验证逻辑，并与你以前从未见过的客户端 API 集成。
>
> 1. 以练习 7-1 中的代码为起点，创建一个包含两个对话框的机器人，一个用于发送邮件，另一个用于查看未读消息。没必要创建一个 LUIS 应用程序（尽管你当然可以想怎么做就怎么做）。使用 send 和 list 等关键字来调用对话框。
>
> 2. 对于 send 操作，创建一个名为 SendMail 的对话框。此对话框应收集电子邮件地址、标题和邮件正文，以确保对话框与认证流程集成。
>
> 3. 与 Gmail 客户端库集成，使用在认证流程中收集的用户访问令牌发送电子邮件。使用这一链接地址所指向的文档进行 messages.send API 的调用，链接地址为 https://developers.google.com/gmail/api/v1/reference/users/messages/send。
>
> 4. 对于列表操作，创建一个名为 ListMail 的对话框。此对话框应使用在身份验证流程中收集的用户访问令牌从用户的收件箱中获取所有未读邮件。进行 messages.list API 调用的文档链接地址为 https://developers.google.com/gmail/api/v1/reference/users/messages/list。
>
> 5. 将未读消息列表呈现为轮播。显示标题、收到的日期以及在 Web 浏览器中打开电子邮件的按钮。你可以在此处找到邮件对象的参考，具体的链接地址为 https://developers.google.com/gmail/api/v1/reference/users/messages#resource。邮件的网址是 https://mail.google.com/mail/#inbox/{MESSAGE_ID}。
>
> 如果你成功创建了这个机器人，那么恭喜你！这不是最简单的练习，但结果非常有意义。你现在拥有创建机器人的技能了，能将其与 OAuth 流集成，使用第三方 API 来使你的机器人正常运行，并能将项目呈现为卡片。做得好！

7.7 结束语

建造机器人既简单又具有挑战性。使用一些简单的命令设置基本机器人很容易。也很容易获得用户话语并根据它们执行代码。然而，让用户体验恰到好处是非常具有挑战性的。正如我们所观察到的，开发机器人的挑战是主要包括两个方面。

首先，我们需要理解自然语言的许多排列。我们的用户可以通过多种方式，用细微差别来说同样的事情。我们为本书构建的 LUIS 应用程序是一个良好的开端，但还有许多其他表达相同想法的方法。当我们说 LUIS 应用程序足够好时，我们需要判断。Bot 测试是很多这种评估发生的地方。一旦在你的机器人上释放了一组用户，我们便会看到用户最终如何使用你的机器人以及他们希望处理的输入和行为类型。这是我们需要的数据，以便提高我们对自然语言的理解，并决定接下来要构建的功能。我们将在第 13 章介绍有助于完成此任务的分析工具。

其次，花时间在整体对话体验上非常重要。虽然这不是本书的重点，但正确的经验是机器人成功的关键。我们确实花了一些时间考虑如何确保用户登录之后再进行针对 Calendar API 的任何操作的对话。这是我们开发机器人时需要考虑的行为和流程类型的情况。一个更天真的机器人可能只是向用户发送一个错误，说他们需要先登录，之后用户必须重复他们的输入。更好的实现是通过我们在本章创建的对话框来进行重定向。幸运的是，Bot Builder SDK 及其对话框模型帮助我们在代码中描述了这些复杂的流程。

我们现在拥有开发复杂和令人惊叹的机器人体验的技能和经验，以及所有类型的 API 集成。这是 LUIS 和 Microsoft Bot 框架真正组合的威力！

CHAPTER 8

第 8 章

扩展通道功能

到目前为止，我们花了大量时间讨论 NLU 系统、对话体验，以及我们如何使用通用格式通过 Bot Builder SDK 以通用方式开发机器人。Bot Builder SDK 对我们来说很好用，且可以快速使用它来创建一个可以运行的机器人。这是它如此强大的原因之一。但坦率地说，该领域的许多创新都来自各种消息传递平台。例如，Slack 在协作软件方面处于领先地位，Slack 编辑消息的能力非常强大，允许交互式的工作流程。

本章，我们将挖掘从 Bot 框架机器人中调用本地功能的能力。我们将学习调用 Slack 的功能，将基于文本的简单工作流程转换为丰富的按钮和基于菜单的体验。在此过程中，我们会集成 Slack，将机器人连接到 Slack 工作区，然后使用本地 Slack 调用过程来创建一个很好且简单的工作流程。那么我们开始吧！

8.1 Slack 深度集成

Slack 是一个丰富的平台，允许内部和外部团队的不同成员之间的密切合作。它的界面很简单，但消息传递框架与 Facebook Messenger 完全不同。例如，虽然有一个称为附件的工具看起来类似于卡片的用户界面，但它不会以相同的方式工作。没有旋转木马，图像的纵横比也没有要求。

Slack 中的消息只是一个带有 text 属性的 JSON 对象，其中文本可以是对用户、通道或团队进行引用的特殊序列。这些名为 @mentions 的引用，跟像 @channel 这样的文本字符串是一样的，它会通知通道中的所有用户关注消息。另外两个例子是 @here 和 @everyone。一条消息最多可包含 20 个附件。每个附件只是一个为消息提供附加上下文的对象。JSON 对象如下所示：

```
{
    "attachments": [
        {
            "fallback": "Required plain-text summary of the
```

```
                attachment.",
                "color": "#36a64f",
                "pretext": "Optional text that appears above the
                attachment block",
                "author_name": "Bobby Tables",
                "author_link": "http://flickr.com/bobby/",
                "author_icon": "http://flickr.com/icons/bobby.jpg",
                "title": "Slack API Documentation",
                "title_link": "https://api.slack.com/",
                "text": "Optional text that appears within the
                attachment",
                "fields": [
                    {
                        "title": "Priority",
                        "value": "High",
                        "short": false
                    }
                ],
                "image_url": "http://my-website.com/path/to/image.
                jpg",
                "thumb_url": "http://example.com/path/to/thumb.png",
                "footer": "Slack API",
                "footer_icon": "https://platform.slack-edge.com/
                img/default_application_icon.png",
                "ts": 123456789
            }
        ]
    }
```

跟 HeroCard 一样，我们可以在 Slack 中包含标题、文本和图像。此外，我们可以为 Slack 提供各种其他参数。我们可以包含对消息作者、数据字段或主题颜色的引用。

为了有助于理解附件的细微差别，Slack 包含了一个 Message Builder（如图 8-1 所示），可用于对 JSON 对象在 Slack 用户界面中的呈现方式进行可视化。

Slack 还提供了有关消息的很好的示例文档[⊖]。该站点的建议之一是使用尽可能少的附件对我们的应用程序才有帮助（如图 8-2 所示）。

不幸的是，这似乎不是 Bot 框架的工作方式。实际上，Slack Bot 通道连接器将 HeroCard 对象以多个附件的形式呈现（如图 8-3 所示）。

这是一个小细节，但它看起来不太好。图像和按钮的默认样式是渲染图像下方的按钮（如图 8-4 所示）。不幸的是，渲染违反了 Slack 提供的指导意见。

当然，这是 Bot 框架团队将来最有可能支持的细节。在此之前，如果我们想要呈现的界面类型与平台支持的界面不匹配，那么可以使用本地 JSON 来实现我们的目标。

⊖ Slack 消息使用指南：https://api.slack.com/docs/message-guidelines。

1. 以 JSON 格式输入消息

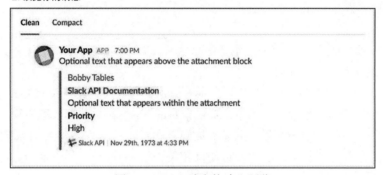

2. 预览你的消息

图 8-1　Slack 消息构建和预览

附件不能太多

Don't use an attachment when regular message text will suffice, and don't send multiple attachments when a single attachment will do.

And never ever (ever!) send more than 20 attachments.

图 8-2　好的指导意见

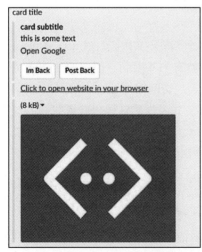

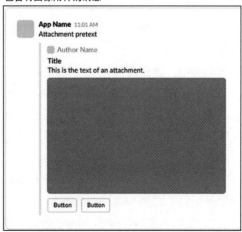

图 8-3　Slack Bot 通道连接器未完全遵守 Slack 准则　　图 8-4　格式良好的附件示例

Slack 还包括一些我们无法（作为机器人服务中的"一等公民"）访问的功能。Slack 支持临时消息，这些消息在组设置中只对其中一个用户可见。Bot Builder SDK 无法提供实现此目的的简便方法。此外，Slack 支持交互式消息，这些消息是带有用户可以操作的按钮和菜单的消息。更好的是，用户的操作可以触发消息呈现的更新！消息可以包括按钮，作为从用户收集数据的方式（如图 8-3 和图 8-4 所示），或者消息可以包括用于选择选项的菜单（如图 8-5 所示）。

图 8-5　Slack 菜单

在本节中，我们将探讨如何通过本地消息紧密集成来实现交互式消息效果。

首先，我们将机器人与 Slack 工作区集成。其次，我们将创建一步式的交互式消息。最后，我们将创建一个多步骤交互式消息，提供丰富的 Slack 原生数据收集体验。

在继续之前，让我们先讨论一些基本规则。本章不打算深入介绍 Slack 的 Messaging API 和 Slack 的特点。我们会鼓励你自行阅读相关内容，Slack 有关于这个方面的非常丰富的文档。我们想要展示的是，我们如何利用机器人服务来提供与 Slack 更深层次的集成。你可能会问，为什么不使用 Slack 的 Node Developer Kit 来开发本地 Slackbot 呢？当然可以，但使用 Bot Builder 库有两大原因：第一，你可以以对话框和对话引擎来帮助引导用户完成对话；第二，如果你想获得一种在多个消息通道上传递消息的体验，则可以通过一个代码库方法来实现代码重用。

8.2　连接 Slack

假设你从未使用过 Slack。我们首先需要创建一个 Slack 工作区。这个工作区只是团队协作的 Slack 环境。我们可以免费创建这些环境。虽然有一些限制，但免费的功能对团队仍然非常实用，肯定可以让我们开发和演示 Slack 机器人。访问网址 https://slack.com/create 可以创建工作区，Slack 将请求电子邮件（如图 8-6 所示）并发送确认码以验证我们的身份。

输入确认代码后，它会询问我们的姓名、密码、（组）工作区名称、目标受众和工作区 URL。我们可以向工作区发送邀请，但我们暂时跳过这个步骤。我们不会被转向到工作区。考虑到本演示的目的，请参见 https://srozgaslacksample.slack.com。

此时，我们将集成机器人服务和 Slack。在 Azure 上的 Bot Service 条目中，单击 Slack 通道。我们会看到 Slack Configuration 屏幕（如图 8-7 所示）。

配置界面跟 Facebook Messenger 通道配置界面类似，但要求提供的数据不同。我们需要提供来自 Slack 的三条信息：客户端 ID、客户端密钥和验证令牌。

图 8-6 创建新的 Slack 工作区

登录 Slack 并在 https://api.slack.com/apps 上创建一个新应用程序。输入应用程序名称并选择我们刚刚创建的开发工作区（如图 8-8 所示）。最后，单击"创建应用程序"（Create App）按钮。

图 8-7 配置机器人的 Slack 集成

图 8-8 创建 Slack 应用程序

创建应用程序后，我们将转向到应用程序页面。单击"权限"（Permissions）以设置重定向 URL（如图 8-9 所示），将进入名称为 OAuth&Permissions 的页面。

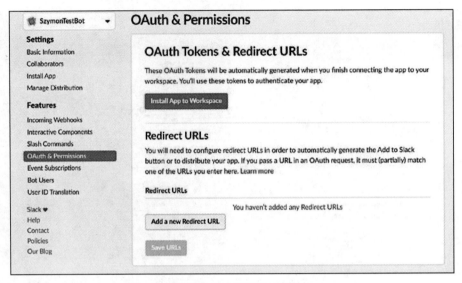

图 8-9　设置机器人服务的重定向 URL

点击"添加新的重定向 URL"（Add a new Redirect URL），然后输入 https://slack.botframework.com。接下来，选择左侧边栏中的 Bot Users 项，并为机器人添加用户。允许我们为机器人分配一个用户名，并指出它是否应该始终显示在线（如图 8-10 所示）。

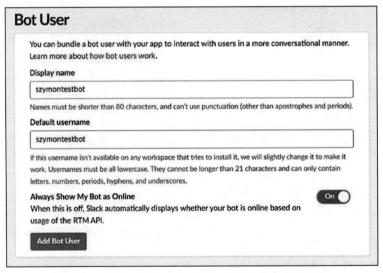

图 8-10　创建机器人用户，用以代表通道中的机器人

接下来，我们将订阅几个能发送到机器人服务 Web 挂钩的事件。这将确保机器人服务可以正确地将相关的 Slack 事件发送到我们的机器人中。转到"事件订阅"（Event Subscriptions），通过右侧的切换来启用事件，然后输入 https://slack.botframework.com/api/

Events/{YourBotHandle} 作为请求 URL。在第 5 章中我们为机器人通道注册分配了一个机器人句柄，可以在 Settings 页面中找到。输入后，Slack 将建立与端点的连接。最后，在 Subscribe to Bot Events（不是 Workspace Events！）下添加以下事件：

- member_joined_channel
- member_left_channel
- message.channels
- message.groups
- message.im
- message.mpim

图 8-11 给出了配置结果。

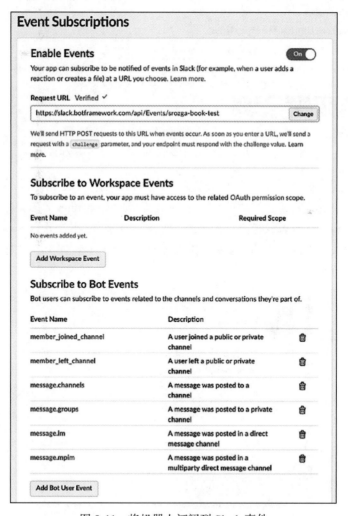

图 8-11　将机器人订阅到 Slack 事件

我们还需要启用交互式组件以支持使用菜单、按钮或交互式对话框来接收消息。从左侧菜单中选择"交互式组件"（Interactive Components），单击"启用交互式消息"（Enable Interactive Messages），然后输入以下请求 URL：https://slack.botframework.com/api/Actions（如图 8-12 所示）。单击"启用交互式组件"（Enable Interactive Components）并保存更改。

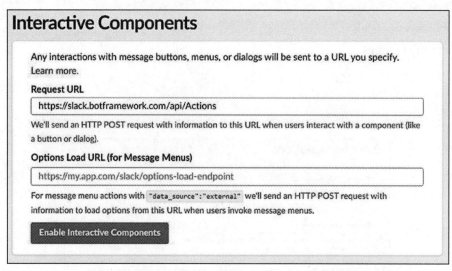

图 8-12　启用机器人中的交互式组件，即菜单和按钮

最后，我们从 App Credentials 部分提取凭据（可通过 Basic Information 菜单项访问），并在 Azure 门户中机器人通道注册的 Channels 页面内的 Configure Slack 屏幕上输入客户端 ID、客户端密钥和验证令牌。提交后，系统会要求你登录 Slack 工作区并验证应用程序。授权后，你的机器人将出现在你的 Slack 工作区界面（在 Apps 类别下），这样就能够与它进行通信了（如图 8-13 所示）。

图 8-13　Azure 机器人服务连接成功

记得运行 ngrok！在图 8-13 中忘记运行我们的 ngrok 了。

练习 8-1

基本 Slack 集成和消息展现

本练习的目的是将机器人连接到 Slack，这样你就可以理解 Slack 对消息传递和机器人平台的作用了。你的目标是获取你在第 5 章和第 7 章中创建的日历机器人并将其部署到 Slack。一旦部署完毕，就可以检查 Slack 中的不同元素与模拟器或 Facebook Messenger 的呈现方式。

1. 创建一个 Slack 工作区。
2. 按照上一节中的步骤将你的 Azure Bot 服务机器人连接到工作区。
3. 确认你可以通过 Slack 与机器人通信。
4. 测试机器人并回答以下问题：机器人如何呈现登录按钮？机器人如何呈现主卡选择卡？机器人如何在多用户对话中表现（你可能需要向工作区添加新的测试用户）？

做得好！你现在可以将现有的机器人连接到 Slack 了，并且你正在逐步学会使用 Slack，包括它的消息机制和附件功能。

8.3 Slack API 实验

我们不但可以使用 Bot Builder SDK 和 Bot 框架向 Slack 发送消息，也可以直接访问 Slack API。这里，我们介绍了几种 Slack API 方法[⊖]。

- Chat.postMessage：将新消息发布到 Slack 通道。
- Chat.update：更新 Slack 中现有的消息。
- Chat.postEphemeral：将一个新的短暂消息（只有一个用户可见）发布到 Slack 通道。
- Chat.delete：删除 Slack 消息。

要调用其中任何一个方法，我们都需要一个访问令牌。例如，假设我们有一个令牌，那么可以使用以下 Node.js 代码来创建一个新消息：

```
function postMessage(token, channel, text, attachments) {
    return new Promise((resolve, reject) => {
        let client = restify.createJsonClient({
            url: 'https://slack.com/api/chat.postMessage',
            headers: {
                Authorization: 'Bearer ' + token
            }
        });
```

⊖ Slack API 方法：https://api.slack.com/methods。

```
            client.post('',
                {
                    channel: channel,
                    text: text,
                    attachments: attachments
                },
                function (err, req, res, obj) {
                    if (err) {
                        console.log('%j', err);
                        reject(err);
                        return;
                    }
                    console.log('%d -> %j', res.statusCode,
                    res.headers);
                    console.log('%j', obj);
                    resolve(obj);
                });
        });
    }
```

一个很自然的问题是我们如何获得令牌？如果检查来自机器人服务通道连接器的消息，那么我们就会注意到，我们可以拥有所有这些信息。一条来自 Slack 的完整传入消息如下所示：

```
    {
        "type": "message",
        "timestamp": "2017-11-23T17:27:13.5973326Z",
    "text": "hi",
    "attachments": [],
    "entities": [],
    "sourceEvent": {
        "SlackMessage": {
            "token": "ffffffffffffffffffffff",
            "team_id": "T84FFFFF",
            "api_app_id": "A84SFFFFF",
            "event": {
                "type": "message",
                "user": "U85MFFFFF",
                "text": "hi",
                "ts": "1511458033.000193",
                "channel": "D85TN0231",
                "event_ts": "1511458033.000193"
            },
            "type": "event_callback",
            "event_id": "Ev84PDKPCK",
            "event_time": 1511458033,
            "authed_users": [
                "U84A79YTB"
```

```
            ]
        },
        "ApiToken": "xxxxxxxxxxxxxxxxxxxxxxxxxxxxxxxxx"
    },
    "address": {
        "id": "ffffffffffffffffffffffffffffffff",
        "channelId": "slack",
        "user": {
            "id": "U85M9EQJ2:T84V64ML5",
            "name": "szymon.rozga"
        },
        "conversation": {
            "isGroup": false,
            "id": "B84SQJLLU:T84V64ML5:D85TN0231"
        },
        "bot": {
            "id": "B84SQJLLU:T84V64ML5",
            "name": "szymontestbot"
        },
        "serviceUrl": "https://slack.botframework.com"
    },
    "source": "slack",
    "agent": "botbuilder",
    "user": {
        "id": "U85M9EQJ2:T84V64ML5",
        "name": "szymon.rozga"
    }
}
```

请注意，sourceEvent 包含 ApiToken 和 SlackMessage，其中包含机器人所在的通道以及发送原始消息的用户的所有详细信息。在此示例中，通道为 D85TN0231，用户为 U85M9EQJ2。此外，我们可以得到团队的、机器人的、机器人用户的以及应用程序的 ID。传入消息在 Slack 中确实没有 ID，每条消息都有一个每通道唯一（unique-per-channel）的时间戳，称为 ts。

因此，一旦收到用户的第一条消息，我们就可以轻松做出响应，通过使用 Bot Builder 的 session.send 方法或直接使用 chat.postMessage 端点（如图 8-14 所示）。当然，session.send 通过调用 Slack 通道连接器完成底层的所有令牌工作，然后调用 chat.postMessage。

图 8-14　使用本地 Slack 调用进行响应

```
const bot = new builder.UniversalBot(connector, [
    session => {
        let token = session.message.sourceEvent.ApiToken;
        let channel = session.message.sourceEvent.SlackMessage.
        event.channel;
```

```
            postMessage(token, channel, 'POST!');
        }
    ]);
```

除了 chat.postMessage 返回了消息的本地 ts 值（而 session.send 没有返回）外，postMessage 并没有比 session.send 好多少。很酷！这意味着我们现在可以更新消息了！我们定义 updateMessage 方法如下：

```
function updateMessage(token, channel, ts, text, attachments) {
    return new Promise((resolve, reject) => {
        let client = restify.createJsonClient({
            url: 'https://slack.com/api/chat.update',
            headers: {
                Authorization: 'Bearer ' + token
            }
        });
        client.post('',
            {
                channel: channel,
                ts: ts,
                text: text,
                attachments: attachments
            },
            function (err, req, res, obj) {
                if (err) {
                    console.log('%j', err);
                    reject(err);
                    return;
                }
                console.log('%d -> %j', res.statusCode,
                res.headers);
                console.log('%j', obj);
                resolve(obj);
            });
    });
};
```

现在，我们可以编写代码来发送消息，并在任何其他响应反馈时更新它（如图 8-15、图 8-16 和图 8-17 所示）。

```
let msgts = null;

const bot = new builder.UniversalBot(connector, [
    session => {
        let token = session.message.sourceEvent.ApiToken;
        let channel = session.message.sourceEvent.SlackMessage.
        event.channel;
        let user = session.message.sourceEvent.SlackMessage.
        event.user;

        if (msgts) {
```

```
            updateMessage(token, channel, msgts, '<@' + user +
            '> said ' + session.message.text);
        } else {
            postMessage(token, channel, 'A placeholder...').
            then(r => {
                msgts = r.ts;
            });
        }
    }
]);
```

图 8-15　到现在为止还挺好……

图 8-16　似乎正在工作……

图 8-17　完全按照设计在工作

现在这虽是一个人为制作的示例，但它说明了我们调用 postMessage 然后更新并修改消息内容的能力。关于更新可以做什么是有一些规则的，我们将文档[1]作为练习留给开发人员去学习思考。

我们可以通过 API 完成的另一个例子是发布和删除短暂的消息。短暂消息仅对消息的接收者可见。例如，机器人可以向用户提供反馈，而不会在通道中显示结果，直到收集了所有必要的数据。虽然交互模型略有不同，但 Slash 的 giphy[2]命令是此模型的一个很好的例子。

使用命令 /giphy 可以搜索任何文本，并在短暂的消息中显示一些 GIF 选项。在使用之前，你必须首先启用集成。一旦我们确定要使用哪一个并单击 Send 按钮，GIF 就会替我们发送到通道（如图 8-18、图 8-19 和图 8-20 所示）。

我们可以使用 postEphemeral 消息仅向某些用户提供反馈。当然，"删除"（delete）功能使我们能够从机器人中删除旧消息。但从可用性的角度来看，删除功能并不实用。不如更新带有更正状态的消息或通知用户消息已被删除，而不是在没有任何解释的情况下简单地删除它。

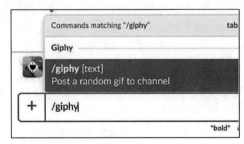

图 8-18　调用 Slash 命令 /giphy

---

[1] Slack API chat.update：https://api.slack.com/methods/chat.update。
[2] Slack 的 Giphy：https://get.slack.help/hc/en-us/articles/204714258-Giphy-for-Slack。

图 8-19 一张酷妈 mean girls GIF 图的预览

图 8-20 我现已通过在 Slack 对话中使用 /giphy mean girls 命令使 2004 年电影中的经典"Mean Girls"形象经久不衰

8.4 简单的互动消息

Slack 允许我们使用所谓的交互式消息来提供更好的对话体验[⊖]。交互式消息是包含常用消息数据以及按钮和菜单的消息。此外，当用户与用户界面元素交互时，消息可以改变以回应该信息。

下面是一个例子：机器人会发送一条消息要求确认，当用户点击 Yes 或 No 按钮时，我们的机器人会修改消息以回应你的选择（如图 8-21、图 8-22 和图 8-23 所示）。

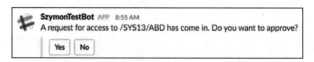

图 8-21 一条简单的交互式消息

⊖ Slack 交互式消息：https://api.slack.com/interactive-messages。

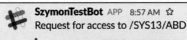
图 8-22　请求被确认

图 8-23　请求被拒绝

当然，我们可以使用 postMessage 和 updateMessage 来协调这种类型的行为，但还有一种更简单、更集成的方法。首先，我们定义一个名为 simpleflow 的对话框，使用 Choice Prompt 发送带按钮的消息。

```
const bot = new builder.UniversalBot(connector, [
    session => {
        session.beginDialog('simpleflow');
    },
    session => {
        session.send('done!!!');
        session.endConversation();
    }
]);
bot.dialog('simpleflow',
[
    (session, arg) =>{
        builder.Prompts.choice(session, 'A request for access
        to /SYS13/ABD has come in. Do you want to approve?',
        'Yes|No');
    },
    ... // next code snippet goes here
]);
```

然后我们通过向 response_url 发出 POST 请求来处理对按钮单击的响应。

```
(session, arg) =>{
    let r = arg.response.entity;
    let responseUrl = session.message.sourceEvent.Payload.
    response_url;
    let token = session.message.sourceEvent.Payload.token;
    let client = restify.createJsonClient({
        url: responseUrl
    });
    let userId = session.message.sourceEvent.Payload.user.id;
    let attachment ={
        color: 'danger',
        text: 'Rejected by <@' + userId + '>'
    };
    if (r === 'No'){} else if (r === 'Yes'){
        attachment ={
            color: 'good',
```

```
            text: 'Approved by <@' + userId + '>'
        };
    }
    client.post('',
    {
        token: token,
        text: 'Request for access to /SYS13/ABD',
        attachments: [attachment
        ]
    }, function (err, req, res, obj){
        if (err) console.log('Error -> %j', err);
        console.log('%d -> %j', res.statusCode, res.headers);
        console.log('%j', obj);
        session.endDialog();
    });
}
```

这里有一些处理过程。首先，我们从 Slack 获取响应，该响应被解析为实体值。其次，我们从 Slack 消息中获取所谓的 response_url。response_url 是一个 URL，允许我们修改用户刚响应的交互式消息或在通道中创建新消息。接着，我们获取授权，以将 POST 请求发送给 response_url 的令牌。最后，我们借助更新的消息 POST 到 response_url。

我们将详细介绍交互式消息结构，那么先来讨论一下用户体验。在开发利用此功能的机器人时，必须做出决定：当机器人呈现交互式消息时，用户是否必须立即回答它，或者当用户和机器人讨论其他主题时交互式消息是否要保留在历史记录中？针对后一种情况，在对话后的任何时间，用户都可以向上滚动并单击按钮以完成动作。前面的一个例子采用的是前一种方法；这就是 Bot Builder 驱动工作的方式。图 8-24 显示了用户未响应消息时的情况。

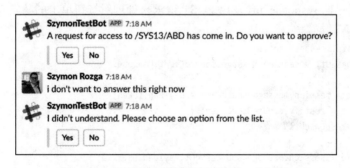

图 8-24　似乎有两组按钮来回答同一个问题

好的，我们是有两组按钮。那是可以讲得通的。如果我们单击 Yes 或 No 按钮，则将根据如图 8-25 所示的内容来修改该消息。一旦对话框结束，机器人瀑布流的第二步将发送"done!!!"消息。然而，此时对话处于一种奇怪的状态，如同原始请求仍然是打开的。

第 8 章 扩展通道功能　　223

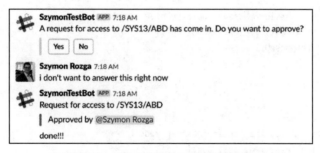

图 8-25　第一条消息不应该更新吗

现在，对话框堆栈不再包含堆栈顶部的选择提示。这意味着如果单击上部消息中的 Yes 或 No 按钮，那么我们将遇到问题，因为我们的代码不期望这种类型的响应（如图 8-26 所示）。事实上，因为机器人再次调用 beginDialog，所以我们将收到另一个提示。拥有多个未解析的交互消息而无法解决所有这些消息是糟糕的用户体验。

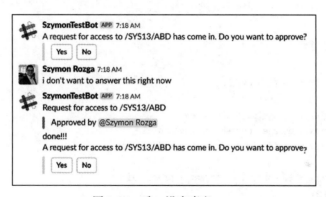

图 8-26　哦，没有意义……

体验可能很快变得复杂。这是在任何平台上显示按钮都会出现的问题：按钮保留在聊天记录中，可以随时点击。我们作为开发人员的目的就是确保机器人可以随时处理按钮及其有效负载。

下面介绍一种解决上一个问题的方法。我们保留默认行为，但我们创建一个自定义识别器来处理交互式消息输入，并将消息重定向到一个对话框。如果不期望这些输入，则告知用户操作已过期。让我们从对话框开始，读取交互式消息的 response_url，简单地向其发送"Sorry, this action has expired."（抱歉，此操作已过期）消息。当机器人解析 practicalbot.expire 时会调用该对话框。这样的命名约定允许我们区分机器人内部的意图和 LUIS 意图。

```
bot.dialog('remove_action',
[
    (session, arg) =>{
        let responseUrl = session.message.sourceEvent.Payload.
        response_url;
```

```
            let token = session.message.sourceEvent.Payload.token;
            let client = restify.createJsonClient({
                url: responseUrl
            });
            client.post('',
            {
                token: token,
                text: 'Sorry, this action has expired.'
            }, function (err, req, res, obj){
                if (err) console.log('Error -> %j', err);
                console.log('%d -> %j', res.statusCode, res.
                headers);
                console.log('%j', obj);
                session.endDialog();
            });
        }
]).triggerAction({ matches: 'practicalbot.expire' 
});
```

自定义识别器将如下所示：

```
bot.recognizer({
    recognize: function (context, done){
        let intent = { score: 0.0 };
        if (context.message.sourceEvent &&
            context.message.sourceEvent.Payload &&
            context.message.sourceEvent.Payload.response_url)
        {
            intent = { score: 1.0, intent: 'practicalbot.
            expire' };
        }
        done(null, intent);
    }
});
```

简而言之，如果对话框无法显式处理来自用户的操作响应，则会触发全局的 practical-bot.expire 意图。在这种情况下，我们只是告诉用户该操作已过期。全局效应如图 8-27 和图 8-28 所示。我们首先进入有两条交互消息要求我们输入 Yes 或 No 的场景。我们处理第二条，在图 8-28 中，我们在第一个按钮集上单击 Yes。

我们应该提到一些警告。首先，如果你尝试使用文本而不是单击按钮来响应提示，则提供的代码将失败。为什么是这样？因为 Slack 不会发送包含有关消息交互的详细信息的 Payload 对象。如果使用文本，则只会被视为文本输入，无法正确更新要赞同或拒绝的消息。解决这个问题的一种方法是简单地要求按钮输入而不是文本输入。另一种方法是接受它，但发送确认作为新消息。以下是使用图 8-29 中文本消息响应后生成的对话的行为代码：

```
(session, arg) => {
    let r = arg.response.entity;
    let userId = null;
    const isTextMessage = session.message.sourceEvent.
    SlackMessage; // this means we receive a slack message
    if (isTextMessage) {
        userId = session.message.sourceEvent.SlackMessage.
        event.user;
    } else {
        userId = session.message.sourceEvent.Payload.user.id;
    }
    Let attachment = {
        color: 'danger',
        text: 'Rejected by <@' + userId + '>'
    };
    if (r === 'No') {
    } else if (r === 'Yes') {
        attachment = {
            color: 'good',
            text: 'Approved by <@' + userId + '>'
        };
    }

    if (isTextMessage) {
        // if we got a text message, reply using
        // session.send with the confirmation message
        let msg = new builder.Message(session).
        sourceEvent({
            'slack': {
                text: 'Request for access to /SYS13/ABD',
                attachments: [attachment]
            }
        });
        session.send(msg);
    } else {
        let responseUrl = session.message.sourceEvent.
        Payload.response_url;
        let token = session.message.sourceEvent.Payload.
        token;
        let client = restify.createJsonClient({
            url: responseUrl
        });

        client.post('', {
            token: token,
            text: 'Request for access to /SYS13/ABD',
            attachments: [attachment]
        }, function (err, req, res, obj) {
```

```
            if (err) console.log('Error -> %j', err);
            console.log('%d -> %j', res.statusCode,
            res.headers);
            console.log('%j', obj);
            session.endDialog();
        });
    }
  }
}
```

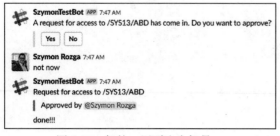

图 8-27　好的，回到这个场景

图 8-28　起作用了！我们现在可以对较旧的交互式消息进行交互，而不会造成用户体验混乱

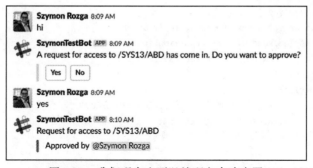

图 8-29　我们现在也可以处理文本响应了

第二个警告是，在前面的示例中，我们使用选择确认或拒绝提示的时候，当前对话被阻塞了，直到用户发送了是或否的响应。我们希望避免这种行为，以便用户可以继续使用机器人而无须立即对提示做出应答。更好的方法是安装一个全局识别器，它能够将交互式消息响应映射到意图，然后将这些意图映射到完成某些操作的对话框。我们将在练习 8-2 中看到这一点。

练习 8-2

探索 Slack 中的非阻塞交互消息

在上一节中，我们探讨了如何利用选择提示来询问用户关于使用交互式消息进行输入。

在本练习中，你将创建一个自定义识别器，以将交互式消息响应映射到对话框。通过使用 Slack 提供的 response_url，对话框将包含更新交互式消息的逻辑。

1. 创建一个通用机器人，从一个名为 sendExpenseApproval 的对话框开始。

2. 创建一个名为 sendExpenseApproval 的对话框。该对话框会创建一个随机费用对象，其中包含四个字段：ID、user（用户）、type（类型）、amount（金额）。此对象表示 user 在 "type" 类的项目上花费了 amount 美元。ID 只是一个随机生成的唯一标识符。例如，创建一个对象，表示 Szymon 在乘坐出租车时花了 60 美元，或者 Bob 花 20 美元购买了一箱风味苏打水。生成随机费用后，向用户发送一张英雄卡片，结算费用和两个标签为"赞同"（Approve）和"拒绝"（Reject）的按钮。使用 session.send 发送响应后，结束对话框。

3. 至此，机器人没有做任何事情。修改英雄卡片中的赞同和拒绝按钮，以确定发送到机器人的值是已赞同的带有 id {ID} 的请求还是已拒绝的带有 id {ID} 的请求。

4. 创建自定义识别器以匹配这些模式并提取 ID。你的自定义识别器应根据输入返回意图 ApproveRequestIntent 或 RejectRequestIntent。确保在生成的识别器对象中包含 ID。

5. 创建两个对话框，一个名为 ApproveRequestDialog，另一个名为 RejectRequestDialog。使用 triggerAction 将对话框连接到相应的意图。

6. 确保两个对话框向 response_url 发送正确的已赞同或已拒绝的响应，以便更新原始英雄卡片。

本练习中用于处理全局交互式消息的技术功能强大且可扩展。你可以轻松地为任何未来行为添加更多消息类型、意图和对话框。在实践中，可能会混合使用阻塞和非阻塞消息，现在你已经有能力处理这两种风格了。

8.5 多步骤体验

在上一节中，我们创建了单步交互式消息。我们将继续探索 Slack 上的交互式消息，并进行更复杂的多步骤交互。假设我们想引导用户选择一种关于比萨饼及其尺寸和各种配料的多步骤过程。我们将使用多步骤交互式消息来构建体验。本节的代码包含在本书的 git repo 中，我们将在以下页面中分享最相关的代码。

图 8-30　你想要什么比萨酱

我们的体验如下。首先机器人将向用户询问他们比萨的酱汁类型（如图 8-30 所示）。

如果用户响应番茄酱，那么我们的有限机器人将要求用户选择两种馅饼中的一种：普通或意大利辣香肠（如图 8-31 所示）。

如果用户选择了油和大蒜酱，那么机器人会给出

图 8-31　比萨的番茄酱类型选项

一组不同的选项（如图 8-32 所示）。

最后一步要求用户选择比萨尺寸。此步骤会给出一个菜单以供选择（如图 8-33 所示）。

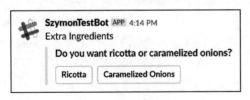 

图 8-32　普通比萨的油和大蒜酱的额外配料选项　　图 8-33　你要哪种尺寸的比萨

完成后，该消息将变为订单摘要（如图 8-34 所示）。

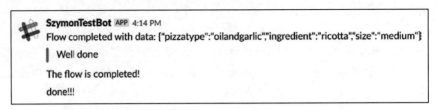

图 8-34　用户订单摘要

作为练习，我们将使用原生的 Slack API。Bot Builder SDK 需要一个对话步骤，以明确使用提示从一个步骤进行到下一个步骤。由于直接使用 Slack API，因此我们将拥有一个一步式瀑布对话框。这意味着将会一遍又一遍地调用相同的函数，直到识别出不同的全局操作或者我们的对话框调用 endDialog 为止。

回顾前面的例子，我们利用 Bot Builder 的提示发回按钮并将结果收集回我们机器人的逻辑中。Bot 框架为我们提取的一个内容是向用户发送操作提示，实际上发送带有附件的 Slack 消息，该附件包括一组操作，其中每个按钮对应不同的操作。当用户点击按钮时，会使用回调 ID 对我们的机器人进行回调以识别操作。

例如，如果我们将此消息发送给 Slack，那么它将呈现如图 8-31 所示的消息。

```
pizzatype: {
    text: 'Sauce',
    attachments: [
        {
            callback_id: 'pizzatype',
            title: 'Choose a Pizza Sauce',
            actions: [
                {
                    name: 'regular',
                    value: 'regular',
                    text: 'Tomato Sauce',
                    type: 'button'
```

```
                },
                {
                    name: 'step2b',
                    value: 'oilandgarlic',
                    text: 'Oil & Garlic',
                    type: 'button'
                }
            ]
        }
    ]
}
```

点击任一按钮时，我们的机器人都将收到一条消息（回调 ID 为 pizzatype）和所选值。这是我们点击 Tomato Sauce 时收到的消息的相关 JSON 片段：

```
"sourceEvent": {
    "Payload": {
        "type": "interactive_message",
        "actions": [
            {
                "name": "regular",
                "type": "button",
                "value": "regular"
            }
        ],
        "callback_id": "pizzatype",
        ...
    },
    "ApiToken": "xxxxxxxxxxxxxxxxxxxxxxxxxxxxxxxx"
}
```

因此，弄清楚我们是否正在获得类型回调的逻辑是很简单的。实际上，这一代码跟前面显示的识别器代码很类似。我们创建一个 isCallbackResponse 函数，它可以告诉我们消息是否是回调，或者说，它是否是某种类型的回调。

```
const isCallbackResponse = function (context, callbackId){
    const msg = context.message;
    let result = msg.sourceEvent &&
        msg.sourceEvent.Payload &&
        msg.sourceEvent.Payload.response_url;

    if (callbackId){
        result = result && msg.sourceEvent.Payload.callback_id
            === callbackId;
    }
    return result;
};
```

然后我们可以将识别器配置为使用此功能。

```
bot.recognizer({
    recognize: function (context, done) {
        let intent = { score: 0.0 };
        if (isCallbackResponse(context)) {
            intent = { score: 1.0, intent: 'practicalbot.
            expire' };
        }
        done(null, intent);
    }
});
```

现在我们可以构建一个能引导用户完成一个过程的对话框。我们首先声明将为每个步骤发送的消息。我们还将发送以下四条消息之一：

- 选择比萨类型的第一条消息
- 基于所选择的比萨类型，选择两种成分之一
- 比萨尺寸的选择
- 最后的确认消息

这是我们使用的 JSON：

```
exports.multiStepData = {
    pizzatype: {
        text: 'Sauce',
        attachments: [
            {
                callback_id: 'pizzatype',
                title: 'Choose a Pizza Sauce',
                actions: [
                    {
                        name: 'regular',
                        value: 'regular',
                        text: 'Tomato Sauce',
                        type: 'button'
                    },
                    {
                        name: 'step2b',
                        value: 'oilandgarlic',
                        text: 'Oil & Garlic',
                        type: 'button'
                    }
                ]
            }
        ]
    },
    regular: {
        text: 'Pizza Type',
        attachments: [
```

```
                    {
                        callback_id: 'ingredient',
                title: 'Do you want a regular or pepperoni
                pie?',
                actions: [
                    {
                        name: 'regular',
                        value: 'regular',
                        text: 'Regular',
                        type: 'button'
                    },
                    {
                        name: 'pepperoni',
                        value: 'pepperoni',
                        text: 'Pepperoni',
                        type: 'button'
                    }
                ]
            }
        ]
    },
    oilandgarlic: {
        text: 'Extra Ingredients',
        attachments: [
            {
                callback_id: 'ingredient',
                title: 'Do you want ricotta or caramelized
                onions?',
                actions: [
                    {
                        name: 'ricotta',
                        value: 'ricotta',
                        text: 'Ricotta',
                        type: 'button'
                    },
                    {
                        name: 'carmelizedonions',
                        value: 'carmelizedonions',
                        text: 'Caramelized Onions',
                        type: 'button'
                    }
                ]
            }
        ]
    },
    collectsize: {
        text: 'Size',
```

```
            attachments: [
                {
                    text: 'Which size would you like?',
                    callback_id: 'finish',
                    actions: [
                        {
                            name: 'size_list',
                            text: 'Pick a pizza size...',
                            type: 'select',
                            options: [
                                {
                                    text: 'Small',
                                    value: 'small'
                                },
                                {
                                    text: 'Medium',
                                    value: 'medium'
                                },
                                {
                                    text: 'Large',
                                    value: 'large'
                                }
                            ]
                        }
                    ]
                },
        finish: {
            attachments: [{
                color: 'good',
                text: 'Well done'
            }]
        }
    };
```

然后我们每一步创建一个流水对话框。如果我们从用户收到的消息不是回调,则使用 postMessage 发送第一步消息。

```
let apiToken = session.message.sourceEvent.ApiToken;
let channel = session.message.sourceEvent.SlackMessage.event.channel;
let user = session.message.sourceEvent.SlackMessage.event.user;
let typemsg = multiFlowSteps.pizzatype;

session.privateConversationData.workflowData ={};
postMessage(apiToken, channel, typemsg.text, typemsg.attachments).then(function (){
    console.log('created message');
});
```

否则，如果消息是回调，那么我们将确定回调类型，获取消息中传递的数据（根据它是来自按钮还是菜单而略有不同），适当保存响应数据，并响应下一个相关消息。我们使用 privateConversationData 来跟踪该状态。需要注意的是，我们应明确保存状态。

session.save();

通常，状态将保存为 session.send 调用的一部分。由于不再使用这种机制（直接使用 Slack API），因此我们将在方法结束时明确地调用它。我们检测用户是否说"退出"（quit）以退出流程。整个方法大概如下：

```
(session, arg, next) => {
    if (session.message.text === 'quit') {
        session.endDialog();
        return;
    }

    if (isCallbackResponse(session)) {
        let responseUrl = session.message.sourceEvent.Payload.
        response_url;
        let token = session.message.sourceEvent.Payload.token;
        console.log(JSON.stringify(session.message));
        let client = restify.createJsonClient({
            url: responseUrl
        });

        let text = '';
        let attachments = [];

        let val = null;
        const payload = session.message.sourceEvent.Payload;
        const callbackChannel = payload.channel.id;
if (payload.actions && payload.actions.length > 0) {
    val = payload.actions[0].value;
    if (!val) {
        val = payload.actions[0].selected_options[0].
        value;
    }
}

if (isCallbackResponse(session, 'pizzatype')) {
    session.privateConversationData.workflowData.
    pizzatype = val;
    let ingredientStep = multiFlowSteps[val
    ];
    text = ingredientStep.text;
    attachments = ingredientStep.attachments;
}
else if (isCallbackResponse(session, 'ingredient')) {
    session.privateConversationData.workflowData.
    ingredient = val;
```

```
            var ingredientstep = multiFlowSteps.collectsize;
            text = ingredientstep.text;
            attachments = ingredientstep.attachments;
        }
        else if (isCallbackResponse(session, 'finish')) {
            session.privateConversationData.workflowData.size =
            val;
            text = 'Flow completed with data: ' + JSON.
            stringify(session.privateConversationData.
            workflowData);
            attachments = multiFlowSteps.finish.attachments;
        }
        client.post('',
                {
                    token: token,
                    text: text,
                    attachments: attachments
                }, function (err, req, res, obj) {
                    if (err) console.log('Error -> %j', err);
                    console.log('%d -> %j', res.statusCode, res.
                    headers);
                    console.log('%j', obj);
                    if (isCallbackResponse(session, 'finish')) {
                        session.send('The flow is completed!');
                        session.endDialog();
                        return;
                    }
                });
    } else {
        let apiToken = session.message.sourceEvent.ApiToken;
        let channel = session.message.sourceEvent.SlackMessage.
        event.channel;
        let user = session.message.sourceEvent.SlackMessage.
        event.user;
        // we are beginning the flow... so we send an ephemeral
        message
        let typemsg = multiFlowSteps.pizzatype;

        session.privateConversationData.workflowData = {};
        postMessage(apiToken, channel, typemsg.text, typemsg.
        attachments).then(function () {
            console.log('created message');
        });
    }
    session.save();
}
```

在编写完所有代码后，让我们看看会发生什么（如图 8-35 和图 8-36 所示）。

图 8-35　到现在为止还挺好　　　　　　　　图 8-36　哎呀

所以发生了什么事？事实证明，我们之前创建的识别器在不期望被启动时会拒绝交互式消息响应，并告诉我们操作已过期。似乎提示代码抢占了全局识别器，而如果我们使用瀑布对话框，则无法控制识别过程。

在第 6 章，当讨论自定义对话框时，我们简要介绍了一种名为识别（recognize）的方法。此方法允许我们向 Bot Builder SDK 指示：我们希望当前对话框在解释用户消息时排在第一位。在这种情况下，我们有来自 Slack 的特定回调。这是识别功能的一个很好的用例。但我们如何获取它？事实证明，我们可以创建 WaterfallDialog 对话框的自定义子类，定义一个自定义识别方法的工具。

```
class WaterfallWithRecognizeDialog extends builder.
WaterfallDialog {
    constructor(callbackId, steps) {
        super(steps);
        this.callbackId = callbackId;
    }

    recognize(context, done) {
        var cb = this.callbackId;
        if (_.isFunction(this.callbackId)) {
            cb = this.callbackId();
            // callback can be a function that returns an ID
        }
        if (!_.isArray(cb)) cb = [cb]; // or a list of IDs

        let intent = { score: 0.0 };

        // lastly we evaluate each ID to see if it matches the
        message.
        // if yes, handle within this dialog
        for (var i = 0; i < cb.length; i++) {
            if (isCallbackResponse(context, cb[i])) {
                intent = { score: 1.0 };
                break;
```

```
                break;
            }
        }
        done(null, intent);
    }
```

简而言之，只要消息进入就会调用 recognize 方法。我们从 this.callbackId 对象中解析对话框内支持的回调。我们支持单个回调值、回调值数组或返回回调值的函数。如果回调是任何被支持的回调 ID，那么我们返回 1.0 的分数，这意味着我们的对话框将处理该消息。否则，我们将得分 0.0。这意味着这些回调将转到全局识别器，如第 6 章所述。任何其他回调 ID 都将被视为已过期。

我们可以很容易地使用这个类，如下所示：

```
bot.dialog('multi-step-flow', new WaterfallWithRecognizeDialog(
    ['pizzatype', 'ingredient', 'finish'], [
        ...
    ]));
```

如果现在运行代码，那么我们得到的结果将如图 8-30 ～图 8-33 所示。

练习 8-3

交互消息

在本练习中，你将创建一个多步骤交互流程来支持可以过滤服装产品的机器人。目的是利用与上一节类似的方法来指导用户完成多步数据输入过程。

- 通过两个步骤创建通用机器人。第一步调用一个名为 filterClothing 的对话框，第二步将对话框的结果输出到控制台并结束对话。
- 按照最近章节的内容创建一个名为 filterClothing 的多步骤交互式消息对话框。收集三种数据来过滤可能的服装选择：服装类型、尺寸和颜色。仅使用菜单来完成。
- 确保利用针对 response_url 的 HTTP 请求来更新交互式消息。

现在你已经很精通将 Slack API 用于多步交互式消息了，这是一个很酷的 Slack 功能。

8.6 结束语

本章演示的代码仅仅是我们的 Bot Builder 机器人和不同通道之间的整合可能性的皮毛而已。虽然刻意关注 Slack 用例，但很明显我们希望有很多机会可以在一系列不同的体验和特定于平台的体验中重用我们的机器人代码。

对话框、状态和识别器的强大概念可以应用于所有通道，即使使用本地机制来调用对话框也是如此。我们还没有探索过为自定义通道创建连接器。我们将在下一章对此进行研究。

CHAPTER 9

第 9 章

创建新的通道连接器

现在应该清楚的是，将所有类型的通道与内置的机器人服务支持集成是可行的。Bot Builder SDK 设计人员意识到，并非每个通道的每个功能都可由机器人服务处理，并使 SDK 保持灵活性以支持可扩展性。

机器人服务支持相当多的通道，但如果我们的机器人需要支持像 Twitter Direct Messages API 这样的通道呢？如果我们需要与（直接与 Facebook Messenger 集成的）实时聊天平台集成而又无法使用 Bot 框架 Facebook 通道连接器，该怎么办？机器人服务包括通过 Twilio 支持 SMS，但如果我们想将它扩展到 Twilio 的语音 API（这样可以直接与机器人交谈），又该怎么办？

所有这些都可以通过微软提供的名为 Direct Line API 的工具实现。在本章中，我们将介绍它的概念，如何构建与机器人通信的自定义 Web 聊天界面，以及如何将机器人挂钩到 Twilio 的 Voice API。到本章结束时，我们将能拨打电话号码，与机器人交谈，并听取它对我们的应答！

9.1 Direct Line API

如果在机器人服务条款中研究了通道的内容，那么你可能会碰到一个名为 Direct Line 的东西。Direct Line 通道只是我们通过易于使用的 API 从客户端应用程序调用机器人的方式，客户端应用程序无法托管 Webhook 以接收应答。让我们来回顾一下。通常，如图 9-1 所示，通道通过调用机器人的消息端点与机器人通信。传入的消息由机器人处理。在创建应答时，机器人会使用应答消息将消息发送到通道的应答 URL。回想一下，传入的消息包括 serviceUrl。这是应答 HTTP 端点所在的位置。如果我们要编写自定义客户端应用程序（如移动应用程序），则此 URL 必须是客户端应用程序在用户手机上托管的端点。这个异步模型非常强大，消息必须返回时，如果有的话，对需要返回的消息数量没有限制。当然，缺点是客户端应用程序需要托管 Web 服务器。这是一个有许多环境的非启动器。可以在 iOS 设备上托管 HTTP 服务器吗？

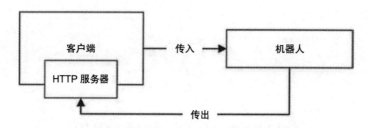

图 9-1 客户端应用程序和 Bot 框架机器人之间的交互

微软提供的解决方案是创建了一个封装 HTTP 服务器的通道。Direct Line 可以轻松地将消息发布到机器人中,并为客户端应用程序提供一个界面,以便将机器人发送的任何应答轮询回用户。微软的 Direct Line API 目前为第 3 版,它也支持 WebSocket[⊖],因此开发人员不需要使用轮询机制,图 9-2 给出了该方案的一般设计图。

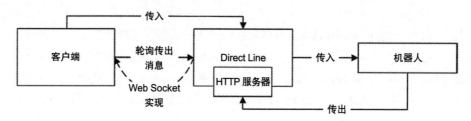

图 9-2 Direct Line 无须客户端托管 HTTP 服务器

Direct Line 通道使用起来也很方便,因为它可以解决机器人身份验证问题。我们只需要将 Direct Line 密钥作为承载令牌传递到 Direct Line 通道。

Direct Line v3 API 包含围绕对话的以下操作:

- **StartConversation**:与机器人开始新的对话。机器人会收到必要的消息,以表明新对话的开始。
- **GetConversation**:获取现有对话的详细信息,包括 streamUrl,客户端可以使用它连接 WebSocket。
- **GetActivities**:获取机器人和用户之间交换的所有活动。这提供了传递水印以仅在水印之后获得活动的可选能力。
- **PostActivity**:从用户向机器人发送新活动。
- **UploadFile**:将文件从用户上传给机器人。

API 还包含两种身份验证方法。

可以使用共享的 Direct Line 密钥访问 Direct Line API。但是,如果不怀好意的人获得密钥,他可以作为新用户或已知用户与机器人开始任意多个新会话。如果只进行服务器到服

⊖ WebSocket 协议:https://en.wikipedia.org/wiki/WebSocket。

务器的通信，只要我们正确管理密钥，这不应该是一个巨大的风险。但是，如果我们希望客户端应用程序与 API 通信，需要另一种解决方案。Direct Line 提供了两个令牌端点供我们使用。

- 生成令牌（generate token）：POST /v3/directline/tokens/generate
- 刷新令牌（refresh token）：POST /v3/directline/tokens/refresh

生成端点会生成一个令牌，用于一个且仅一个对话。应答还包括 expires_in 字段。如果需要扩展时间轴，API 会提供刷新端点，以便同时刷新另一个 expires_in 值的令牌。在撰写本书时，expires_in 的值为 30 分钟。

API 被调用为对以下端点的 REST 调用（全部托管在 https://directline.botframework.com 上）：

- Start Conversation：POST /v3/conversations
- Get Conversation：GET /v3/conversations/{conversationId}?watermark={watermark}
- GetActivities：GET /v3/conversations/{conversationId}/activities?watermark={watermark}
- PostActivity：POST /v3/conversations/{conversationId}/activities
- UploadFile：POST /v3/conversations/{conversationId}?userId={userId}

你可以在在线文档中找到有关 Direct Line API 的更多详细信息[⊖]。

9.2 自定义 Web 聊天界面

网上有很多 Direct Line 样本，这里有一个是关于控制台节点应用程序上下文的：https://github.com/Microsoft/BotBuilder-Samples/tree/master/Node/core-DirectLine/DirectLineClient。

我们将此代码作为模板并创建自定义 Web 聊天界面，以探讨如何从客户端应用程序连接到机器人。虽然 Bot Builder SDK 已经包含了一个网络聊天的组件化版本[⊖]，但自己构建它将是 Direct Line 的绝佳体验。

首先，需要启用 Direct Line。在机器人的"通道"切换页面中，单击 Direct Line 按钮（如图 9-3 所示），进入 Direct Line 配置屏幕。

可以创建多个密钥来对 Direct Line 进行身份验证。在本例中，我们将简单地使用 Default Site 密钥（如图 9-4 所示）。

图 9-3　Direct Line 通道图标

⊖ Bot Framework Direct Line API 中的关键概念：https://docs.microsoft.com/en-us/azure/bot-service/rest-api/bot-framework-rest-direct-line-3-0-concepts。

⊖ Bot Framework WebChat 是一个 React 组件。代码可以扩展为提供不同的渲染行为或更改控件的样式。你可以在 https://github.com/Microsoft/BotFramework-WebChat 上找到更多信息。

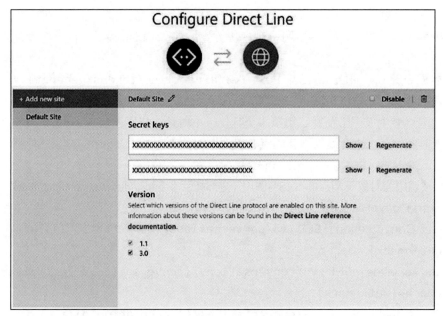

图 9-4 Direct Line 配置界面

现在准备好了密钥，我们将创建一个节点包（其中包含一个机器人和一个简单的启用 jQuery 的网页），以说明如何将机器人与客户端应用程序连接在一起。后面的完整代码包含在我们的 git 仓库中。

我们将创建一个可以响应一些简单输入的基本机器人，因此会创建一个托管网络聊天组件的 index.html 页面。机器人的 .env 文件应该像往常一样包含 MICROSOFT_APP_ID 和 MICROSOFT_APP_PASSWORD 值。我们还添加了 DL_KEY，这是我们共享的 Direct Line 密钥的值，如图 9-4 所示。当页面打开时，代码将从机器人获取令牌，这样我们就不会将秘密暴露给客户端。这需要在机器人上实现端点。

首先，使用典型依赖项设置一个空机器人。接下来显示基本对话代码。我们支持一些无聊的事情，比如"你好""退出""生命的意义""waldo 在哪里"和"苹果"。如果输入与其中任何一个都不匹配，那么默认为是置之不理，并直接返回"哦，这很酷。"

```
const bot = new builder.UniversalBot(connector, [
    session => {
        session.beginDialog('sampleConversation');
    },
    session => {
        session.send('conversation over');
        session.endConversation();
    }
]);

bot.dialog('sampleConversation', [
```

```javascript
(session, arg) => {
    console.log(JSON.stringify(session.message));
    if (session.message.text.indexOf('hello') >= 0 ||
    session.message.text.indexOf('hi') >= 0)
        session.send('hey!');
    else if (session.message.text === 'quit') {
        session.send('ok, we\'re done');
        return;
    } else if (session.message.text.indexOf('meaning of
    life') >= 0) {
        session.send('42');
    } else if (session.message.text.indexOf('waldo') >= 0) {
        session.send('not here');
    } else if (session.message.text === 'apple') {
        session.send({
            text: "Here, have an apple.",
            attachments: [
                {
                    contentType: 'image/jpeg',
                    contentUrl: 'https://upload.wikimedia.
                    org/wikipedia/commons/thumb/1/15/Red_
                    Apple.jpg/1200px-Red_Apple.jpg',
                    name: 'Apple'
                }
            ]
        });
    }
    else {
        session.send('oh that\'s cool');
    }
}
]);
```

其次，创建一个 Web 聊天页面（index.html 页面），其中包含来自 CDN 的 jQuery 和 Bootstrap。

```javascript
server.get(/\/?.*/, restify.serveStatic({
    directory: './app',
    default: 'index.html'
}))
```

index.html 提供简单的用户体验。我们将有一个包含两个元素的聊天客户端容器：一个聊天历史记录视图（它将呈现用户和机器人之间的任何消息）和一个文本输入框。假设按回车（Return）键发送消息。对于聊天记录，将插入聊天条目元素，并使用 CSS 和 JavaScript 来正确地调整和定位条目元素。我们将根据消息传递的通常规则，在左侧显示用户的消息，在右侧显示另一方的消息。

```html
<!doctype html>
<html lang="en">
    <head>
        <title>Direct Line Test</title>
        <link rel="stylesheet" href="https://stackpath.
        bootstrapcdn.com/bootstrap/4.0.0/css/bootstrap.min.css"
        type="text/css" />

        <link rel="stylesheet" href="app/chat.css" type="text/
        css" />
    </head>

    <body>
        <script src="https://code.jquery.com/jquery-3.3.1.min.
        js" integrity="sha256-FgpCb/KJQlLNfOu91ta32o/
        NMZxltwRo8QtmkMRdAu8=" crossorigin="anonymous">
        </script>
        <script src="https://stackpath.bootstrapcdn.com/
        bootstrap/4.0.0/js/bootstrap.min.js"></script>

        <script src="app/chat.js"></script>

        <h1>Sample Direct Line Interface</h1>

        <div class="chat-client">
            <div class="chat-history">

            </div>
            <div class="chat-controls">
                <input type="text" class="chat-text-entry" />
            </div>
        </div>
    </body>
</html>
```

chat.css 样式表如下所示：

```css
body {
    font-family: Helvetica, Arial, sans-serif;
    margin: 10px;
}

.chat-client {
    max-width: 600px;
    margin: 20px;
    font-size: 16px;
}

.chat-history {
    border: 1px solid lightgray;
    height: 400px;
    overflow-x: hidden;
    overflow-y: scroll;
```

```css
}
.chat-controls {
    height: 20px;
}
.chat-img {
    background-size: contain;
    height: 160px;
    max-width: 400px;
}
.chat-text-entry {
    width: 100%;
    border: 1px solid lightgray;
    padding: 5px;
}
.chat-entry-container {
    position: relative;
    margin: 5px;
    min-height: 40px;
}
.chat-entry {
    color: #666666;
    position: absolute;
    padding: 10px;
    min-width: 10px;
    max-width: 400px;
    overflow-y: auto;
    word-wrap: break-word;
    border-radius: 10px;
}
.chat-from-bot {
    right: 10px;
    background-color: #2198F4;
    border: 1px solid #2198F4;
    color: white;
    text-align:right;
}
.chat-from-user {
    background-color: #E5E4E9;
    border: 1px solid #E5E4E9;
}
```

客户端逻辑存在于 chat.js 文件内。在此文件中，我们声明了一些函数来帮助调用必要的 Direct Line 端点。

```
const pollInterval = 1000;
const user = 'user';
```

```
const baseUrl = 'https://directline.botframework.com/v3/
directline';
const conversations = baseUrl + '/conversations';
function startConversation(token) {
    // POST to conversations endpoint
    return $.ajax({
        url: conversations,
        type: 'POST',
        data: {},
        datatype: 'json',
        headers: {
            'authorization': 'Bearer ' + token
        }
    });
}

function postActivity(token, conversationId, activity) {
    // POST to conversations endpoint
    const url = conversations + '/' + conversationId +
    '/activities';

    return $.ajax({
        url: url,
        type: 'POST',
        data: JSON.stringify(activity),
        contentType: 'application/json; charset=utf-8',
        datatype: 'json',
        headers: {
            'authorization': 'Bearer ' + token
        }
    });
}
function getActivities(token, conversationId, watermark) {
    // GET activities from conversations endpoint
    let url = conversations + '/' + conversationId +
    '/activities';
    if (watermark) {
        url = url + '?watermark=' + watermark;
    }
    return $.ajax({
        url: url,
        type: 'GET',
        data: {},
        datatype: 'json',
        headers: {
            'authorization': 'Bearer ' + token
        }
    });
```

```
}
function getToken() {
    return $.getJSON('/api/token').then(function (data) {
        // we need to refresh the token every 30 minutes at
        most.
        // we'll try to do it every 25 minutes to be sure
        window.setInterval(function () {
            console.log('refreshing token');
            refreshToken(data.token);
        }, 1000 * 60 * 25);
        return data.token;
    });
}
function refreshToken(token) {
    return $.ajax({
        url: '/api/token/refresh',
        type: 'POST',
        data: token,
        datatype: 'json',
        contentType: 'text/plain'
    });
}
```

为了支持 getToken() 和 refreshToken() 客户端函数,我们在机器人上发布了两个端点。/api/token 生成一个新令牌,/api/token/refresh 接受一个令牌作为输入并刷新它,以延长其生命周期。

```
server.use(restify.bodyParser({ mapParams: false }));
server.get('/api/token', (req, res, next) => {
    // make a request to get a token from the secret key
    const jsonClient = restify.createStringClient({ url:
    'https://directline.botframework.com/v3/directline/tokens/
    generate' });
    jsonClient.post({
        path: '',
        headers: {
            authorization: 'Bearer ' + process.env.DL_KEY
        }
    }, null, function (_err, _req, _res, _data) {
        let jsonData = JSON.parse(_data);
        console.log('%d -> %j', _res.statusCode, _res.headers);
        console.log('%s', _data);
        res.send(200, {
            token: jsonData.token
        });
        next();
    });
});
```

```js
server.post('/api/token/refresh', (req, res, next) => {
    // make a request to get a token from the secret key
    const token = req.body;
    const jsonClient = restify.createStringClient({ url:
    'https://directline.botframework.com/v3/directline/tokens/
    refresh' });
    jsonClient.post({
        path: '',
        headers: {
            authorization: 'Bearer ' + token
        }
    }, null, function (_err, _req, _res, _data) {
        let jsonData = JSON.parse(_data);
        console.log('%d -> %j', _res.statusCode, _res.headers);
        console.log('%s', _data);
        res.send(200, {
            success: true
        });
        next();
    });
});
```

当页面加载到浏览器上时，我们开始对话，为其获取令牌，并侦听传入的消息。

```js
getToken().then(function (token){
    startConversation(token)
        .then(function (response){
            return response.conversationId;
        })
        .then(function (conversationId){
            sendMessagesFromInputBox(conversationId, token);
            pollMessages(conversationId, token);
        });
});
```

sendMessagesFromInputBox 的实现代码如下：

```js
function sendMessagesFromInputBox(conversationId, token) {
    $('.chat-text-entry').keypress(function (event) {
        if (event.which === 13) {
            const input = $('.chat-text-entry').val();
            if (input === '') return;

            const newEntry = buildUserEntry(input);
            scrollToBottomOfChat();

            $('.chat-text-entry').val('');

            postActivity(token, conversationId, {
                textFormat: 'plain',
                text: input,
```

```
                    type: 'message',
                    from: {
                        id: user,
                        name: user
                    }
                }).catch(function (err) {
                    $('.chat-history').remove(newEntry);
                    console.error('Error sending message:', err);
                });
            }
        });
    }
    function buildUserEntry(input) {
        const c = $('<div/>');
        c.addClass('chat-entry-container');
        const entry = $('<div/>');
        entry.addClass('chat-entry');
        entry.addClass('chat-from-user');
        entry.text(input);
        c.append(entry);
        $('.chat-history').append(c);

        const h = entry.height();
        entry.parent().height(h);
        return c;
    }
    function scrollToBottomOfChat() {
        const el = $('.chat-history');
        el.scrollTop(el[0].scrollHeight);
    }
```

代码侦听文本框上的 Return 键。如果用户输入不为空，则将消息发送到机器人并将用户的消息添加到聊天历史记录中。如果发送到机器人的消息因某些原因失败，则会从聊天记录中删除用户的消息。我们还要确保聊天记录控件滚动到底部，以便显示最新消息。在接收端，轮询 Direct Line 以获取消息。该功能的辅助代码如下：

```
    function pollMessages(conversationId, token) {
        console.log('Starting polling message for conversationId: '
            + conversationId);
        let watermark = null;
        setInterval(function () {
            getActivities(token, conversationId, watermark)
                .then(function (response) {
                    watermark = response.watermark;
                    return response.activities;
                })
                .then(insertMessages);
        }, pollInterval);
```

```
}
function insertMessages(activities) {
    if (activities && activities.length) {
        activities = activities.filter(function (m) { return
        m.from.id !== user });
        if (activities.length) {
            activities.forEach(function (a) {
                buildBotEntry(a);
            });
            scrollToBottomOfChat();
        }
    }
}
function buildBotEntry(activity) {
    const c = $('<div/>');
    c.addClass('chat-entry-container');
    const entry = $('<div/>');
    entry.addClass('chat-entry');
    entry.addClass('chat-from-bot');
    entry.text(activity.text);

    if (activity.attachments) {
        activity.attachments.forEach(function (attachment) {
            switch (attachment.contentType) {
                case 'application/vnd.microsoft.card.hero':
                    console.log('hero card rendering not
                    supported');
                    // renderHeroCard(attachment, entry);
                    break;

                case 'image/png':
                case 'image/jpeg':
                    console.log('Opening the requested image '
                    + attachment.contentUrl);
                    entry.append("<div class='chat-img'
                    style='background-size: cover; background-
                    image: url(" + attachment.contentUrl + ")'
                    />");
                    break;
            }
        });
    }
    c.append(entry);
    $('.chat-history').append(c);

    const h = entry.height();
    entry.parent().height(h);
}
```

请注意，Direct Line API 会返回用户和机器人之间的所有消息，因此必须过滤掉用户发送的任何消息（因为我们已经在最初发送消息时加了这些消息）。除此之外，还有自定义逻辑来支持图像附件。

```
entry.append("<div class='chat-img' style='background-size:
cover; background-image: url(" + attachment.contentUrl + ")'
/>");
```

我们可以扩展该部分以支持英雄卡片（我们已在代码中拥有一个 Switch-Case 了，但还没有实现 renderHeroCard 功能）或自适应卡片、音频附件或任何其他类型的（我们的应用程序所需要的）自定义渲染。

简单说明：由于使用 Direct Line API 和自定义客户端应用程序，可以选择定义自定义附件。因此，如果机器人需要在 Web 聊天中渲染一些应用程序用户界面，那么就可以使用自己的附件来指定此渲染逻辑。buildBotEntry 中的代码简单地给出了这项操作方法。

如果我们构建机器人并在 localhost:3978 上运行它，那么可以通过将浏览器指向 http://localhost:3978 来访问网络聊天室。当我们运行它时，界面看起来很简单，如图 9-5 所示。图 9-6 显示了与按预期运行的机器人进行几次交互后的对话！

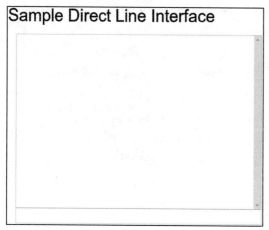

图 9-5　简单的空聊天界面

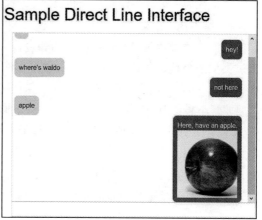

图 9-6　哦，等等，开始！非常好！

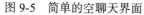

节点控制台接口

在本练习中，你将创建一个机器人，该机器人拥有一些能够返回文本的基本命令，还将创建一个与之通信的命令行界面。目的是学会使用轮询客户端和 Web 套接字客户端，并比较它们的性能。

1. 创建一个简单的机器人，可以用文本回应多个用户的对话问题。通过使用模拟器确保机器人按预期工作。

2. 配置机器人,以接受机器人通道注册 Channels 切换页面上的 Direct Line 输入。

3. 编写一个节点命令行应用程序,用于侦听用户的控制台输入,并在用户按下回车(Return)时将输入发送到 Direct Line。

4. 对于传入消息,编写代码来轮询消息并在屏幕上显示出来。每 1 至 2 秒轮询一次。使用控制台应用程序向机器人发送多条消息,并观察它响应的速度。

5. 作为第二个练习,编写代码,利用 streamUrl 初始化新的 WebSocket 连接。可以使用 ws Node.js 包,其文档说明位于 https://github.com/websockets/ws。将传入的消息输出到屏幕上。

6. 轮询方法的性能与 WebSocket 选项相比如何?

你现在可以说已精通与 Direct Line API 的集成了。如果你正在开发自定义通道适配器,那就从这里开始吧。

9.3 语音机器人

Bot 框架有很大的灵活性。通道研究还有一个方面,那就是自定义通道的实现。比如说,你正在为一个客户建立一个机器人,一切都进展顺利。在一个星期五的下午,客户过来问你:"嘿,Bot 开发人员,用户可以拨打 800 号码与机器人通话吗?"

当然,我确定只要有足够的时间和金钱,就可以做任何事情,但如何开始呢?我曾经经历过类似的事情,我最初的反应是:"没办法,这太疯狂了。问题太多了。语音与聊天不一样。"其中一些遗留问题仍然存在;在消息传递和语音通道之间重用机器人是一个棘手的领域,需要非常小心,因为这两个接口是完全不同的。当然,这并不意味着我们不会尝试去做!

事实证明,Twilio 是一个稳定且易于使用的语音呼叫和 SMS API 提供商。幸运的是,不久前,Twilio 在其平台上增加了语音识别功能,现在可以将用户的语音转换为文本。将来,意图识别会被整合到系统中。与此同时,现在的东西应该足以达到我们的目的。事实上,Bot 框架已经通过 Twilio 集成到了 SMS 中,也许有一天我们也会有完整的声音支持。

Twilio

在深入研究机器人代码之前,我们先谈谈 Twilio 及其工作原理。可编程语音(Programmable Voice)是 Twilio 的产品之一。每当呼叫进入已注册的电话号码时,Twilio 服务器都会向开发人员定义的端点发送消息。端点必须做出应答,通知 Twilio 应该执行何种操作,如说出话语、拨打另一个号码、收集数据、暂停等。任何时候发生交互(例如 Twilio 通过语音识别收集用户输入),Twilio 在此端点处的调用就可以接收到有关下一步操作的指令。这对我们有好处。这意味着我们的代码不需要了解任何有关电话的信息。这就是 API!

我们通过一种名为 TwiML[⊖] 的 XML 标记语言来控制 Twilio 工作。这里给出一个示例:

⊖ TwiML 文档:https://www.twilio.com/docs/api/twiml。

```xml
<?xml version="1.0" encoding="UTF-8"?>
<Response>
    <Say voice="woman">Please leave a message after the tone.
    </Say>
    <Record maxLength="20" />
</Response>
```

在此上下文中，名为 Say 和 Record 的 XML 元素称为动词。在撰写本书时，Twilio 共包含 13 个动词。

- Say：向来电者说话。
- Play：向来电者播放音频文件。
- Dial：在通话中添加另一方。
- Record：录制来电者的语音。
- Gather：在键盘上收集来电者键入的数字，或将语音转换为文本。
- SMS：在通话过程中发送短信息。
- Hangup：挂断电话。
- Enqueue：将来电添加到来电者队列。
- Leave：从来电者队列中删除该来电。
- Redirect：将呼叫流重定向到不同的 TwiML 文档。
- Pause：在执行更多指令之前等待。
- Reject：在未付费的情况下拒绝来电。
- Message：发送彩信或短信回复。

你的 TwiML 应答可能包含一个或多个动词。某些动词可以嵌套在系统上的特定行为中。如果你的 TwiML 文档包含多个动词，那么 Twilio 将按顺序依次执行每个动词。例如，可以创建以下 TwiML 文档：

```xml
<?xml version="1.0" encoding="UTF-8"?>
<!-- page located at http://example.com/complex_gather.xml -->
<Response>
    <Gather action="/process_gather.php" method="GET">
        <Say>
            Please enter your account number,
            followed by the pound sign
        </Say>
    </Gather>
    <Say>We didn't receive any input. Goodbye!</Say>
</Response>
```

本文档将首先尝试收集用户输入。它将首先提示用户输入账号，然后输入 # 号。Say 在 Gather 中的嵌套行为意味着用户可以在 Say 语音内容完成之前说出他们的应答。这对于返回用户来说是一个很棒的功能。如果 Gather 动词导致没有用户输入，那么 Twilio 将继续执行下一个元素，这是一个 Say 元素，可让用户知道 Twilio 没有收到应答。此时，由于没有更多动词，电话呼叫结束。

每个动词都有详细的文档和示例，正如我们所期望的，完整的 TwiML 应用程序可能变得复杂。与所有用户界面一样，这里有许多细节。考虑到我们的目的，我们将创建一个基本的整合，以便与我们为自定义 Web 聊天创建的相同机器人交谈。

9.4 将机器人与 Twilio 整合在一起

我们将从在 Twilio 上注册应用程序开始。首先，需要使用 Twilio 创建一个试用账户。访问 www.twilio.com 并单击"注册"。填写表格并附上相关信息，如图 9-7 所示。完成后，将输入你的电话号码和验证码。

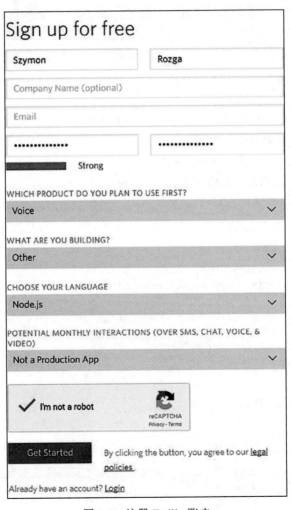

图 9-7 注册 Twilio 账户

Twilio 接下来会询问项目名称。你可以随意填写比图 9-8 中的名称更有趣的内容。

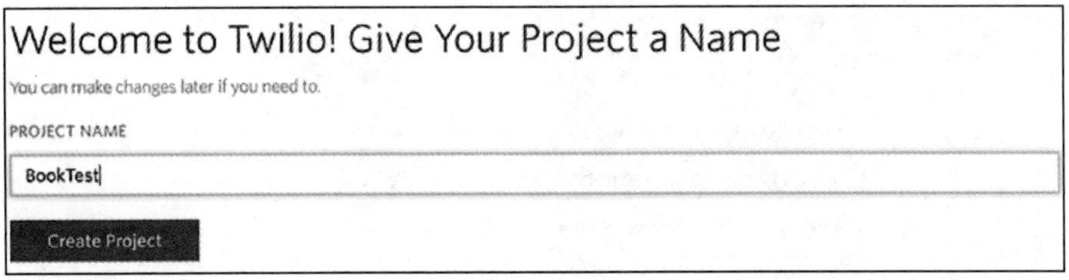

图 9-8　创建一个新的 Twilio 项目

我们将被重定向到 Twilio 控制面板（如图 9-9 所示）。

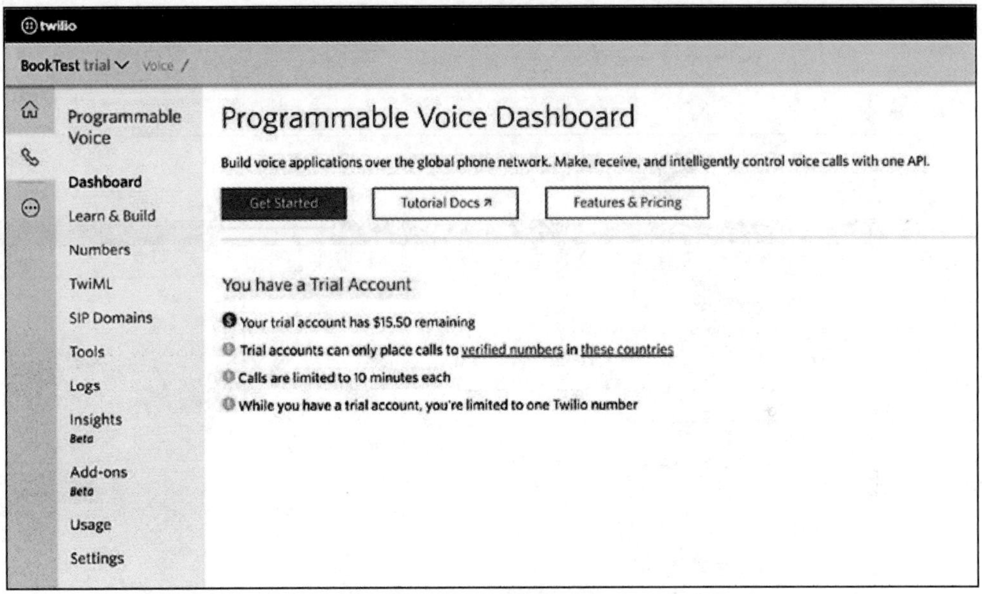

图 9-9　Twilio 项目控制面板

　　我们的下一个任务是设置一个电话号码并指向机器人。单击左侧窗格中的 Numbers 导航项，将进入 Phone Numbers 控制面板（如图 9-10 所示）。

　　单击"获取号码"（Get a Number）。Twilio 将为你分配一个号码。由于我们只是测试，任何数字都无所谓。你也可以购买免费电话号码[○]或从其他服务那里买一个号码。然后，单击"管理号码"（Manage Numbers），再单击刚刚分配的号码。找到要在传入呼叫上联系的 URL 字段，并在机器人的 ngrok 端点中进行复制（如图 9-11 所示）。我们将在接下来的页面中创建此端点。

○　从 Twilio 购买免费电话：https://support.twilio.com/hc/en-us/articles/223183168-Buying-a-toll-free-number-with-Twilio。

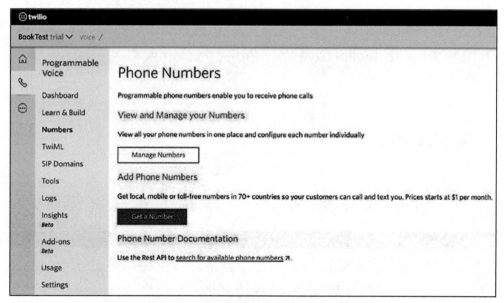

图 9-10　我们来获取项目的电话号码吧

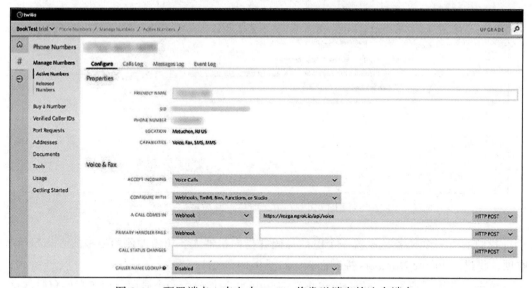

图 9-11　配置端点，来电中 Twilio 将发送消息给这个端点

现在，只要有人拨打该号码，我们的端点就会收到一条 HTTP POST 请求，其中包含与该呼叫相关的所有信息。我们将能接受此来电，并使用之前讨论过的 TwiML 文档进行应答。

在机器人代码中，我们可以添加 /api/voice 端点以开始接受呼叫。目前，我们只是添加了一个日志，但没有返回任何响应。让我们看看从 Twilio 获得的数据是什么类型。

```
server.post('/api/voice', (req, res, next) => {
    console.log('%j', req.body);
});
{
    "Called": "+1xxxxxxxxxx",
    "ToState": "NJ",
    "CallerCountry": "US",
    "Direction": "inbound",
    "CallerState": "NY",
    "ToZip": "07050",
    "CallSid": "xxxxxxxxxxxxxxxxxxxxxx",
    "To": "+1xxxxxxxxxx",
    "CallerZip": "10003",
    "ToCountry": "US",
    "ApiVersion": "2010-04-01",
    "CalledZip": "07050",
    "CalledCity": "ORANGE",
    "CallStatus": "ringing",
    "From": "+1xxxxxxxxxx",
    "AccountSid": "xxxxxxxxxxxxxxxxxxxxxx",
    "CalledCountry": "US",
    "CallerCity": "MANHATTAN",
    "Caller": "+1xxxxxxxxxx",
    "FromCountry": "US",
    "ToCity": "ORANGE",
    "FromCity": "MANHATTAN",
    "CalledState": "NJ",
    "FromZip": "10003",
    "FromState": "NY"
}
```

Twilio 发送了一些有趣的数据。由于获得了来电号码，因此我们可以轻松地将其用作与机器人交互的用户 ID。让我们创建一个 API 调用的响应。首先安装 Twilio 节点 API。

```
npm install twilio --save
```

然后可以将相关类型导入节点应用程序中。

```
const twilio = require('twilio');
const VoiceResponse = twilio.twiml.VoiceResponse;
```

VoiceResponse 简单易用，很容易用来生成响应 XML。以下是如何返回基本 TwiML 响应的示例：

```
server.post('/api/voice', (req, res, next) => {
    let twiml = new VoiceResponse();

    twiml.say('Hi, I\'m Direct Line bot!', { voice: 'Alice' });

    let response = twiml.toString();
```

```
        res.writeHead(200, {
            'Content-Length': Buffer.byteLength(response),
            'Content-Type': 'text/html'
        });
        res.write(response);
        next();
});
```

现在,当我们拨打 Twilio 提供的电话号码时,在免责声明后,应该看到对 API 端点的请求,并且在通话中可以听到一个女性的声音,然后挂断。恭喜!你已经建立了连接!

当机器人立即挂断电话时,这种体验并不是很好,我们可以改进。首先,让我们收集用户的一些意见。

Gather 动词包含几种不同的选项,但我们主要关注的是 Gather 可用于接受来自用户手机的语音或双音多频(DTMF)信号。DTMF 只是你在按手机上的按键时发送的信号。这就是电话系统如何在没有用户说话的情况下可靠地收集信用卡号等信息的方式。考虑到这个例子的目的,我们只关注收集语音。

这是一个 Gather 示例,就像我们将要使用的那样:

```
<?xml version="1.0" encoding="UTF-8"?>
<Response>
    <Gather input="speech" action="/api/voice/gather"
    method="POST">
        <Say>
            Tell me what's on your mind
        </Say>
    </Gather>
    <Say>We didn't receive any input. Goodbye!</Say>
</Response>
```

该片段告诉 Twilio 收集用户的语音,并让 Twilio 使用 POST 将识别的语音发送到 /api/voice/gather。仅此而已!关于超时和发送部分语音识别结果的问题,Gather 还有许多其他选项,但这些对于我们的目的来说是没有必要的[⊖]。

我们建立一个回应 Twilio 集成。扩展 /api/voice 的代码以包含 Gather 动词,然后为 /api/voice/gather 创建端点,回显用户所说的内容并收集更多信息,建立一个几乎无限的对话循环。

```
server.post('/api/voice', (req, res, next) => {
    let twiml = new VoiceResponse();

    twiml.say('Hi, I\'m Direct Line bot!', { voice: 'Alice' });
    let gather = twiml.gather({ input: 'speech', method:
    'POST', action: '/api/voice/gather' });
    gather.say('Tell me what is on your mind', { voice: 'Alice' });

    let response = twiml.toString();
```

⊖ Twilio Gather 动词: https://www.twilio.com/docs/voice/twiml/gather。

```
    res.writeHead(200, {
        'Content-Length': Buffer.byteLength(response),
        'Content-Type': 'text/html'
    });
    res.write(response);
    next();
});
server.post('/api/voice/gather', (req, res, next) => {
    let twiml = new VoiceResponse();
    const input = req.body.SpeechResult;
    twiml.say('Oh hey! That is so interesting. ' + input, {
    voice: 'Alice' });
    let gather = twiml.gather({ input: 'speech', method:
    'POST', action: '/api/voice/gather' });
    gather.say('Tell me what is on your mind', { voice: 'Alice'
});

    let response = twiml.toString();
    res.writeHead(200, {
        'Content-Length': Buffer.byteLength(response),
        'Content-Type': 'text/html'
    });
    res.write(response);
    next();
});
```

继续在你的机器人中运行此代码，拨打电话号码，跟你的机器人进行对话。很酷吧？这很好，好像又没什么用，但我们在Twilio手机对话和机器人之间建立了一个可以连续工作的对话。

最后，我们使用Direct Line将它集成到机器人中。在跳转到代码之前，我们编写了一些函数来帮助机器人调用Direct Line。

```
const baseUrl = 'https://directline.botframework.com/v3/
directline';
const conversations = baseUrl + '/conversations';

function startConversation (token) {
    return new Promise((resolve, reject) => {
        let client = restify.createJsonClient({
            url: conversations,
            headers: {
                'Authorization': 'Bearer ' + token
            }
        });
        client.post('', {},
            function (err, req, res, obj) {
                if (err) {
```

```javascript
                    console.log('%j', err);
                    reject(err);
                    return;
                }
                console.log('%d -> %j', res.statusCode,
                    res.headers);
                console.log('%j', obj);
                resolve(obj);
            });
        });
    }
    function postActivity (token, conversationId, activity) {
        // POST to conversations endpoint
        const url = conversations + '/' + conversationId + '/
        activities';
        return new Promise((resolve, reject) => {
            let client = restify.createJsonClient({
                url: url,
                headers: {
                    'Authorization': 'Bearer ' + token
                }
            });
            client.post('', activity,
                function (err, req, res, obj) {
                    if (err) {
                        console.log('%j', err);
                        reject(err);
                        return;
                    }
                    console.log('%d -> %j', res.statusCode,
                        res.headers);
                    console.log('%j', obj);
                    resolve(obj);
                });
        });
    }
    function getActivities (token, conversationId, watermark) {
        // GET activities from conversations endpoint
        let url = conversations + '/' + conversationId + '/
        activities';
        if (watermark) {
            url = url + '?watermark=' + watermark;
        }
        return new Promise((resolve, reject) => {
            let client = restify.createJsonClient({
                url: url,
```

```
            headers: {
                'Authorization': 'Bearer ' + token
            }
        });
        client.get('',
            function (err, req, res, obj) {
                if (err) {
                    console.log('%j', err);
                    reject(err);
                    return;
                }
                console.log('%d -> %j', res.statusCode,
                res.headers);
                console.log('%j', obj);
                resolve(obj);
            });
    });
}
```

我们将提取 TwiML 响应的创建和发送功能到它自己的函数 buildAndSendTwimlResponse 中。我们向侦听输入内容的行为中添加了更多功能结构，另外，如果没有收到任何内容，则在挂断之前再次请求输入。

```
function buildAndSendTwimlResponse(req, res, next, userId,
text) {
    const twiml = new VoiceResponse();

    twiml.say(text, { voice: 'Alice' });
    twiml.gather({ input: 'speech', action: '/api/voice/
    gather', method: 'POST' });
    twiml.say('I didn\'t quite catch that. Please try again.',
    { voice: 'Alice' });
    twiml.gather({ input: 'speech', action: '/api/voice/
    gather', method: 'POST' });
    twiml.say('Ok, call back anytime!');
    twiml.hangup();

    const response = twiml.toString();
    console.log(response);
    res.writeHead(200, {
        'Content-Length': Buffer.byteLength(response),
        'Content-Type': 'text/html'
    });
    res.write(response);
    next();
}
```

首次启动呼叫时，需要为机器人创建 Direct Line 对话，还需要缓存用户 ID（来电号码）

到会话 ID 的映射。我们在本地 JavaScript 对象（cachedConversations）中是这样做的。如果要将此服务扩展到多个服务器，那么这种方法将会中断，可以利用像 Redis 这样的缓存来解决这个问题。

```javascript
server.post('/api/voice', (req, res, next) => {
    let userId = req.body.Caller;
    console.log('starting convo for user id %s', userId);

    startConversation(process.env.DL_KEY).then(conv => {
        cachedConversations[userId] = { id: conv.
        conversationId, watermark: null, lastAccessed:
        moment().format() };
        console.log('%j', cachedConversations);
        buildAndSendTwimlResponse(req, res, next, userId,
        'Hello! Welcome to Direct Line bot!');
    });
});
```

Gather 元素的代码应检索会话 ID，获取用户输入，通过 Direct Line API 将活动发送到机器人，然后等待响应返回，再将其作为 TwiML 发送回 Twilio。由于需要轮询新消息，因此我们需要使用 setInterval，直到从机器人获得响应。代码不包含任何类型的超时，当然应该考虑它，以防机器人出现问题。我们也支持每条消息的机器人只做一次响应。虽然我们可以尝试，但语音交互并不是一个能够运行机器人能力（以异步发送多个响应）的地方。一种方法是包括自定义通道数据，其传达预期返回的消息的数量或等待预定义的秒数，然后发回所有消息。

```javascript
server.post('/api/voice/gather', (req, res, next) => {
    const input = req.body.SpeechResult;
    let userId = req.body.Caller;
    console.log('user id: %s | input: %s', userId, input);
    let conv = cachedConversations[userId];
    console.log('got convo: %j', conv);
    conv.lastAccessed = moment().format();

    postActivity(process.env.DL_KEY, conv.id, {
        from: { id: userId, name: userId },
        type: 'message',
        text: input
    }).then(() => {
        console.log('posted activity to bot with input %s',
        input);
        console.log('setting interval');
        let interval = setInterval(function () {
            console.log('getting activities...');
            getActivities(process.env.DL_KEY, conv.id, conv.
            watermark).then(activitiesResponse => {
                console.log("%j", activitiesResponse);
```

```
            let temp = _.filter(activitiesResponse.
            activities, (m) => m.from.id !== userId);
            if (temp.length > 0) {
                clearInterval(interval);
                let responseActivity = temp[0];
                console.log('got response %j',
                responseActivity);

                conv.watermark = activitiesResponse.
                watermark;
                buildAndSendTwimlResponse(req, res, next,
                userId, responseActivity.text);
                conv.lastAccessed = moment().format();
            } else {
                console.log('no activities for you...');
            }
        });
    }, 500);
    });
});
```

运行上述代码，你现在应该能够通过 Twilio 与我们通过网络聊天呈现的机器人进行交谈了！

练习 9-2

Twilio 语音集成

本练习的目的是创建一个机器人并通过与 Twilio 集成来呼叫它。

1. 注册一个 Twilio 的试用账户并获取一个测试电话号码。

2. 输入你的机器人语音端点，以便在你的电话号码接到呼叫时供 Twilio 使用。

3. 将语音端点与 Direct line 呼叫集成到你的机器人中。返回你从机器人收到的第一个回复。

4. 打开 Twilio 的语音控制面板。该控制面板提供有关每个呼叫的信息，更重要的是，提供查看所有错误和警告的功能。如果你的机器人工作基本正常但针对机器人的电话呼叫失败，那么可以很好地从该控制面板的"错误和警告"（Errors & Warnings）部分查找问题原因。

5. 将 Gather 动词添加到你的响应中，以便用户可以与机器人进行对话。在这个有点傻的机器人所具备的新奇感消失之前，也在你想实现一些更有意义的功能之前，看看你能与这样的机器人对话多长时间。

6. 为 WebSocket 替换轮询机制，就像在练习 9-1 中所做的那样。看看它对这个解决方案有什么帮助。

7. 来体验一下 Twilio 的语音识别。看看其效果怎么样，能不能识别出来你的名字？怎么才能轻易地让其识别失败？

8. 将语音识别应用于任意语音数据是极具挑战性的，更不用说应用于只是通话质量的语音数据。Twilio 的 Gather 动词允许用词汇或短语来提供提示信息[⊖]以灌注语音识别引擎[⊜]。通常，这改善了语音识别的性能。继续并添加一些包含机器人支持的词汇的提示信息。这样语音识别的性能会更好吗？

你刚刚创建了自己的语音聊天机器人，并尝试了一些有趣的 Twilio 功能。你可以使用类似的技术为几乎任何其他通道创建连接器。

9.5 与 SSML 集成

回想一下，Google Assistant 和亚马逊的 Alexa 等系统通过语音合成标记语言（SSML）来支持语音输出。使用这种标记语言，开发人员可以在机器人的语音应答中指定音调、速度、重点和暂停。不巧的是，在撰写本书时 Twilio 并不支持 SSML。而凑巧的是，微软有一些 API 可以使用 SSML 将文本转换为语音。

微软的 Bing Speech API[⊝]就是一类这样的 API。该服务提供语音到文本和文本到语音功能。对于文本到语音功能，我们提供 SSML 文档，接收音频文件作为应答。我们对输出格式有所控制，针对我们的示例，将收到的是一个 wave 文件。一旦有了这个文件，我们就可以利用 Play 动词在通话中播放该音频。让我们看看它是如何工作的。

首先安装 bing-speechclient-api Node.js 包。

```
npm install --save bingspeech-api-client
```

Play TwiML 文档示例如下所示：

```
<?xml version="1.0" encoding="UTF-8"?>
<Response>
    <Play loop="10">https://api.twilio.com/cowbell.mp3</Play>
</Response>
```

Twilio 接受 Play 动词中的 URI。因此，需要将 Bing Speech API 的输出保存到文件系统上的文件中，并生成（Twilio 可用于取回音频文件的）URI。我们将把所有输出音频文件写入一个名为 audio 的目录。我们还设置了一个新的 restify 路由来取回这些文件。

首先，我们创建函数来生成音频文件，并将其存储在正确的位置。给定一些文本，我们想要返回一个用于调用函数的 URI。我们使用该文本的 MD5 哈希值作为音频文件的标识符。

```
npm install md5 --save
```

⊖ TwiML Gather 动词提示信息属性：https://www.twilio.com/docs/voice/twiml/gather#attributes-hints。
⊜ Bot 框架机器人上下文中的语音灌注：https://docs.microsoft.com/en-us/azure/bot-service/bot-service-manage-speech-priming。
⊝ Bing Speech API：https://azure.microsoft.com/en-us/services/cognitive-services/speech/。

这就是生成音频文件并在本地保存的代码。这里有两个先决条件。第一个条件是，需要生成一个 API 密钥来使用微软的 Bing Speech API。可以通过在 Azure 门户中创建新的 Bing Speech API 资源来实现这一目标。这个 API 有一个免费的计划版本。获得密钥后，我们将其添加到 .env 文件中，并将其命名为 MICROSOFT_BING_SPEECH_KEY。第二个条件是，将基本 ngrok URI 作为 BASE_URI 添加到 .env 文件中。

```javascript
const md5 = require('md5');
const BingSpeechClient = require('bingspeech-api-client').BingSpeechClient;
const fs = require('fs');
const bing = new BingSpeechClient(process.env.MICROSOFT_BING_SPEECH_KEY);
function generateAudio (text) {
    const id = md5(text);
    const file = 'public\\audio\\' + id + '.wav';
    const resultingUri = process.env.BASE_URI + '/audio/' + id + '.wav';

    if (!fs.existsSync('public')) fs.mkdirSync('public');
    if (!fs.existsSync('public/audio')) fs.mkdirSync('public/audio');

    return bing.synthesize(text).then(result => {
        const wstream = fs.createWriteStream(file);
        wstream.write(result.wave);

        console.log('created %s', resultingUri);
        return resultingUri;
    });
}
```

为了测试它，我们创建了一个测试端点，用来创建音频文件并使用 URI 进行响应。然后可以使用浏览器访问 URI 并下载生成的声音文件。以下 SSML 是从 Google 的 SSML 文档中借用的，使用 Date().getTime() 来添加当前时间，这样我们每次都会生成一个唯一的 MD5。

```javascript
server.get('/api/audio-test', (req, res, next) => {
    const sample = 'Here are <say-as interpret-as="characters">SSML</say-as> samples. I can pause <break time="3s"/>.' +
        'I can speak in cardinals. Your number is <say-as interpret-as="cardinal">10</say-as>.' +
        'Or I can even speak in digits. The digits for ten are <say-as interpret-as="characters">10</say-as>.' +
        'I can also substitute phrases, like the <sub alias="World Wide Web Consortium">W3C</sub>.' +
        'Finally, I can speak a paragraph with two sentences.' +
        '<p><s>This is sentence one.</s><s>This is sentence two.</s></p>';
```

```
        generateAudio(sample + ' ' + new Date().getTime()).then(uri
    => {
        res.send(200, {
            uri: uri
        });
        next();
    });
});
```

如果从 curl 调用 URL，那么我们会得到以下结果。URI 引用的音频文件显然是 SSML 文档的语音合成。

```
$ curl https://botbook.ngrok.io/api/audio-test
{"uri":"https://botbook.ngrok.io/audio/1ce776f3560e54064979c4eb
69bbc308.wav"}
```

最后，将其集成到我们的代码中。我们更改 buildAndSendTwimlResponse 函数来生成我们发送的任何文本的音频文件。我们还在 generateAudio 函数中进行了修改，以使用基于 MD5 哈希值的（任何之前生成的）音频文件。这意味着我们每次输入只需生成一个音频文件。

```
function buildAndSendTwimlResponse(req, res, next, userId, text) {
    const twiml = new VoiceResponse();

    Promise.all(
        [
            generateAudio(text),
            generateAudio('I didn\'t quite catch that. Please
            try again.'),
            generateAudio('Ok, call back anytime!')]).then(
        uri => {
            let msgUri = uri[0];
            let firstNotCaughtUri = uri[1];
            let goodbyeUri = uri[2];

            twiml.play(msgUri);
            twiml.gather({ input: 'speech', action: '/api/
            voice/gather', method: 'POST' });
            twiml.play(firstNotCaughtUri);
            twiml.gather({ input: 'speech', action: '/api/
            voice/gather', method: 'POST' });
            twiml.play(goodbyeUri);
            twiml.hangup();

            const response = twiml.toString();
            console.log(response);

            res.writeHead(200, {
                'Content-Length': Buffer.byteLength(response),
                'Content-Type': 'text/html'
```

```
            });
            res.write(response);
            next();
        });
    }
    function generateAudio (text) {
        const id = md5(text);
        const file = 'public\\audio\\' + id + '.wav';
        const resultingUri = process.env.BASE_URI + '/audio/' + id
            + '.wav';

        if (!fs.existsSync('public')) fs.mkdirSync('public');
        if (!fs.existsSync('public/audio')) fs.mkdirSync('public/
        audio');

        if (fs.existsSync(file)) {
            return Promise.resolve(resultingUri);
        }

        return bing.synthesize(text).then(result => {
            const wstream = fs.createWriteStream(file);
            wstream.write(result.wave);

            console.log('created %s', resultingUri);
            return resultingUri;
        });
    }
```

9.6 最后的接触

差不多完成了。我们还没有做的一件事是让机器人使用 SSML 来响应，而不是使用文本。我们没有使用 Bot Builder 的所有语音功能。如第 6 章所展示的，可以让每条消息填充 inputHint，以帮助确定应该使用哪些 TwiML 动词，甚至整合来自机器人的多个响应。我们坚持使用适当的 SSML 简单地在每条消息中填充 speak 字段。我们还必须修改连接器代码，以便使用 speak 字段，而不是 text 字段。

```
bot.dialog('sampleConversation', [
    (session, arg) => {
        console.log(JSON.stringify(session.message));

        if (session.message.text.toLowerCase().indexOf('hello')
        >= 0 || session.message.text.indexOf('hi') >= 0)
            session.send({
                text: 'hey!',
                speak: '<emphasis level="strong">really like</
                emphasis> hey!</emphasis>'
            });
        else if (session.message.text.toLowerCase() === 'quit') {
```

```
            session.send({
                text: 'ok, we\'re done!',
                speak: 'ok, we\'re done',
                sourceEvent: {
                    hangup: true
                }
            });
            session.endDialog();
            return;
        } else if (session.message.text.toLowerCase().indexOf('
meaning of life') >= 0) {
            session.send({
                text: '42',
                speak: 'It is quite clear that the meaning
                of life is <break time="2s" /><emphasis
                level="strong">42</emphasis>'
            });
        } else if (session.message.text.toLowerCase().
indexOf('waldo') >= 0) {
            session.send({
                text: 'not here',
                speak: '<emphasis level="strong">Definitely</
                emphasis> not here'
            });
        } else if (session.message.text.toLowerCase() ===
'apple') {
            session.send({
                text: "Here, have an apple.",
                speak: "Apples are delicious!",
                attachments: [
                    {
                        contentType: 'image/jpeg',
                        contentUrl: 'https://upload.wikimedia.
                        org/wikipedia/commons/thumb/1/15/Red_
                        Apple.jpg/1200px-Red_Apple.jpg',
                        name: 'Apple'
                    }
                ]
            });
        }
        else {
            session.send({ text: 'oh that\'s cool', speak: 'oh
            that\'s cool' });
        }
    }
]);
```

请注意，我们还添加了额外的元数据控制字段。对输入 quit 的响应包括一个名为 hangup

的字段,设置为 true。这是连接器用以包含 Hangup 动词的指示器。我们创建了一个名为 buildAndSendHangup 的函数来生成该响应。

```
function buildAndSendHangup(req, res, next) {
    const twiml = new VoiceResponse();

    Promise.all([generateAudio('Ok, call back anytime!')]).
    then(
        (uri) => {
            twiml.play(uri[0]);
            twiml.hangup();

            const response = twiml.toString();
            console.log(response);

            res.writeHead(200, {
                'Content-Length': Buffer.byteLength(response),
                'Content-Type': 'text/html'
            });
            res.write(response);
            next();
        });
}
```

修改 /api/voice/gather 处理程序,以便可以使用 speak 属性并正确解释 hangup 字段。

```
server.post('/api/voice/gather', (req, res, next) => {
    const input = req.body.SpeechResult;
    let userId = req.body.Caller;
    console.log('user id: %s | input: %s', userId, input);

    let conv = cachedConversations[userId];
    console.log('got convo: %j', conv);
    conv.lastAccessed = moment().format();

    postActivity(process.env.DL_KEY, conv.id, {
        from: { id: userId, name: userId }, // required (from.
        name is optional)
        type: 'message',
        text: input
    }).then(() => {
        console.log('posted activity to bot with input %s',
        input);

        console.log('setting interval');
        let interval = setInterval(function () {
            console.log('getting activities...');
            getActivities(process.env.DL_KEY, conv.id, conv.
            watermark).then(activitiesResponse => {
                console.log("%j", activitiesResponse);
                let temp = _.filter(activitiesResponse.
                activities, (m) => m.from.id !== userId);
```

```
            if (temp.length > 0) {
                clearInterval(interval);
                let responseActivity = temp[0];
                console.log('got response %j',
                responseActivity);

                conv.watermark = activitiesResponse.
                watermark;
                if (responseActivity.channelData &&
                responseActivity.channelData.hangup) {
                    buildAndSendHangup(req, res, next);
                } else {
                    buildAndSendTwimlResponse(req, res,
                    next, userId, responseActivity.speak);
                    conv.lastAccessed = moment().format();
                }
            } else {
                console.log('no activities for you...');
            }
        });
    }, 500);
    });
});
```

现在可以打电话和一个机智的机器人进行一次很好的交谈，在说生命的意义是 42 之前机器人暂停交谈，并强调 Waldo 绝对不是机器人所在的地方！

9.7　结束语

　　Direct Line 的功能强大，是从客户端应用程序呼叫机器人的主要接口。其具有将其他通道视为客户端应用程序的能力，该能力表现为如何创建自定义通道连接器。我们在本章中完成的一项更有趣的任务是为机器人集成添加 SSML 支持。这种集成只是我们构建智能机器人的一种尝试。我们使用的 Bing Speech API 只是众多被称为 Cognitive Services API 的 Microsoft API 之一。在下一章中，我们会介绍如何将该系列中的其他 API 应用于机器人领域可能遇到的任务之中。

CHAPTER 10

第 10 章

使聊天机器人更聪明

在上一章中，我们花时间将聊天机器人的语音合成标记语言（SSML）输出连接到基于云的文本到语音（TTS）引擎，以尽可能地赋予我们的聊天机器人以人类的声音。我们使用的 Bing Speech API 是一个统称为认知服务（cognitive service）的例子。这些通常是服务，可以实现与应用程序更自然的类人交互。最初，微软将这些称为 Project Oxford[⊖]。目前，API 套件被标记为 Azure Cognitive Services。

在更具技术性的层面，这些服务允许轻松访问执行认知类型任务的机器学习（ML）算法，如语音识别、语音合成、拼写检查、自动校正、推荐引擎、决策引擎和视觉对象识别。我们在第 3 章深入探讨的 LUIS 是 Azure 认知服务的另一个例子。微软显然不是这个领域唯一的参与者。IBM 在 Watson 旗下拥有许多类似的服务。Google 的云平台包含 Google 堆栈上的类似服务。

这种机器学习即服务（ML-as-a-service）方法对于许多任务来说非常方便。虽然从延迟和成本的角度来看，该方法对于所有工作负载而言可能并不合适，但对于许多工作负载来说，将其用于原型设计、试验和生产部署是有意义的。在本章中，我们将探讨一些微软的 Azure 认知服务。这并不是对主题的详尽处理，而是对聊天机器人开发人员可能感兴趣的服务类型的介绍。

在任何一种情况下，都值得探索这些服务，以理解所提供的内容，了解哪些类型的技术可以应用于我们的业务问题类应用程序，最重要的是，使用一些相关的智能技术来提升我们的聊天机器人。

在我们开始使用这些服务之前，请注意所有认知服务都可以通过 https://portal.azure.com 上的 Azure 门户进行配置。将所需的服务资源添加到资源组中，将允许我们获取访问密钥。例如，当我们尝试将"bing spell check"资源添加到"book test"资源组时，我们可以选择 Bing Spell Check v7 API（如图 10-1 所示）。

[⊖] 原创 Project Oxford 博客公告：https://blogs.microsoft.com/ai/microsofts-project-oxford-helps-developers-build-more-intelligent-apps/。

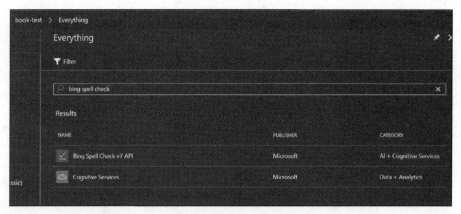

图 10-1　在 Azure 中添加 Bing Spell Check v7 API

在为服务命名并选择定价层后（如图 10-2 所示），我们可以看到访问密钥。通常有两个访问密钥供我们使用（如图 10-3 所示）。如果有两个密钥的话，可以轻松地进行互换。

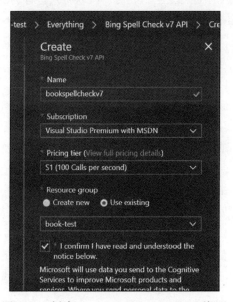

图 10-2　创建 Bing Spell Check v7 API 资源

其他服务的工作方式跟这个过程类似；学习入门无须高级的门户知识。

当这些服务首次被开发到公开预览版本中时，大多数都是免费提供的。随着服务从预览版本转变为一般可用版本，便建立了分层定价模型。幸运的是，大多数服务仍然拥有允许大量使用的免费套餐。例如，LUIS 允许我们每月免费拨打 10 000 次。我们可以使用 Translator Text API 每月免费翻译 2 000 000 个字符。你可以在 https://azure.microsoft.com/en-us/pricing/details/cognitive-services/ 上找到所有服务的更多定价详情。

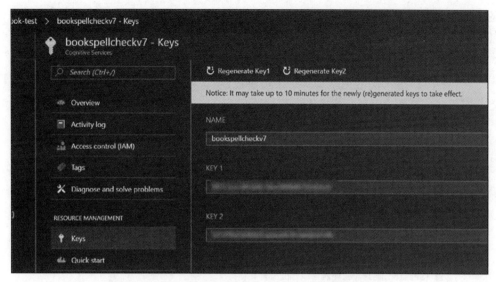

图 10-3 查找 Bing Spell Check v7 API 资源的访问密钥

10.1 拼写检查

处理用户生成的文本输入的任何应用程序的一个功能是拼写检查（spell-checking）。我们希望一个灵活的引擎能够处理常见的拼写问题，例如处理俚语、在上下文中处理正确的名称错误、找出单词中断以及发现同音字错误。此外，引擎应不断更新品牌和流行文化表达等新实体。这是一个不小的壮举，微软提供的拼写检查 API 就是这样做的。

微软的 Bing 拼写检查 API 提供了两种拼写检查模式：Proof 和 Spell。Proof 是为文档拼写检查而设计的，包括大写和标点符号建议，以帮助文档创作（你可以在 Microsoft Word 中找到的拼写检查类型）。Spell 旨在纠正网络搜索中的拼写。微软声称 Spell 模式更强大一点，因为它旨在优化搜索结果[⊖]。聊天机器人的上下文比起草文件更接近网页搜索，因此 Spell 可能是更好的选择。

我们从基础知识开始，然后传递模式、我们想要拼写检查的文化（称为市场）以及文本本身。我们还可以选择在输入文本之前和之后添加上下文。在许多情况下，上下文对于拼写检查器来说可能很重要且相关。你可以在 API 参考文档中找到更多详细信息[⊖]。

为了演示 API 的使用，我们将创建一个基本的聊天机器人，只需通过拼写检查器传递用户输入，并通过（借助分数高于 0.5 的建议改进）修改用户的输入来做出响应。机器人将首先提示用户选择拼写检查模式。此时，任何输入都将使用所选模式发送到 Spell Check API。最后，我们可以随时发送消息"退出"（exit）以返回主菜单并再次选择模式。这是基

⊖ 关于 Bing Spell Check API 的更多信息：https://azure.microsoft.com/en-us/services/cognitive-services/spell-check/。
⊖ Bing Spell Check API v7 API 文档：https://docs.microsoft.com/en-us/rest/api/cognitiveservices/bing-spell-check-api-v7-reference。

本的，但它将说明与 API 的交互。你可以在本书 GitHub 仓库中的 chapter10-spell-check-bot 文件夹下找到此机器人的代码。

我们首先在 Azure 中创建 Bing Spell Check v7 API 资源，以便获得密钥。虽然我们可以编写自己的客户端库来与服务一起使用，但我们将使用名为 cognitive-services[⊖] 的 Node.js 包，其中包括微软大多数认知服务的客户端实现。

```
npm install cognitive-services --save
const cognitiveServices = require('cognitive-services');
```

我们像往常一样设置了 UniversalBot。我们将拼写检查 API 密钥添加到 .env 文件中，并调用字段 SC_KEY。

```
const welcomeMsg = 'Say \'proof\' or \'spell\' to select spell
check mode';
const bot = new builder.UniversalBot(connector, [
    (session, arg, next) => {
        if (session.message.text === 'proof') {
            session.beginDialog('spell-check-dialog', { mode:
            'proof' });
        } else if (session.message.text === 'spell') {
            session.beginDialog('spell-check-dialog', { mode:
            'spell' });
        } else {
            session.send(welcomeMsg);
        }
    },
    session => {
        session.send(welcomeMsg);
    }
]);
const inMemoryStorage = new builder.MemoryBotStorage();
bot.set('storage', inMemoryStorage);
```

接下来，我们创建一个名为拼写检查对话框（spell-check-dialog）的对话框。在此代码中，我们会在用户发送新消息时向拼写检查 API 发送请求。当收到结果时，我们将标记为有问题的段替换为分数大于或等于 0.5 的建议更正。为什么是 0.5？这里是随意确定的，建议修改分数阈值和输入选项，以便为你的应用程序找到最佳值。

```
bot.dialog('spell-check-dialog', [
    (session, arg) => {
        session.dialogData.mode = arg.mode;
        builder.Prompts.text(session, 'Enter your input text.
        Say \'exit\' to reconfigure mode.');
    },
```

⊖ Node.js cognitive-services 包和 Cognitive Service API 支持列表：https://www.npmjs.com/package/cognitive-services。

```
        (session, arg) => {
            session.sendTyping();

            const text = arg.response;

            if (text === 'exit') {
                session.endDialog('ok, done.');
                return;
            }

            spellCheck(text, session.dialogData.mode).
            then(resultText => {
                session.send(resultText);
                session.replaceDialog('spell-check-dialog', { mode:
                session.dialogData.mode });
            });
        }
    ]);
```

我们定义了 spellCheck 函数来调用 Bing 拼写检查 API，并根据建议修正替换了拼写错误的单词。

```
function spellCheck(text, mode) {
    const parameters = {
        mkt: 'en-US',
        mode: mode,
        text: text
    };

    const spellCheckClient = new cognitiveServices.
    bingSpellCheckV7({
        apiKey: process.env.SC_KEY
    })

    return spellCheckClient.spellCheck({
        parameters
    }).then(response => {
        console.log(response); // we do this so we can easily
        inspect the resulting object
        const resultText = applySpellCheck(text, response.
        flaggedTokens);
        return resultText;
    });
}

function applySpellCheck(originalText, possibleProblems) {
    let tempText = originalText;
    let diff = 0;
    for (let i = 0; i < possibleProblems.length; i++) {
        const problemToken = possibleProblems[i];
        const offset = problemToken.offset;
```

```
            const originalTokenLength = problemToken.token.length;
            const suggestionObj = problemToken.suggestions[0];
            if (suggestionObj.score < .5) {
                continue;
            }
            const suggestion = suggestionObj.suggestion;
            const lengthDiff = suggestion.length -
                originalTokenLength;
            tempText = tempText.substring(0, offset + diff) +
                suggestion + tempText.substring(offset + diff +
                originalTokenLength);
            diff += lengthDiff;
        }
        return tempText;
}
```

图 10-4 给出了对话结果。

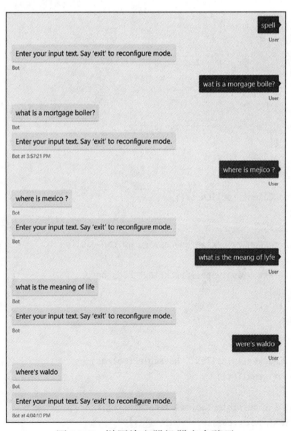

图 10-4　拼写检查器机器人在聊天

它运行得很不错！另一种方法是在它到达对话框之前始终通过拼写检查器运行输入。我们可以通过在机器人中安装自定义中间件来实现这一点。中间件背后的想法是能够将逻辑添加到（Bot Builder 用来处理每个传入和传出消息的）管道中。中间件对象的结构如下。bot.use 方法将中间件对象添加到了 Bot Builder 的管道中。

```
bot.use({
    receive: function (event, next) {
        logicOnIncoming(event);
        next();
    },
    send: function (event, next) {
        logicOnOutgoing(event);
        next();
    }
});
```

我们可以使用之前定义的代码来创建以下中间件。我们对传入的输入内容进行拼写检查，用自动更正的文本覆盖输入。我们没有在传出消息上定义任何逻辑。

```
bot.use({
    receive: function (event, next) {
        if (event.type === 'message') {
            spellCheck(event.text, 'spell').then(resultText => {
                event.text = resultText;
                next();
            });
        }
    },
    send: function (event, next) {
        next();
    }
});
```

就像这样！现在我们的对话框可以更简单。

```
bot.dialog('middleware-dialog', [
    (session, arg) => {
        let text = session.message.text;
        session.send(text);
    }
]);
```

图 10-5 给出了对话结果。

在第 3 章中，我们探讨了语言理解智能服务（LUIS）在拼写检查方面提供的选项。如前所述，LUIS 是微软的另一个认知服务；它是一个 NLU 系统，允许我们对意图进行

图 10-5　使用中间件方法进行拼写检查

分类并抽取命名实体。它可以完成的任务之一是与 Bing 拼写检查 API 集成，并通过 NLU 模型运行拼写检查查询（相对于原始输入）。这种方法的好处是我们的 LUIS 应用程序不需要使用拼写错误的单词来进行训练。缺点是我们的场景可能包括特定域的语言，拼写检查器无法识别，但我们的 LUIS 模型可以。

使用中间件来完全改变用户输入以使机器人永远不会看到原始输入的方法不是我们推荐的。最低限度，我们应该记录原始输入和原始输出。如果在 LUIS 上启用拼写检查会在我们的模型中产生有问题的行为，那么我们可以将一些逻辑移动到机器人中。一种选择是将 LUIS 识别器包裹在自定义拼写检查 LUIS 识别器周围。在这个自定义识别器中，你将有逻辑来确保拼写检查器永远不会修改某个词汇表子集。实际上，我们将执行部分拼写检查。

10.2 情感

在第 1 章中，我们演示了一个机器人，可以响应它从用户输入中检测到的情感（如图 10-6 所示）。可以通过查找"好"词和"坏"词来简单地实现基本情感分析。

显然，这种方法存在局限性，例如没有考虑单词的上下文。如果要开发自己的情感查找方法，那么我们需要确保列表随着文化规范的变化而保持最新。更高级的方法使用机器学习分类技术来创建情感函数，以便给话语的情感打分。微软提供了一种 ML 算法，该算法基于预先标记有情感的大型文本语料库。

微软的情感分析是其 Text Analytics API 的一部分。该服务提供三个主要功能：情感分析、关键短语提取和语言检测。我们首先关注情感分析。

API 允许我们发送一个或多个文本字符串并接收一个或多个 0 到 1 之间的数字分数的响应，其中 0 表示负面情感，1 表示正面情感。以下是一个例子（例子中，你可以认为我的儿子让我起床的时间太早）：

图 10-6　一个可以进行情感应答的机器人

```
{
    "documents": [
        {
            "id": "1",
            "language": "en",
            "text": "i hate early mornings"
        }
    ]
}
```

结果如下：
```
{
    "documents": [
        {
            "score": 0.073260486125946045,
            "id": "1"
        }
    ],
    "errors": []
}
```

情感分析在聊天机器人空间中有一些有趣的应用。我们可以在分析报告中使用数据，以查看哪些功能最能引起用户注意。或者，我们可以利用实时情感分数自动将对话转移到人工代理，以便能立即解决用户的担忧或沮丧。

10.3 多语言支持

在聊天机器人中支持多种语言本身就是一个复杂的主题，我们无法完全涵盖本书的范围。尽管如此，我们还是演示了如何使用 Text Analytics 和 Translator API，以更新我们在本书中一直致力于支持多种语言的日历机器人。代码可以在本书 GitHub 仓库的 chapter10-calendar-bot 文件夹下找到。我们按如下方式处理此任务：

- 每当用户向机器人发送消息时，我们的聊天机器人都将使用 Text Analytics API 来识别用户的语言。
- 如果语言是英语，请正常继续。如果不是，则将话语翻译成英语。
- 通过 LUIS 运行英语短语。
- 在对话输出时，如果用户的语言是英语，则正常继续。否则，在发送对话内容给用户之前，将机器人的应答转换为用户的语言。

实质上，我们使用英语作为中介语言来提供 LUIS 支持。这种方法并非万无一失。LUIS 支持多种文化是有原因的，例如，语言中存在许多细微差别和文化差异。没有额外背景的直接文字翻译可能没有意义。事实上，我们可能希望用一种语言来支持完全不同的方式，而不一定是用英语。解决问题的正确方法是，为我们想要提供一流支持的每种文化开发功能全面的 LUIS 应用程序，使用这样的基于语言检测的应用程序，并且只有在我们没有 LUIS 语言支持时才使用 Translator API 和中间英语。或者我们甚至可以完全避免 Translator API，因为翻译可能存在问题。

虽然我们在以下示例中不使用此方法，但由于可以控制机器人的文本输出，因此我们可以提供在想要支持的所有语言（而不是使用翻译服务）中本地化的静态字符串。对于任何未明确编写脚本的内容，我们可以依靠自动翻译。

从技术角度来看，我们必须选择何时进行翻译。例如，它是识别器或对话框的角色吗？或者我们应该添加中间件来将输入翻译成英语？对于这个例子，我们将利用中间件方法，因为我们在传入和传出内容上使用翻译服务，并希望它尽可能对机器人的其余部分功能透明。如果我们有一组特定文化的 LUIS 应用程序和本地化输出字符串，那么便可以使用识别器和对话逻辑的混合方法。

在开始之前，请确保你已在 Azure 门户中创建了 Text Analytics API 和 Translator Text API 资源，就像我们创建 Bing Spell Check v7 API 资源一样。两个 API 都有免费的定价等级，因此请务必选择。请注意，Text Analytics API 要求我们选择一个区域。与 Bing 无关的所有认知服务都需要设置。这部分内容的可用性和后续影响，显然不在本书所讲范围内。创建后，我们必须将密钥保存到 .env 文件中。将 Text Analytics 密钥命名为 TA_KEY，将 Translator 密钥命名为 TRANSLATOR_KEY。此外，认知服务（cognitive-services）包需要指定端点。端点映射到该区域，因此如果我们选择 West US 作为 Text Analytics 服务区域，则端点值为 westus.api.cognitive.microsoft.com⊖。将其设置为 .env 文件中的 TA_ENDPOINT 键。

我们将使用认知服务 Node.js 包与 Text Analytics API 进行交互；但是，Translator API 是此软件包不支持的服务之一。不过，我们可以安装 mstranslator Node.js 包。

```
npm install mstranslator --save

const translator = require('mstranslator');
```

接下来，我们可以创建一个包含翻译逻辑的中间件模块，以便轻松地将此功能应用于任何机器人。

```
const TranslatorMiddleware = require('./translatorMiddleware').
TranslatorMiddleware;
bot.use(new TranslatorMiddleware());
```

中间件代码本身将依赖于 Text Analytics 和 Translator API 的用法。

```
const textAnalytics = new cognitiveServices.textAnalytics({
    apiKey: process.env.TA_KEY,
    endpoint: process.env.TA_ENDPOINT
});
const translatorApi = new translator({ api_key: process.env.
TRANSLATOR_KEY }, true); // the second parameter ensures that
the token is autogenerated
```

之后，我们创建一个 TranslatorMiddleware 类，其中包含一个映射，该映射告诉我们哪些用户正在使用哪种语言。这需要存储用户的传入语言，以便能够将英语翻译回用户的语言。

```
const userLanguageMap = {};

class TranslatorMiddleware {
    ...
}
```

⊖ 我们可以在 Node.js 包代码中找到所有其他可能的端点值；参见 https://github.com/joshbalfour/node-cognitive-services/blob/master/src/language/textAnalytics.js。

接收逻辑跳过任何不是消息的东西。如果我们有消息，则检测用户的语言。如果语言是英语，我们继续；否则，我们将消息翻译成英语，将消息文本重置为英语版（从而丢失原始语言输入），然后继续。如果在翻译传入消息时出错，那么我们只需假设传入语言是英语。

```
receive(event, next) {
    if (event.type !== 'message') { next(); return; }

    if (event.text == null || event.text.length == 0) {
        // if there is not input and we already have a
        language, leave as is, otherwise set to English
        userLanguageMap[event.user.id] = userLanguageMap[event.
        user.id] || 'en';
        next();
        return;
    }

    textAnalytics.detectLanguage({
        body: {
            documents: [
                {
                    id: "1",
                    text: event.text
                }
            ]
        }
    }).then(result => {
        const languageOptions = _.find(result.documents, p =>
        p.id === "1").detectedLanguages;
        let lang = 'en';
        if (languageOptions && languageOptions.length > 0) {
            lang = languageOptions[0].iso6391Name;
        }
        this.userLanguageMap[event.user.id] = lang;

        if (lang === 'en') next();
        else {
            translatorApi.translate({
                text: event.text,
                from: languageOptions[0].iso6391Name,
                to: 'en'
            }, function (err, result) {
                if (err) {
                    console.error(err);
                    lang = 'en';
                    userLanguageMap[event.user.id] = lang;
                    next();
                }
                else {
                    event.text = result;
```

```
            next();
        }
    });
}
});
}
```

在对话输出过程中，我们只是要弄清楚用户的语言，并将传出消息翻译成该语言。如果用户的语言是英语，那么我们将跳过翻译步骤。

```
send(event, next) {
    if (event.type === 'message') {
        const userLang = this.userLanguageMap[event.address.
        user.id] || 'en';

        if (userLang === 'en') { next(); }
        else {
            translatorApi.translate({
                text: event.text,
                from: 'en',
                to: userLang
            }, (err, result) => {
                if (err) {
                    console.error(err);
                    next();
                }
                else {
                    event.text = result;
                    next();
                }
            });
        }
    }
    else {
        next();
    }
}
```

图 10-7 显示了对不同语言的问候语的响应。

恭喜，我们现在有一个天真的多语言聊天机器人！基本请求和响应似乎没问题，但收集数据存在一些问题。例如，机器人似乎在中途切换了语言（如图 10-8 所示）。

问题是 café 这个词在英语和西班牙语中都有。这可能要求在对话期间进行某种语言锁定。"when is the meeting？"的翻译也不合适。cuál 这个词应翻译为"哪个"（which），而不是"何时"（when）。我们可以通过提供静态本地化输出字符串来解决这个问题。

实现产品级多语言机器人还有很多其他功能，但这是一个很好的概念验证，可以展示我们如何使用 Azure 认知服务进行语言检测和翻译。

第 10 章　使聊天机器人更聪明　281

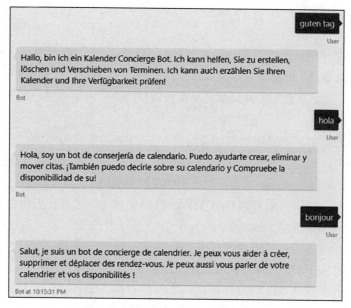

图 10-7　机器人以不同语言做出响应

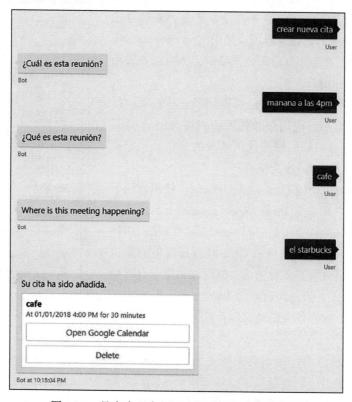

图 10-8　具有小瑕疵的西班牙语对话流程的创建

10.4 QnA Maker

机器人的常见用例是为用户提供常见问题解答（FAQ），以获取有关主题、品牌或产品的信息。通常，这类似于网络常见问题解答，但更适合于对话交互。典型的方法是创建一个基于问答（Q&A）对的数据库，并提供某种模糊匹配算法，在给定用户输入的情况下搜索数据集。

一种实现方法是将所有问答数据加载到诸如 Lucene 的搜索引擎中，并使用其模糊搜索算法来搜索正确的匹配对。在 Microsoft Azure 中，等效的是将数据加载到诸如 Cosmos DB 之类的存储库中，并使用 Azure 搜索在数据上创建检索索引。

我们的目的是，使用一个名为 QnA Maker 的简单选项，这是我们可以使用的另一种认知服务。QnA Maker（https://qnamaker.ai/）于 2018 年 5 月全面上市。系统很简单，我们在知识库中输入一组问答对，训练系统并将其作为 API 发布。然后，通过我们在 Azure 应用服务计划中托管的 API 来提供模糊逻辑匹配，以便我们可以根据需要调整其性能。

我们必须首先登录 Azure 门户并创建一个新的 QnA Maker 实例（如图 10-9 所示）。用户界面（UI）收集我们的一些数据。我们输入名称、管理服务定价层（免费定价！）、资源组、检索服务定价层（再次免费！）、检索服务位置、服务位置以及是否要包含应用观点（App insights）。如果启用或禁用 App insights，那么该服务也可以正常工作。启用此选项后，你可以查看用户询问 QnA Maker 的日志。

Azure Portal 完成后，我们最终得到了一些资源。搜索服务托管检索索引，应用服务托管我们将调用的 API，App insights 提供有关我们服务使用情况的分析。一定要将应用服务计划定价层更改为免费！

此时，我们可以访问 QnA Maker Portal。使用你用于 Azure 的同一账户来登录 https://www.qnamaker.ai。单击"创建知识库"（Create a knowledge base），可看到图 10-10 中的屏幕。从 Azure 订阅中选择 QnA 服务并对你的知识库进行命名。填充内容有多种选项：你可以提供带有常见问题解答的 URL，上载包含数据的 TSV 文件、PDF 文件或手动输入数据。这些是我们建议你自己去了解的非常有趣的选项。

考虑到我们的目的，我们将使用手动输入接口。输入服务名称后，单击"创建新 KB"（Create new KB）。系统呈现一个丰富的界面，允许我们编辑知识库中的内容，

图 10-9 创建新的 QnA Maker 服务

并保存和重新训练或发布它（如图 10-11 所示）。我们使用右上角的"+ Add QnA pair"链接，添加几个新的 QnA 对。

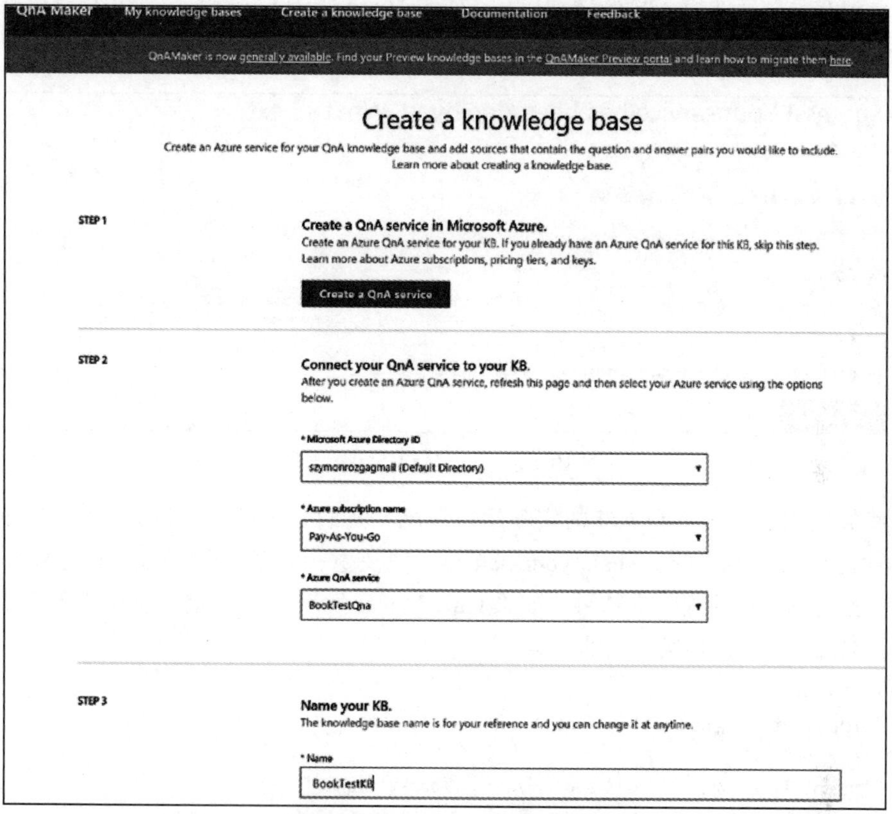

图 10-10　创建一个新的 QnA 知识库

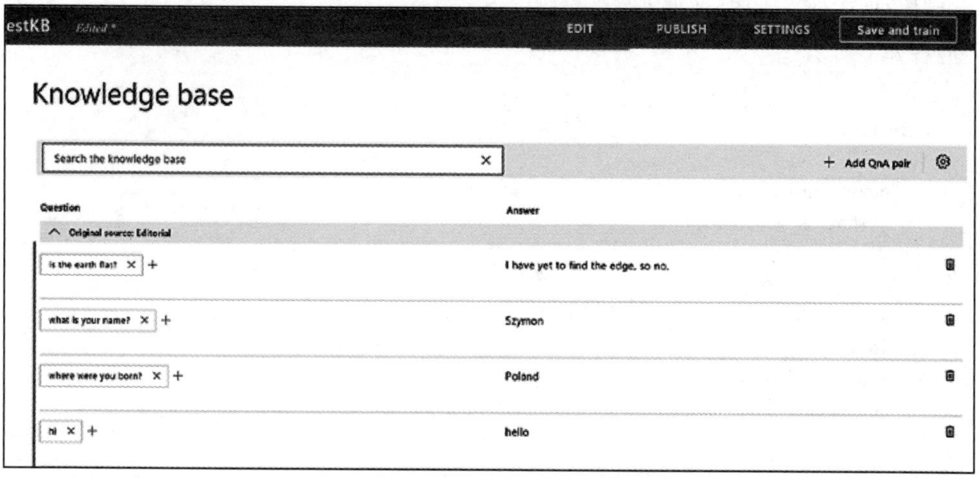

图 10-11　添加更多 QnA 对到我们的知识库中

我们现在可以单击"保存并训练"（Save and train），然后单击"发布"（Publish）。单击"发布"按钮，会将知识库移动到在 Azure 门户内创建的 Azure 搜索实例中。一旦发布，我们将会看到有关如何调用 API 的详细信息（如图 10-12 所示）。请注意，URL 对应于我们在 Azure 门户中创建的应用服务。

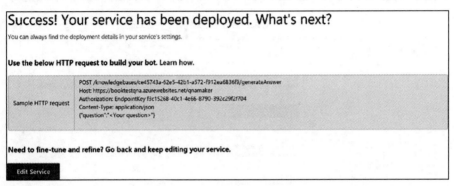

图 10-12　发布 QnA Maker KB

让我们使用 curl 来查看 API 的实际运行情况。我们会尝试一些没有明确训练的东西，比如"你的名字是什么"（whats your name）。请注意，我们可以使用 top 参数来向 QnA Maker 表明我们愿意处理多少结果。如果 QnA Maker 发现多个可能的候选答案并且得分足够接近，那么它将返回顶级选项的值。

```
curl -X POST
-H "Authorization: EndpointKey f3c15268-40c1-4e66-8790-
392c29f2f704"
-H "Content-Type: application/json" "https://booktestqna.
azurewebsites.net/qnamaker/knowledgebases/ce45743a-62e5-42b1-
a572-f912ea6836f9/generateAnswer"
-d '{ "question": "whats your name?", "top": 5 }'
```

应答如下所示：

```
{
  "answers": [
    {
      "questions": [
        "what is your name?"
      ],
      "answer": "Szymon",
      "score": 60.98,
      "id": 3,
      "source": "Editorial",
      "metadata": []
    }
  ]
}
```

该应答看起来还不错。如果问一个我们没有接受过培训的问题，那么我们会得到"在 KB 中找不到匹配"（No good match found in the KB）的回复。

```
curl -X POST
-H "Authorization: EndpointKey f3c15268-40c1-4e66-8790-
392c29f2f704"
-H "Content-Type: application/json"  "https://booktestqna.
azurewebsites.net/qnamaker/knowledgebases/ce45743a-62e5-42b1-
a572-f912ea6836f9/generateAnswer"
-d '{ "question": "when are you going to give me your
bitcoin?", "top": 5 }'
{
  "answers": [
    {
      "questions": [],
      "answer": "No good match found in KB.",
      "score": 0.0,
      "id": -1,
      "metadata": []
    }
  ]
}
```

结果就是我们所预料的：没有匹配。用户界面还提供了一种测试功能，可以让我们在不同的措辞中询问知识库问题，以便在我们发布到公共 API 之前查看模型返回的内容。如果算法选择了错误的答案，那么我们可以将其指向正确的答案。你还可以轻松添加其他问题措辞（如图 10-13 所示）。

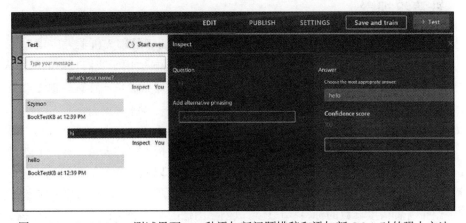

图 10-13　QnA Maker 测试界面，一种添加新问题措辞和添加新 Q&A 对的强大方法

微软提供了一个 QnA Maker 识别器和对话框作为其 BotBuilder-CognitiveServices[○] Node.js

---

○ BotBuilder-CognitiveServices Node.js 包提供了关于访问 QnA Maker 的帮助。GitHub 上的代码见网址 https://github.com/Microsoft/BotBuilder-CognitiveServices/tree/master/Node。

包的一部分。如果希望我们的聊天机器人同时使用 QnA Maker 和 LUIS，我们可以使用自定义识别器来查询这两种服务，并根据两种服务的结果选择正确的行动方案。

练习 10-1

集成 QnA Maker

本练习的目标是为现有的聊天机器人添加问答（Q&A）功能。

1. 创建一个简单的 QnA Maker 知识库，它可以回答有关你自己的一些问题，比如名字、出生日期和兄弟姐妹的数量等。

2. 创建一个利用 BotBuilder-CognitiveServices Node.js 包连接到 QnA Maker 服务的聊天环境。

3. 将你的 QnA Maker 对话框和识别器集成并连接到 LUIS 的机器人中。你可以使用第 7 章的日历机器人作为例子。看看它是否能够区分 LUIS 查询和 QnA 查询？

4. 尝试用话语训练 QnA Maker，就像你训练 LUIS 模型一样。机器人表现如何？如果我们改变识别器注册的顺序，行为是否会改变？

在本练习中，你研究实现了将 QnA Maker 集成到聊天机器人中。你还实现了对 QnA Maker 和 LUIS 识别器的混合，这是一个应用 Bot Builder 机制和可能的订购陷阱的良好练习。

10.5 计算机视觉

到目前为止，我们研究过的所有认知服务都有一些明显的聊天机器人应用程序。拼写检查、情感分析、翻译和语言检测以及模糊输入匹配都明显适用于我们日常的机器人交互。另一方面，有许多机器学习任务，其对机器人的适用性不那么清楚。计算机视觉就是这样一个例子。

微软的 Azure 认知服务包括能提供多种功能的计算机视觉（computer vision）系列服务。例如，有一种检测和分析面部的服务，而另一种则用于分析人们的表情。有一个内容审核服务，还有一个服务允许你自定义现有的计算机视觉模型，以适应我们的用例（想象一下，试图让算法变得善于识别不同类型的树）。还有一个名为计算机视觉的更通用的服务，它为图像返回一组带有置信度分数的标签。它还可以创建图像的文本摘要，并确定图像是否有效或包含成人内容，以及其他任务。

出于对移动应用程序无尽的娱乐喜好，我们来实现一个任务，确定照片上的内容是否是热狗；我们将查看机器人的代码，该代码可以判断用户发送的图像内容是否是热狗。代码可以在本书 GitHub 仓库的 chapter10-hot-dog-or-not-hot-dog-bot 文件夹下找到。

原则上，我们将使用模拟器来运行此机器人，以确保我们可以在本地开发。当用户通过任何通道发送图像时，机器人通常会收到图像的 URL。我们可以将该 URL 发送到服务，但由于模拟器发送了本地主机地址，因此无效。我们的代码需要做的是将所述图像下载到临时目录，然后将其上载给计算机视觉 API。我们将使用此代码并使用 request Node.js 包来下载该图像。

```javascript
const getImage = function (uri, filename) {
    return new Promise((resolve, reject) => {
        request.head(uri, function (err, res, body) {
            request(uri).pipe(fs.createWriteStream(filename))
                .on('error', () => { reject(); })
                .on('close', () => {
                    resolve();
                });
        });
    });
};
```

然后，我们创建一个简单的对话框，它可以接受任何输入，通过计算机视觉服务运行后，对话框可以给出结果：是否识别出了热狗。

```javascript
bot.dialog('hot-dog-or-not-hot-dog', [
    (session, arg) => {
        if (session.message.attachments == null || session.
            message.attachments.length == 0 || session.message.
            attachments[0].contentType.indexOf('image') < 0) {
            session.send('Not supported. Require an image to be
                sent!');
            return;
        }

        // let them know we're thinking....
        session.sendTyping();

        const id = uuid();
        const dirName = 'images';

        if (!fs.existsSync(dirName)) {
            fs.mkdirSync(dirName);
        }
        const imagePath = dirName + '/' + id;
        const imageUrl = session.message.attachments[0].
            contentUrl;

        getImage(imageUrl, imagePath).then(() => {
            const cv = new cognitiveServices.computerVision({
                apiKey: process.env.CV_KEY, endpoint: process.env.
                CV_ENDPOINT });
            return cv.describeImage({
```

```
            headers: { 'Content-Type': 'application/octet-
            stream' },
            body: fs.readFileSync(imagePath)
        });
    }).then((analysis) => {
        // let's look at the raw object
        console.log(JSON.stringify(analysis));

        if (analysis.description.tags && ) {
            if (_.find(analysis.description.tags, p => p
            === 'hotdog')) {
                session.send('HOT DOG!');
            }
            else {
                session.send('not hot dog');
            }
        }
        else {
            session.send('not hot dog');
        }
        fs.unlinkSync(imagePath);
    });
    }
]);
```

如果上传这个漂亮的热狗图片（如图 10-14 所示），那么我们会得到以下 JSON 结果。

图 10-14　一个普通的老热狗

```
{
    "description": {
        "tags": [
            "sitting", "food", "paper", "hot",
            "piece", "bun", "table", "orange",
            "top", "dog", "laying", "hotdog",
            "sandwich", "yellow", "close", "plate",
            "cake", "phone"
        ],
        "captions": [
            {
                "text": "a close up of a hot dog on a bun",
                "confidence": 0.5577123828705269
            }
        ]
    },
    "requestId": "4fa77b1a-1b27-491c-b895-8640d6a196fd",
    "metadata": {
        "width": 1200,
        "height": 586,
```

```
        "format": "Png"
    }
}
```

如果上传这张 Sonoran 热狗照片（如图 10-15 所示），那么无论那是什么，我们仍然会得到不错的结果。

图 10-15　是否是另一种热狗

```
{
    "description": {
        "tags": [
            "food", "sandwich", "dish", "box",
            "dog", "table", "hot", "sitting",
            "piece", "top", "square", "toppings",
            "paper", "slice", "close", "different",
            "hotdog", "holding", "pizza", "plate",
            "laying"
        ],
        "captions": [
            {
                "text": "a close up of a hot dog",
                "confidence": 0.9727350601423388
            }
        ]
    },
    "requestId": "11a12305-d36a-4db0-aca0-2a1870a8b9e7",
    "metadata": {
        "width": 1280,
        "height": 960,
        "format": "Jpeg"
    }
}
```

我不知道 Sonoran 热狗是什么，但在阅读有关资料之后，好像真的很好吃。我有点觉得视觉服务可以正确地确定它是一个热狗。我更开心的是，它还用标签"pizza"和"different"来标记图像。如果做一个练习，看哪一个热狗能完全欺骗这个模型，那将是件很有趣的事。

我们可以通过图像检测和分析来做很多有趣的事情，虽然识别是否是热狗是一个很傻的例子，但应该清楚这种一般图像的描述生成功能有多强大。当然，更具体的应用程序的要求可能意味着，微软或其他提供商提供的通用模型显得不足，而自定义模型更合适。Custom Vision Service⊖为你提供这些用例的支持。在任何一种情况下，都不能低估使用（易于使用的）REST API 快速构建这些函数原型的能力。

⊖ Custom Vision Services 允许我们使用特定应用程序图像库来扩充现有的计算机视觉模型：https://azure.microsoft.com/en-us/services/cognitive-services/custom-vision-service/。

> **练习 10-2**
>
> **计算机视觉开发**
>
> 计算机视觉允许我们做除了获取标签之外的事情。我们可以用 API 实现的一个更引人注目的事情就是光学字符识别（OCR）。
>
> 1. 在 Azure Portal 上获取计算机视觉 API 的访问密钥。该过程与任何其他认知服务相同。
> 2. 创建一个接受照片并从照片中提取文本信息的聊天机器人。像热狗聊天机器人一样处理图像上传。
> 3. 尝试在一张纸上写一些文字并通过聊天机器人运行它。它能正确识别你写的字吗？
> 4. 识别结果与图像中的文字对比有多糟糕？或者在 OCR 努力识别文本之前你写的有多糟糕？
>
> 你现在已经练习了如何运用计算机视觉 API，并以特别的方式测试了其 OCR 算法的性能。

10.6 结束语

世界在机器学习算法的准确性方面取得了很大进展，因此大部分功能都是通过 REST API 向开发人员开放的。无须学习新的环境和语言（如 Anaconda、Python 和 scikit-learn），通过简单的 REST 端点就能够访问其中的一些算法，这就促使开发人员尝试新想法并将 AI 功能纳入到他们的应用中。大型科技公司提供的某些服务可能在性能、成本效益或准确性等方面不如自定义开发和策划的模型，但随着时间的推移，它们的易用性、准确性和成本效益必将会得到生产厂商充分的考虑。

作为聊天机器人领域的专业人士，我们应该了解可以帮助我们聊天机器人开发的认知产品类型，使用所有这些强大的功能可以实现跨越式的对话体验。

CHAPTER 11

第 11 章

自适应卡片和自定义图形

在本书中，我们讨论了机器人与用户交流的不同方式。机器人可以使用文本、语音、图像、按钮甚至内容轮播的形式来与用户交流。这些与正确的声调和数据相结合，成为帮助用户快速高效完成目标的强大界面。我们可以很容易地用正确的数据来构建文本，但文本并不总是传达某些想法的最有效的机制。让我们以股票报价为例。比如说，当用户要求 Twitter 报价时，他们想要什么样的数据？

他们想知道最新的价格吗？他们想知道成交量吗？还是他们想知道出价/要价？也许他们正在寻找 52 周的高、低价格。事实是，每个用户可能都在寻找略有不同的东西。语音助理可以阅读股票的文本描述。我们预计 Alexa 会说："Twitter，符号 TWTR，目前的交易价格是 24.47 美元，交易量是 810 万美元。52 周的价格区间为 14.12 美元至 25.56 美元。目前的出价是 24.46 美元，目前的要价是 24.47 美元。"你能想象用机器人接收这些数据吗？坦率地说，解析文本是痛苦的。

一个吸引人的选择是在一张卡片内布局内容，如图 11-1 所示。这个样本来自 TD Ameritrade Messenger 机器人。前面包含在文本消息中的许多数据现在都是通过图来传递的，但这种格式对于人类来说更容易消化。

普通的英雄卡片（hero card）没有多少空间来创建这样的界面。显示标题、副标题和按钮都很简单，但显示图像却不容易。我们如何在机器人中包含这样的视觉效果？在本章中，我们将探讨两种方法：使用无头浏览器和自适应卡片进行自定义图像渲染。自适应卡片是微软的连接器可以用特定于通道的方式来渲染的格式。首先，我们深入研究自适应卡片。

图 11-1 股票报价卡

11.1 自适应卡片

当 Bot 框架首次发布时，微软创造了英雄卡片。正如我们在第 4 章和第 5 章中所探讨的，英雄卡片是针对不同消息传递平台用文本和按钮呈现图像的不同方式的一个很好的抽象。然而很明显，英雄卡片有一点限制，因为它们只由图像、标题、副标题和可选按钮组成。

为了提供更灵活的用户界面，微软开发了自适应卡片。自适应卡片对象模型描述了消息传递应用程序中更丰富的用户界面集。通道连接器的职责是将自适应卡片的定义渲染为通道所支持的形式。基本上，它是英雄卡片的一个更丰富的版本。

自适应卡片在 Build 2017 大会上发布。作为聊天机器人开发者，我们现在有一个格式可以用来描述更丰富的用户界面。格式本身是类似 XAML 的布局引擎和类似 HTML 概念的混合体，用 JSON 格式表示。

这里有一个餐厅卡片的例子，它的渲染如图 11-2 所示。

图 11-2　一张餐厅卡片的渲染

```
{
    "$schema": "http://adaptivecards.io/schemas/adaptive-card.json",
    "type": "AdaptiveCard",
    "version": "1.0",
    "body": [
        {
            "speak": "Tom's Pie is a Pizza restaurant which is rated 9.3 by customers.",
            "type": "ColumnSet",
            "columns": [
                {
                    "type": "Column",
                    "width": 2,
                    "items": [
                        {
                            "type": "TextBlock",
                            "text": "PIZZA"
                        },
                        {
                            "type": "TextBlock",
                            "text": "Tom's Pie",
                            "weight": "bolder",
                            "size": "extraLarge",
                            "spacing": "none"
                        },
                        {
                            "type": "TextBlock",
                            "text": "4.2 ★★★☆ (93) · $$",
                            "isSubtle": true,
```

```
                    "spacing": "none"
                },
                {
                    "type": "TextBlock",
                    "text": "**Matt H. said** \"I'm
                    compelled to give this place 5
                    stars due to the number of times
                    I've chosen to eat here this past
                    year!\"",
                    "size": "small",
                    "wrap": true
                }
            ]
        },
        {
            "type": "Column",
            "width": 1,
            "items": [
                {
                    "type": "Image",
                    "url": "https://picsum.
                    photos/300?image=882",
                    "size": "auto"
                }
            ]
        }
    ],
    "actions": [
        {
            "type": "Action.OpenUrl",
            "title": "More Info",
            "url": "https://www.youtube.com/watch?v=dQw4w9WgXcQ"
        }
    ]
}
```

在自适应卡片中，几乎所有的东西都是一个容器，可以包含其他容器或 UI 元素。结果是一个 UI 对象树，就像任何其他标准的 UI 平台一样。在这个例子中，我们有一个包含两列的容器。第一列的宽度是第二列的两倍，包含四个文本块（TextBlock）元素。第二列仅包含一个图像。最后，该卡片包括一个打开 Web URL 的动作按钮。下面是另一个示例及其渲染（如图 11-3 所示）：

图 11-3　一个收集数据的模板

```json
{
    "$schema": "http://adaptivecards.io/schemas/adaptive-card.json",
    "type": "AdaptiveCard",
    "version": "1.0",
    "body": [
        {
            "type": "ColumnSet",
            "columns": [
                {
                    "type": "Column",
                    "width": 2,
                    "items": [
                        {
                            "type": "TextBlock",
                            "text": "Tell us about yourself",
                            "weight": "bolder",
                            "size": "medium"
                        },
                        {
                            "type": "TextBlock",
                            "text": "We just need a few more details to get you booked for the trip of a lifetime!",
                            "isSubtle": true,
                            "wrap": true
                        },
                        {
                            "type": "TextBlock",
                            "text": "Don't worry, we'll never share or sell your information.",
                            "isSubtle": true,
                            "wrap": true,
                            "size": "small"
                        },
                        {
                            "type": "TextBlock",
                            "text": "Your name",
                            "wrap": true
                        },
                        {
                            "type": "Input.Text",
                            "id": "myName",
                            "placeholder": "Last, First"
                        },
                        {
                            "type": "TextBlock",
                            "text": "Your email",
                            "wrap": true
                        },
```

```json
        {
          "type": "Input.Text",
          "id": "myEmail",
          "placeholder": "youremail@example.com",
          "style": "email"
        },
        {
          "type": "TextBlock",
          "text": "Phone Number"
        },
        {
          "type": "Input.Text",
          "id": "myTel",
          "placeholder": "xxx.xxx.xxxx",
          "style": "tel"
        }
      ]
    },
    {
      "type": "Column",
      "width": 1,
      "items": [
        {
          "type": "Image",
          "url": "https://upload.wikimedia.org/wikipedia/commons/b/b2/Diver_Silhouette%2C_Great_Barrier_Reef.jpg",
          "size": "auto"
        }
      ]
    }
  ],
  "actions": [
    {
      "type": "Action.Submit",
      "title": "Submit"
    }
  ]
}
```

这具有相似的总体布局，两列宽度比为 2 ∶ 1。第一列包含不同大小的文本以及三个输入字段。第二列包含一幅图像。

我们在图 11-4 中展示了另一个示例，它呼应了我们关于股票行情卡片的讨论。

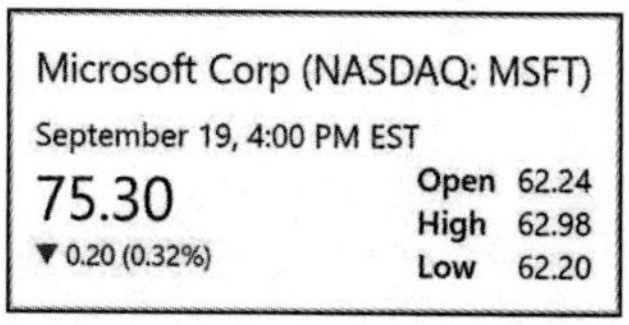

图 11-4 股票报价的渲染效果

```json
{
    "$schema": "http://adaptivecards.io/schemas/adaptive-card.json",
    "type": "AdaptiveCard",
    "version": "1.0",
    "speak": "Microsoft stock is trading at $62.30 a share, which is down .32%",
"body": [
    {
        "type": "Container",
        "items": [
            {
                "type": "TextBlock",
                "text": "Microsoft Corp (NASDAQ: MSFT)",
                "size": "medium",
                "isSubtle": true
            },
            {
                "type": "TextBlock",
                "text": "September 19, 4:00 PM EST",
                "isSubtle": true
            }
        ]
    },
    {
        "type": "Container",
        "spacing": "none",
        "items": [
            {
                "type": "ColumnSet",
                "columns": [
                    {
                        "type": "Column",
                        "width": "stretch",
                        "items": [
                            {
                                "type": "TextBlock",
                                "text": "75.30",
                                "size": "extraLarge"
                            },
                            {
                                "type": "TextBlock",
                                "text": "▼ 0.20 (0.32%)",
                                "size": "small",
                                "color": "attention",
                                "spacing": "none"
                            }
```

```
                    ]
                },
                {
                    "type": "Column",
                    "width": "auto",
                    "items": [
                        {
                            "type": "FactSet",
                            "facts": [
                                {
                                    "title": "Open",
                                    "value": "62.24"
                                },
                                {
                                    "title": "High",
                                    "value": "62.98"
                                },
                                {
                                    "title": "Low",
                                    "value": "62.20"
                                }
                            ]
                        }
                    ]
                }
            ]
        }
    ]
}
```

这个模板引入了更多的概念。首先，卡片有两个容器而不是列。第一个容器简单地显示两个文本块，其中包含公司名称/股票代码和报价日期。第二个容器包含两列。一个有最后的价格和价格变动数据，另一个有开盘价/最高价/最低价数据。后一个数据存储在 FactSet 类型的对象中，FactSet 类型的对象将名称 – 值对的集合作为紧密间隔的一组数据来呈现。

自适应卡片网站提供了各种丰富的样本[一]。在同一网站上，可视化工具（Visualizer）[二]表明，Bot 框架聊天机器人只占自适应卡片示例的一小部分。自适应卡片以不同的保真度支持各个 Bot 框架通道。模拟器如实地呈现卡片，但许多其他通道（比如 Facebook Messenger）最终生成的是图像（如图 11-5 所示）。

[一] 自适应卡片示例：http://adaptivecards.io/samples/。
[二] 自适应卡片可视化工具：http://adaptivecards.io/visualizer/index.html。

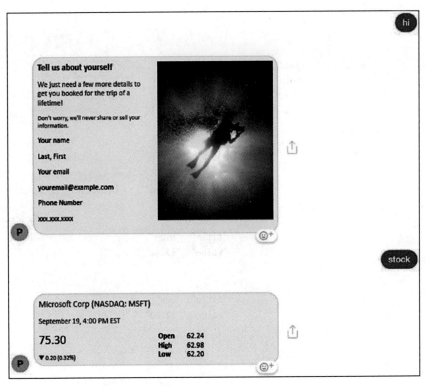

图 11-5　Messenger 把自适应卡片渲染为图像

坦白地说，对于任何具有不受支持特性的自适应卡片，微软的 Facebook 连接器都会返回一个错误的请求状态代码（400）。这真的体现了一个困境。拥有一个通用的富卡格式是一个积极的发展，但只有在它得到广泛支持的情况下才有意义。在类似 Facebook 的平台上缺乏支持妨碍了这样的发展。值得注意的是，可视化工具中允许的主机应用程序展现了自适应卡片的更多特性（如图 11-6 所示）。

注意前七项（WebChat、Cortana 技能、Windows 时间线、Skype、Outlook Actionable Messages、Microsoft 团队和 Windows 通知）都是来自微软的系统。微软正在构建一种通用格式，以便支持卡片众多属性的渲染。

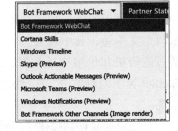

图 11-6　自适应卡片可视化工具中可能的渲染选项

简而言之，如果你的应用程序针对的是许多微软系统（比如 Windows 10、团队和 Skype），那么投资可重用的、一致的跨平台自适应卡片是一个好主意。

微软还提供了几个 SDK 来辅助你的定制应用显示自适应卡片。例如，有一个 iOS SDK、一个客户端 JavaScript SDK 和一个 Windows SDK；每个 SDK 都可以接受自适应卡片的 JSON 表示，并据此呈现一个本地 UI。

一个可行的示例

我们现在将查看一个示例,以更好地了解适配卡是如何呈现的,以及它们如何将输入表单消息送回给机器人。我们将使用模拟器作为我们的通道,因为它实现了所有重要的功能。并且,我们将使用基于上一个示例稍加修改的卡片来收集用户的姓名、电话号码和电子邮件地址。

```
{
    "$schema": "http://adaptivecards.io/schemas/adaptive-card.json",
    "type": "AdaptiveCard",
    "version": "1.0",
    "body": [
        {
            "type": "TextBlock",
            "text": "Tell us about yourself",
            "weight": "bolder",
            "size": "medium"
        },
        {
            "type": "TextBlock",
            "text": "Don't worry, we'll never share or sell your information.",
            "isSubtle": true,
            "wrap": true,
            "size": "small"
        },
        {
            "type": "TextBlock",
            "text": "Your name",
            "wrap": true
        },
        {
            "type": "Input.Text",
            "id": "name",
            "placeholder": "First Last"
        },
        {
            "type": "TextBlock",
            "text": "Your email",
            "wrap": true
        },
        {
            "type": "Input.Text",
            "id": "email",
            "placeholder": "youremail@example.com",
            "style": "email"
        },
```

```
        {
            "type": "TextBlock",
            "text": "Phone Number"
        },
        {
            "type": "Input.Text",
            "id": "tel",
            "placeholder": "xxx.xxx.xxxx",
            "style": "tel"
        }
    ],
    "actions": [
        {
            "type": "Action.Submit",
            "title": "Submit"
        },
        {
            "type": "Action.ShowCard",
            "title": "Terms and Conditions",
            "card": {
                "type": "AdaptiveCard",
                "body": [
                    {
                        "type": "TextBlock",
                        "text": "We will not share your
                        data with anyone. Ever.",
                        "size": "small",
                    }
                ]
            }
        }
    ]
}
```

我们还有两个项目是允许用户点击的：发送数据的"提交"按钮和点击时显示一些额外信息的"条款和条件"按钮。当用户点击"提交"按钮时，字段中的数据被收集并作为消息的 value，发送给机器人。在前一个 JSON 中定义的自适应卡片发送的对象将具有三个属性：名称、电子邮件和电话。属性名称对应于字段的 ID。

因此，获得这些值的代码很简单。它可以像简单地检查值是否存在以及基于它执行逻辑一样基础。如果我们发送多张卡片，那么因为它们会留在用户的聊天记录中，所以确保一致的对话体验也是至关重要的。

```
const bot = new builder.UniversalBot(connector, [
    (session) => {
        let incoming = session.message;
        if (incoming.value) {
```

```
            // this means we are getting data from an adaptive
            card
            let o = incoming.value;
            session.send('Thanks ' + o.name.split(' ')[0] + ". 
            We'll be in touch!");
        } else {
            let msg = new builder.Message(session);
            msg.addAttachment({
                contentType: 'application/vnd.microsoft.card.
                adaptive',
                content: adaptiveCardJson
            });
            session.send(msg);
        }
    }
]);
```

图 11-7 说明了这次对话是如何发展的。注意，除了一些小小的验证之外，卡片本身没有实际的逻辑。将来可能会有这样的能力，但现在所有这些逻辑都必须在 Bot 代码中实现。

图 11-7　展开"条款和条件"并单击"提交"后的输入表单自适应卡片

练习 11-1

创建一个自定义的自适应卡片

1. 本练习的目标是创建一个实用的天气更新自适应卡片。你将集成天气 API，为聊天机器人的用户提供实时天气。创建一个收集用户位置的机器人，也许收集的只是一个邮政编码，并返回一条回显该位置的文本消息。

2. 编写集成雅虎天气 API 所需的代码。你可以在 https://developer.yahoo.com/weather/ 找到关于使用它的信息。

3. 创建一张包含服务提供的各种数据点的自适应卡片。自适应卡片网站提供了两种天气示例，你可以从中选择一种你比较喜欢的。然后，在自适应卡片 JSON 中切换一些 UI 元素。这么做很容易吧？

4. 添加图形图像元素。例如，显示不同的图形以表示晴天和阴天。你可以通过在线图像搜索引擎找到一些资源，或者在本地保存一些图像。如果你把资源保存在本地，那么请确保你的设置可以服务静态内容。

干得不错！你现在可以用自适应卡片丰富机器人的对话体验了。

11.2 渲染自定义图形

自适应卡片简化了某些类型的布局，并允许我们声明性地定义可以渲染成图像的自定义布局。然而，我们无法控制图像的使用方式；正如我们在 Messenger 上看到的，图像是作为独立的图像发送的，没有任何上下文按钮或卡片格式的文本。在调整大小、边距和布局控制方面的其他一些小限制中，我们没有办法生成图形。假设我们想生成一个图表来代表一段时间内的股价变化，使用自适应卡片并不能做到这一点。那么，如果我们有另一种方法来做这件事呢？

创建自定义图形的最佳方法是利用我们已经熟悉的技术，如 HTML、JavaScript 和 CSS。如果能直接使用 HTML 和 CSS，那么我们可以创建定制的、给人深刻印象的、漂亮的布局来表示我们对话体验中的各种概念。使用 SVG 和 JavaScript，我们可以创建令人惊叹的数据驱动的图形，让机器人的内容栩栩如生。

好的，就这么干。但是我们怎么做呢？我们将稍微绕点远，借助一个可以用来呈现这些元素的机制：无头浏览器。

像 Firefox 或 Chrome 这样的标准普通浏览器有许多组件：网络层、符合标准的 HTML 引擎（如 Gecko、WebKit 或 Chromium）以及允许你查看实际内容的 UI。一个无头浏览器是一个没有 UI 组件的浏览器。通常，使用命令行或脚本语言来控制这些浏览器。无头浏览器处理的最初且最重要的用例是在启用 JavaScript 和 AJAX 的环境中进行功能测试之类的任务。例如，搜索引擎可以使用无头浏览器来索引动态网页内容。Phantom[①]是一个基于 WebKit 的无头浏览器的例子，在早期 AngularJS 时代被大量使用。Firefox[②]和 Chrome[③]最近在两种浏览器中都增加了对无头模式的支持。在这个领域越来越常见的用途之一是图像渲

---

① PhantomJs：http://phantomjs.org/。
② Firefox 无头模式：https://developer.mozilla.org/en-US/Firefox/Headless_mode。
③ 开始使用无头的 Chrome：https://developers.google.com/web/updates/2017/04/headless-chrome。

染。所有的无头浏览器都实现了屏幕截图功能，我们可以利用该功能进行图像渲染。

我们将继续使用股票报价示例，并构建一些可以将报价作为文本返回的东西。完整的工作代码示例可以在本书 GitHub 仓库中的 chapter11-image-rendering-bot 文件夹下找到。为得到实时股票报价，我们需要访问金融数据提供商。一个易于使用的提供者被称为 Intrinio，它提供免费账户来开始使用他们的 API。打开 http://intrinio.com，点击 "Start for Free" 按钮，创建一个账户来使用他们的 API。一旦完成了账户创建过程，我们就可以访问我们的访问密钥，这些密钥必须通过基本的 HTTP 身份验证传递给 API。使用像 https://api.intrinio.com/data_point?ticker=AAPL&item=last_price，volume 这样的 URL，我们收到 AAPL 的最新价格和成交量。由此产生的数据 JSON 如下所示：

```
{
    "data": [
        {
            "identifier": "AAPL",
            "item": "last_price",
            "value": 174.32
        },
        {
            "identifier": "AAPL",
            "item": "volume",
            "value": 20179172
        }
    ],
    "result_count": 2,
    "api_call_credits": 2
}
```

创建一个使用该 API 的机器人可以通过使用下面的代码来完成，结果如图 11-8 所示。

```
require('dotenv-extended').load();

const builder = require('botbuilder');
const restify = require('restify');
const request = require('request');
const moment = require('moment');
const _ = require('underscore');
const puppeteer = require('puppeteer');
const vsprintf = require('sprintf').vsprintf;

// declare all of the data points we will be interested in
const datapoints = {
    last_price: 'last_price',
    last_year_low: '52_week_low',
    last_year_high: '52_week_high',
    ask_price: 'ask_price',
    ask_size: 'ask_size',
    bid_price: 'bid_price',
```

```javascript
        bid_size: 'bid_size',
        volume: 'volume',
        name: 'name',
        change: 'change',
        percent_change: 'percent_change',
        last_timestamp: 'last_timestamp'
};

const url = "https://api.intrinio.com/data_point?ticker=%s&item=" + _.map(Object.keys(datapoints), p => datapoints[p]).join(',');

// Setup Restify Server
const server = restify.createServer();
server.listen(process.env.port || process.env.PORT || 3978, () => {
    console.log('%s listening to %s', server.name, server.url);
});

// Create chat bot and listen to messages
const connector = new builder.ChatConnector({
    appId: process.env.MICROSOFT_APP_ID,
    appPassword: process.env.MICROSOFT_APP_PASSWORD
});
server.post('/api/messages', connector.listen());

const bot = new builder.UniversalBot(connector, [
    session => {
        // get ticker and create request URL
        const ticker = session.message.text.toUpperCase();
        const tickerUrl = vsprintf(url, [ticker]);

        // make request to get the ticker data
        request.get(tickerUrl, {
            auth:
                {
                    user: process.env.INTRINIO_USER,
                    pass: process.env.INTRINIO_PASS
                }
        }, (err, response, body) => {
            if (err) {
                console.log('error while fetching data:\n' +
                err);
                session.endConversation('Error while fetching
                data. Please try again later.');
                return;
            }

            // parse JSON response and extract the last price
            const results = JSON.parse(body).data;
```

```
                const lastPrice = getval(results, ticker,
                datapoints.last_price).value;
                // send the last price as a response
                session.endConversation(vsprintf('The last price
                for %s is %.2f', [ ticker, lastPrice]));
            });
        }
    ]);
const getval = function(arr, ticker, data_point) {
        const r = _.find(arr, p => p.identifier === ticker &&
        p.item === data_point);
        return r;
}
const inMemoryStorage = new builder.MemoryBotStorage();
bot.set('storage', inMemoryStorage);
```

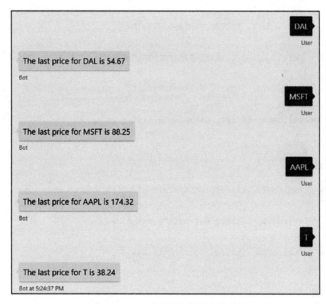

图 11-8　文本形式的股票报价

很好,我们现在将创建一个自适应卡片,看看如何利用刚刚提到的无头浏览器来呈现更丰富的图形。

对于自适应卡片,我们将使用一个修改自以前的股票更新场景的模板。在结束通话时不是发送字符串,而是发回一张股票卡片。renderStockCard 函数接受从 API 返回的数据,并将自适应卡片的 JSON 表示渲染成图像。

```
const cardData = renderStockCard(results, ticker);
const msg = new builder.Message(session);
```

```js
msg.addAttachment({
    contentType: 'application/vnd.microsoft.card.adaptive',
    content: cardData
});
session.endConversation(msg);
function renderStockCard(data, ticker) {
const last_price = getval(data, ticker, datapoints.last_price).value;
const change = getval(data, ticker, datapoints.change).value;
const percent_change = getval(data, ticker, datapoints.percent_change).value;
const name = getval(data, ticker, datapoints.name).value;
const last_timestamp = getval(data, ticker, datapoints.last_timestamp).value;
const open_price = getval(data, ticker, datapoints.open_price).value;
const low_price = getval(data, ticker, datapoints.low_price).value;
const high_price = getval(data, ticker, datapoints.high_price).value;
const yearhigh = getval(data, ticker, datapoints.last_year_high).value;
const yearlow = getval(data, ticker, datapoints.last_year_low).value;
const bidsize = getval(data, ticker, datapoints.bid_size).value;
const bidprice = getval(data, ticker, datapoints.bid_price).value;
const asksize = getval(data, ticker, datapoints.ask_size).value;
const askprice = getval(data, ticker, datapoints.ask_price).value;
let color = 'default';
if (change > 0) color = 'good';
else if (change < 0) color = 'warning';
let facts = [
    { title: 'Bid', value: vsprintf('%d x %.2f', [bidsize, bidprice]) },
    { title: 'Ask', value: vsprintf('%d x %.2f', [asksize, askprice]) },
    { title: '52-Week High', value: vsprintf('%.2f', [yearhigh]) },
    { title: '52-Week Low', value: vsprintf('%.2f', [yearlow]) }
];
```

```
let card = {
    "$schema": "http://adaptivecards.io/schemas/adaptive-
    card.json",
    "type": "AdaptiveCard",
    "version": "1.0",
    "speak": vsprintf("%s stock is trading at $%.2f a
    share, which is down %.2f%%", [name, last_price,
    percent_change]),
    "body": [
        {
            "type": "Container",
            "items": [
                {
                    "type": "TextBlock",
                    "text": vsprintf("%s ( %s)", [name,
                    ticker]),
                    "size": "medium",
                    "isSubtle": false
                },
                {
                    "type": "TextBlock",
                    "text": moment(last_timestamp).
                    format('LLL'),
                    "isSubtle": true
                }
            ]
        },
        {
            "type": "Container",
            "spacing": "none",
            "items": [
                {
                    "type": "ColumnSet",
                    "columns": [
                        {
                            "type": "Column",
                            "width": "stretch",
                            "items": [
                                {
                                    "type": "TextBlock",
                                    "text":
                                    vsprintf("%.2f", [last_
                                    price]),
                                    "size": "extraLarge"
                                },
                                {
                                    "type": "TextBlock",
                                    "text": vsprintf("%.2f
```

```
                                    (%.2f%%)", [change,
                                    percent_change]),
                                "size": "small",
                                    "color": color,
                                    "spacing": "none"
                                }
                            ]
                        },
                        {
                            "type": "Column",
                            "width": "auto",
                            "items": [
                                {
                                    "type": "FactSet",
                                    "facts": facts
                                }
                            ]
                        }
                    ]
                }
            ]
        }
        return card;
}
```

现在，如果向机器人发送一个股票代码，那么我们将得到一张显示结果的自适应卡片。在模拟器上的渲染看起来不错（如图 11-9 所示）。Messenger 上的渲染有点起伏和像素化，如图 11-10 所示。我们还发现两个频道呈现"警告"颜色时有些不一致。当然，我们可以做得更好。

现在我们将创建自定义的 HTML 模板。目前，作为一名工程师，我不做设计，但图 11-11 是我想出来的卡片。我们显示所有与前面相同的数据片段，但也添加了最近 30 天数据的 sparkline。

之前模板的 HTML 和 CSS 代码展示如下：

```
<html>
<head>
    <style>
        body {
            background-color: white;
            font-family: 'Roboto', sans-serif;
            margin: 0;
            padding: 0;
        }
```

第 11 章 自适应卡片和自定义图形　　309

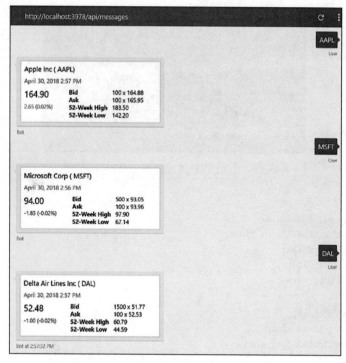

图 11-9　股票更新卡在模拟器上的渲染

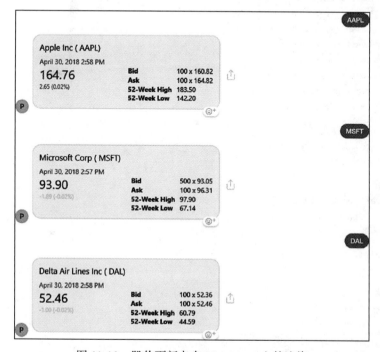

图 11-10　股价更新卡在 Messenger 上的渲染

图 11-11 我们想实现的自定义报价卡片

```
.card {
    color: #dddddd;
    background-color: black;
    width: 564px;
    height: 284px;
    padding: 10px;
}
.card .symbol {
    font-size: 48px;
    vertical-align: middle;
}
.card .companyname {
    font-size: 52px;
    display: inline-block;
    vertical-align: middle;
    overflow-x: hidden;
    white-space: nowrap;
    text-overflow: ellipsis;
    max-width: 380px;
}
.card .symbol::before {
    content: '(';
}
.card .symbol::after {
    content: ')';
}
.card .priceline {
    margin-top: 20px;
}
.card .price {
    font-size: 36px;
    font-weight: bold;
}
```

```css
        .card .change {
            font-size: 28px;
        }
        .card .changePct {
            font-size: 28px;
        }
        .card .positive {
            color: darkgreen;
        }
        .card .negative {
            color: darkred;
        }
        .card .changePct::before {
            content: '(';
        }
        .card .changePct::after {
            content: ')';
        }
        .card .factTable {
            margin-top: 10px;
            color: #dddddd;
            width: 100%;
        }
        .card .factTable .factTitle {
            width: 50%;
            font-size: 24px;
            padding-bottom: 5px;
        }
        .card .factTable .factValue {
            width: 50%;
            text-align: right;
            font-size: 24px;
            font-weight: bold;
            padding-bottom: 5px;
        }
        .sparkline {
            padding-left: 10px;
        }
        .sparkline embed {
            width: 300px;
            height: 40px;
        }
</style>
<link href="https://fonts.googleapis.com/css?family=Roboto"
rel="stylesheet">
```

```html
</head>
<body>
    <div class="card">
        <div class="header">
                <span class="companyname">Microsoft</span>
                <span class="symbol">MSFT</span>
        </div>
        <div class="priceline">
            <span class="price">88.22</span>
            <span class="change negative">-0.06</span>
            <span class="changePct negative">-0.07%</span>
            <span class="sparkline">
                <embed src="http://sparksvg.me/line.svg?174.33,
                174.35,175,173.03,172.23,172.26,169.23,171.08,
                170.6,170.57,175.01,175.01,174.35,174.54,176.42,
                173.97,172.22,172.27,171.7,172.67,169.37,169.32,
                169.01,169.64,169.8,171.05,171.85,169.48,173.07,
                174.09&rgba:255,255,255,0.7"
                    type="image/svg+xml">
            </span>
        </div>
        <table class="factTable">
            <tr>
                <td class="factTitle">Bid</td>
                <td class="factValue">100 x 87.98</td>
            </tr>
            <tr>
                <td class="factTitle">Ask</td>
                <td class="factValue">200 x 89.21</td>
            </tr>
            <tr>
                <td class="factTitle">52 Week Low</td>
                <td class="factValue">80.22</td>
            </tr>
            <tr>
                <td class="factTitle">52 Week High</td>
                <td class="factValue">90.73</td>
            </tr>
        </table>
    </div>
</body>
</html>
```

请注意，我们正在做的三件事显然不适用于自适应卡片：CSS 允许的对样式的细粒度控制、自定义 Web 字体（在本例中是谷歌的 Roboto 字体）和用来绘制 sparkline 的 SVG 对象。此时，我们真正必须做的就是修改 HTML 模板中的适当数据并呈现它。我们该怎么做呢？

在我们前面提到的无头浏览器选项中，目前较好的选项之一是 Chrome。与无头 Chrome 集成的最简单方法是使用叫作 Puppeteer[1]的 Node.js 包。这个库可以用于许多任务，例如自动化 Chrome、截图、收集网站的时间线数据以及运行自动化测试套件。我们将使用基本 API 来获取页面的截图。

Puppeteer 示例使用了 Node V7.6 中引入的 async/await[2]功能。该语法等待承诺的值以便在一行中返回，而不是编写 then 方法的调用链。呈现 HTML 片段的代码如下：

```
async function renderHtml(html, width, height) {
    var browser = await puppeteer.launch();
    const page = await browser.newPage();

    await page.setViewport({ width: width, height: height });
    await page.goto(`data:text/html,${html}`, { waitUntil:
    'load' });
    const pageResultBuffer = await page.screenshot({
    omitBackground: true });
    await page.close();
    browser.disconnect();
    return pageResultBuffer;
}
```

我们启动无头 chrome 的新实例，打开新页面，设置视口的大小，加载 HTML，然后拍摄截图。omitBackground 选项允许我们在 HTML 中拥有透明背景，这样获取的截图背景就是透明的。

得到的对象是一个 Node.js 的缓冲区。缓冲区是二进制数据的集合，Node.js 提供了许多函数来操纵这些数据。我们可以调用 renderHtml 方法，并将缓冲区转换为 base64 编码的字符串。一旦有了这个，我们就可以简单地将 base64 图像作为 Bot Builder 附件的一部分发送。

```
renderHtml(html, 600, 312).then(cardData => {
    const base64image = cardData.toString('base64');
    const contentType = 'image/png';
    const attachment = {
        contentUrl: util.format('data:%s;base64,%s',
        contentType, base64image),
        contentType: contentType,
        name: ticker + '.png'
    }

    const msg = new builder.Message(session);
    msg.addAttachment(attachment);
    session.endConversation(msg);
});
```

---

[1] Puppeteer，无头 Chrome Node.js API：https://github.com/GoogleChrome/puppeteer。
[2] Mozilla 开发者网络等待文档：https://developer.mozilla.org/en-US/docs/Web/JavaScript/Reference/Operators/await。

HTML 的构造过程是操纵字符串,以确保正确的值被填充。我们在 HTML 中添加了一些占位符,以便执行字符串替换调用,用这种方式将数据放置到适当的位置。以下是其中的一个片段:

```html
<div class="priceline">
    <span class="price">${last_price}</span>
    <span class="change ${changeClass}">${change}</span>
    <span class="changePct ${changeClass}">${percent_change}</span>
    </span>
    <span class="sparkline">
        <embed src="http://sparksvg.me/line.svg?${sparklinedata
        }&rgba:255,255,255,0.7" type="image/svg+xml">
    </span>
</div>
```

以下是从 Intrinio 端点获取数据、读取卡片模板 HTML、替换正确的值、渲染 HTML 并将其作为附件发送的完整代码。一些示例结果如图 11-12 所示。

```javascript
request.get(tickerUrl, opts, (quote_error, quote_
response, quote_body) => {
    request.get(pricesTickerUrl, opts, (prices_error,
    prices_response, prices_body) => {
        if (quote_error) {
            console.log('error while fetching data:\n'
            + quote_error);
            session.endConversation('Error while
            fetching data. Please try again later.');
            return;
        } else if (prices_error) {
            console.log('error while fetching data:\n'
            + prices_error);
            session.endConversation('Error while
            fetching data. Please try again later.');
            return;
        }
        const quoteResults = JSON.parse(quote_body).data;
        const priceResults = JSON.parse(prices_body).data;
        const prices = _.map(priceResults, p => p.close);
        const sparklinedata = prices.join(',');
        fs.readFile("cardTemplate.html", "utf8",
        function (err, data) {
            const last_price = getval(quoteResults,
            ticker, datapoints.last_price).value;
            const change = getval(quoteResults, ticker,
            datapoints.change).value;
            const percent_change = getval(quoteResults,
            ticker, datapoints.percent_change).value;
```

```
const name = getval(quoteResults, ticker,
datapoints.name).value;
const last_timestamp = getval(quoteResults,
ticker, datapoints.last_timestamp).value;
const yearhigh = getval(quoteResults,
ticker, datapoints.last_year_high).value;
const yearlow = getval(quoteResults,
ticker, datapoints.last_year_low).value;

const bidsize = getval(quoteResults,
ticker, datapoints.bid_size).value;
const bidprice = getval(quoteResults,
ticker, datapoints.bid_price).value;
const asksize = getval(quoteResults,
ticker, datapoints.ask_size).value;
const askprice = getval(quoteResults,
ticker, datapoints.ask_price).value;

data = data.replace('${bid}', vsprintf('%d
x %.2f', [bidsize, bidprice]));
data = data.replace('${ask}', vsprintf('%d
x %.2f', [asksize, askprice]));
data = data.replace('${52weekhigh}',
vsprintf('%.2f', [yearhigh]));
data = data.replace('${52weeklow}',
vsprintf('%.2f', [yearlow]));
data = data.replace('${ticker}', ticker);
data = data.replace('${companyName}', name);
data = data.replace('${last_price}',
last_price);

let changeClass = '';
if(change > 0) changeClass = 'positive';
else if(change < 0) changeClass = 'negative';

data = data.replace('${changeClass}',
changeClass);
data = data.replace('${change}',
vsprintf('%.2f%%', [change]));
data = data.replace('${percent_change}',
vsprintf('%.2f%%', [percent_change]));
data = data.replace('${last_timestamp}',
moment(last_timestamp).format('LLL'));
data = data.replace('${sparklinedata}',
sparklinedata);

renderHtml(data, 584, 304).then(cardData => {
    const base64image = cardData.
    toString('base64');
    const contentType = 'image/png';
```

```javascript
            const attachment = {
                contentUrl: util.
                format('data:%s;base64,%s',
                contentType, base64image),
                contentType: contentType,
                name: ticker + '.png'
            }
            const msg = new builder.Message(session);
            msg.addAttachment(attachment);
            session.endConversation(msg);
        });
    });
});
});
```

图 11-12　自定义 HTML 图像的渲染效果

考虑到我们在这上面花费的时间很短,这样的结果已经很不错了!在 Messenger 上,图像也显示得很好(如图 11-13 所示)。

图 11-13　Messenger 上的图像渲染效果

然而,我们的目标是创建自定义卡片。好的,我们将代码修改为下面这样:

```
const card = new builder.HeroCard(session)
    .buttons([
        builder.CardAction.postBack(session, ticker, 'Quote
        Again')])
    .images([
        builder.CardImage.create(session, imageUri)
    ])
    .title(ticker + ' Quote')
    .subtitle('Last Updated: ' + moment(last_timestamp).
    format('LLL'));
const msg = new builder.Message(session);msg.
addAttachment(card.toAttachment());
session.send(msg);
```

这在模拟器中表现得很好,但在 Messenger 中没有显示。如果看看 Node 的输出,那么我们很快就能发现 Facebook 返回了一个 HTTP 400(BadRequest)的响应。发生了什么?虽然 Facebook 支持嵌入 Base64 图像的数据 URI,但它不支持这种格式的卡片图像。我们可以在机器人中创建一个端点来返回图像,但 Facebook 还有另一个限制:webhook 和 card 图像的 URI 不能有相同的主机名。

解决方案是让我们的机器人把生成的图像放在其他地方。一个很好的选择是一个基于云的 Blob 存储库,比如 Amazon 的 S3 或微软的 Azure 存储。既然使用的是微软的产品栈,那么我们将继续使用 Azure 的 Blob 存储。我们将使用相关的 Node.js 包。

```
npm install azure-storage --save
const blob = azureStorage.createBlobService(process.env.IMAGE_
STORAGE_CONNECTION_STRING);
```

IMAGE_STORAGE_CONNECTION_STRING 是存储 Azure 存储连接字符串的环境变

量，在创建存储账户资源之后，可以在 Azure 门户中找到这个字符串。在我们将生成的图像存储到本地文件之后，我们的代码必须确保有 blob 容器存在，并从我们的图像创建 blob。然后我们就可以使用新建 blob 的 URL 作为我们图像的源了。

```
renderHtml(data, 584, 304).then(cardData => {
    const uniqueId = uuid();

    const name = uniqueId + '.png';
    const pathToFile = 'images/' + name;
    fs.writeFileSync(pathToFile, cardData);

    const containerName = 'image-rendering-bot';
    blob.createContainerIfNotExists(containerName, {
        publicAccessLevel: 'blob'
    }, function (error, result, response) {
        if (!error) {
            blob.createBlockBlobFromLocalFile(containerNa
            me, name, pathToFile, function (error, result,
            response) {
                if (!error) {
                    fs.unlinkSync(pathToFile);
                    const imageUri = blob.getUrl(containerName,
                    name);

                    const card = new builder.HeroCard(session)
                        .buttons([
                            builder.CardAction.postBack(session,
                            ticker, 'Quote Again')])
                        .images([
                            builder.CardImage.create(session,
                            base64Uri)
                        ])
                        .title(ticker + ' Quote')
                        .subtitle('Last Updated: ' +
                        moment(last_timestamp).format('LLL'));

                    const msg = new builder.Message(session);
                    msg.addAttachment(card.toAttachment());
                    session.send(msg);
                } else {
                    console.error(error);
                }
            });
        } else {
            console.error(error);
        }
    });
});
```

如图 11-14 所示，卡片现在按照预期呈现。

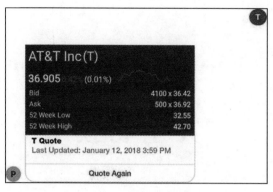

图 11-14 卡片现在正常显示了

练习 11-2

用无头 chrome 显示你的图形

在这个练习中，你将以练习 11-1 中天气机器人的代码为基础，并添加自定义 HTML 的渲染功能。

1. 在自适应卡片中，添加一个占位符，该占位符可以包含一个图像，该图像以图表的形式表示温度预报。

2. 使用无头 chrome 渲染图像，图像中用折线图显示温度预测。你可以使用与前面相同的 sparkline 方法。

3. 将生成的图像存储在 blob 中。

4. 确保自适应卡片在指定位置包含自定义渲染的图像，并且可以在模拟器和 Facebook Messenger 中呈现。

现在你已经将自定义 HTML 和自适应卡片一起呈现了。没人可以说我们做不到，对吧？

11.3 结束语

在本章中，我们探索了两种方法，通过丰富的图形来表达复杂的思想和我们聊天机器人的品质。自适应卡片是一种快速入门的方法，允许与支持本机格式的平台进行更深层次的集成。自定义的基于 HTML 的图像渲染允许对生成的图形进行更多的自定义和控制，在没有原生的自适应卡片支持的情况下尤其有价值。两者都是打造人性化聊天机器人体验的好方法。

CHAPTER 12

第 12 章

人工切换

聊天机器人几乎都不是孤立存在的。公司和品牌商已经投入了大量的时间、精力和金钱，通过 Twitter、Facebook、Instagram、Snapchat 等社交媒体与客户进行互动。社交媒体公司之间正在进行竞争，争相为企业提供与客户互动的最佳平台。这些平台中的每一个都希望和用户建立连接，以推动平台的使用率并提高产品的销售额。此外，来自 Zendesk、LiveChat、FreshDesk、ServiceNow 的客户服务系统，以及甲骨文服务云、Remedy 和 Salesforce 服务云等科技巨头，也都在建立系统，试图通过短信、Messenger、实时聊天等各种通道在消费者与品牌商的客户服务代表之间建立连接。

如今，聊天机器人正在承担一部分工作负载，通过工作负载自动化，可以获得很多好处。然而，正如本书所讨论的，聊天机器人的功能有很多限制。就当前状态来看，该技术无法处理人工客户服务代表可以轻松解决的一些请求。尽管在各种客户服务系统、团队培训和报告方面投入了大量资金，但将人类排除在与产品用户的对话之外是目光短浅的做法。在本章中，我们将讨论客户服务系统的功能，最重要的问题是，讨论在与客服系统集成并提供从聊天机器人到客户服务代表的无缝切换方面，我们有哪些选择。

12.1 仍离不开人

聊天机器人已经开始处理一些客户向商家询问的问题。尽管其中一些问题可以很容易地通过简单的谷歌搜索（或通过查看公司的 FAQ 页面）得到答案，但仍有一部分客户愿意通过实时聊天或公司的 Facebook 页面进行询问。对于这类客户问题的解答，明显有些工作可以自动化。

但是，目前机器人不能优雅地处理所有问题。作为一种相对较新的技术，聊天机器人可能没有得到充分的测试，故而会产生一些混乱或不一致的体验。聊天机器人本身的一个 bug 可能会导致机器人失去响应，客服代表必须介入并手动接管对话以确保客户满意。因此，使用聊天机器人技术实现工作负载自动化的公司通常不会立即看到工作量的减少。事实上，员工还有必要掌握一套和机器人一起工作的新技能，短期内反而会增加工作量——这是很正常的。随着技术的发展和人们对其用途的理解不断提高,我们可能会达到一个人类被取代的境界,但不要指望这种情况会立即发生。人类的客服代表必须留在这个过程中,在需要的时候进行干预。

12.2 从客服角度看聊天机器人

在客户服务行业中流行的聊天机器人有三大类:一直在线的聊天机器人、非全时在线的聊天机器人以及面向客服代表的聊天机器人。而一家公司选择构建哪种类型的机器人与两个因素直接相关:该公司认为聊天机器人能够正确处理的案例数量,以及该公司客户通过自然语言与计算机对话的意愿和理解能力。

12.2.1 一直在线的聊天机器人

一直在线的聊天机器人被直接连接到用户的频道,等待提问或指示。它被假设可以处理每一个输入,即使它说出可怕的"我不知道"作为回应。这里的关键是平衡,机器人可以尝试处理每一个查询,但它必须清楚自己的局限性并能够向用户指出可能的帮助来源。当然,当机器人不能处理请求的时候,应该能提供求助人工的替代方式。如果无法实现无缝的人工升级集成,那么为了用户体验的连续性,提供一个客服编号也比什么都不提供要好。

12.2.2 非全时在线的聊天机器人

非全时在线聊天机器人可以处理一组较小的封闭问题和用户输入,但如果它不确定或不知道答案,则会立即将问题转发给人类代理。这是一种有效的方法,可以降低用户被聊天机器人卡在一个循环中而无法获得任何帮助的风险。另一方面,如果一个有想法的客户试图探索机器人的功能,结果几乎他的任何输入都被转发给人工,那么这可能会成为另一种令人沮丧的体验。一个很好的折中办法是:当机器人不能理解用户的意图时,建议用户可以和人类代理说话。同样,如果没有无缝的人工升级功能存在,那么仅提供联系业务的任何其他方式也比什么都不提供要好。

12.2.3 面向客服代表的聊天机器人

面向客服代表(CSR)的机器人作为 CSR 系统的延伸,会针对用户查询应该做何响应而向人类代理提供建议。这是一个有趣的方法,因为它有些颠覆了聊天机器人的概念。这也是一个很好的收集训练数据的方法,可以使用用户查询和客服代表的反应来训练聊天机器人。这种方法是为聊天机器人建立用例和内容的有效技术。我们也观察到这种类型的聊天机器人在企业客户不了解技术或者更喜欢和人说话的情况下表现良好。

12.3 典型的客户服务系统概念

客户服务系统可以是很多东西，它可以是一个知识库，也可以是一个售票系统，可以是一个呼叫中心系统，还可以是一个消息系统。在前言中提到的领域内，所有的"大玩家"都在他们的产品中包含了这些功能的一些组合。事实上，由于这些系统从客户那里获得了丰富的数据（如详细的知识库和丰富的对话历史），可以看到这些玩家中的大多数都在开发他们自己的虚拟助手解决方案。例如，一个显而易见的开始是创建一个虚拟助手，该助手查询知识库以获得已知问题的答案。票务系统可以提供一个行为良好的聊天机器人，它可以检查门票状态并对现有门票进行基本的编辑。

客户服务系统通常会将客户和业务之间的每一次交互组织为一个名为"案例"的项目。例如，一个客户请求帮助解决密码问题，会在系统中打开一个新案例。新项目可能会进入所有在线客服代表桌面上的收件箱。案例分配给选择项目的人，或者系统会自动将案例分配给一个客服代表，这个客服代表当时没有很多案例需要处理，能较快地响应这个案例。一旦客服代表完成了帮助客户处理问题的工作，这个案例就结束了。客服代表可能已经为客户创建了一个新票据，将案例与票据联系起来。CSR 系统知道多种数据。它知道客服代表何时可以接受新案件，也知道客服代表处理案件通常需要多少时间。它还知道呼叫中心的营业时间，因此可能不允许在非工作时间进行实时聊天。

所有这些数据构成了非常丰富的报告。这些系统通常会为所有内容（如总聊天记录、聊天指派记录、队列等待时间、关闭案例的时间、首次响应时间和许多其他有趣的数据点）提供详细的报告。自然，客服代表团队会基于这些衡量数据得到评估和奖励。

作为机器人开发人员，我们不应该期望客服代表团队改变其工作流或数据报告结构。事实上，这些系统中的大部分都提供了机器人集成点，将聊天机器人视为代理。每个系统都略有不同，但它们通常遵循这种模式。这种方法的一个好处是，通过引入聊天机器人作为虚拟客服代表，系统的报告功能不会受到破坏。

与客户服务系统集成意味着我们需要编写代码来启动和关闭案例。当客户的新消息到达时，会自动启动一个案例。而当聊天机器人完成对查询用户的帮助时，案例就会关闭。案例的定义会有所不同。案例可以定义为从用户提出问题到聊天机器人给出答案的那一段时间，或者，也可以定义为聊天机器人和用户之间的任何交互（只要对话中有 15 分钟以上的互动）。

12.4 集成方法

有多种方法可以无缝集成聊天机器人和客户服务系统。我们将研究三种方法。我们选择的集成级别取决于支持团队的成熟度和可用的工具。我们将在探索每种类型的集成方案时探讨这个问题。

12.4.1 自己创建界面

自己创建界面可能是拥有高度专业化工作流的团队或现在没有任何客户服务人员或系统的团队的最佳选择。而且，如果我们在没有廉价工具的情况下将机器人部署到一个通道，那么除了构建自己的工具之外我们可能别无选择。虽然不建议使用自建的界面，但也有开发人员自己创建了界面。这里有一个例子：https://ankitbko.github.io/2017/03/human-handover-bot。通用的方法是在现有机器人功能的基础上构建一个类客户服务系统。很明显，现在的问题是我们的开发团队拥有客户服务界面，并且有额外的责任保持该系统的正常运行。

12.4.2 基于平台

如果你现在没有客户服务系统，但打算基于（拥有自己的支持工具的）通道来部署一个客服系统，那么你就很幸运了。例如，Facebook 页面允许客户通过 Messenger 与企业进行交互。页面为页面所有者提供了许多功能，其中一个是易用的收件箱（如图 12-1 所示）。当客户信息到达时，它们将出现在左侧面板上。页面主体包含聊天历史，并允许企业与客户互动。

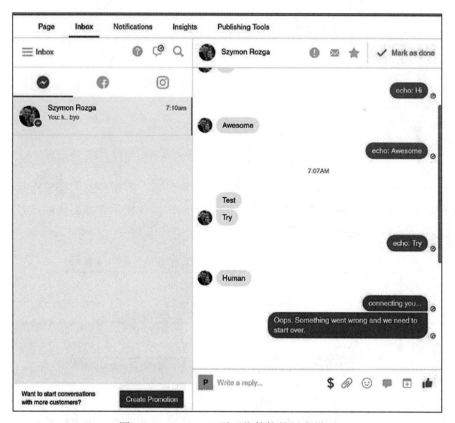

图 12-1　Facebook 页面收件箱的用户界面

可以这样说，用户界面是页面所有者响应多类型用户查询的强大方式。当然，挑战在于，如果机器人被部署到 Facebook 以外的通道，那么平台接口将不支持那些实时聊天场景。

12.4.3　基于产品

如果一个团队已经有了一个带有实时聊天支持的客户服务系统，那么我们很可能想要开发一个集成到现有系统中的聊天机器人。这样做的过程高度依赖于系统。在这种方法中，最重要的任务之一是：机器人必须是客户服务系统的良好公民，且不能破坏其他客服代表的体验。这意味着必须遵守案例打开和解决规则，并且必须记录用户和机器人之间交换的所有消息。如果客服代表打开一个缺少对话历史的案例，那将是一种糟糕的客户体验。你想见到一个沮丧的客户吗？重复问他同样的问题就行了。

如果我们依据现有知识开始实现人工切换流程，那么最终可能会得到如图 12-2 所示的结果。我们将以 Facebook Messenger 为例。聊天机器人通过机器人连接器与 Messenger 通信。在正常的对话流程中，机器人将所有传入的消息转发给客户服务系统并响应用户。机器人还负责打开一个尚未打开的案例。

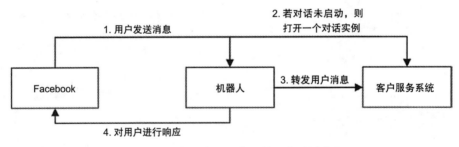

图 12-2　一个没有人工代理的正常对话流程

当对话流程需要切换到人工时，聊天机器人充当代理，将用户的消息发送到客服代表的聊天窗口中，并将客服代表的响应转发给用户，如图 12-3 所示。如果代理已经解决了这个案子，就需要关闭该案例。

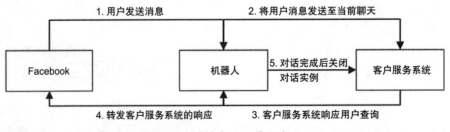

图 12-3　客户与人工代理交互

这种模型并不常见。主要原因是，客户服务系统通常被连接到现有的社交通道，比如

Facebook。聊天机器人、Facebook 和客户服务系统之间的连接如图 12-4 所示。

社交平台通常不支持让多个应用程序同时监听对话。因此，需要决定哪个系统拥有社交平台的连接。由于客户服务系统可以提供包含聊天集成的众多集成，并且通常在决定构建聊天机器人之前就已经准备就绪，因此它们应该和社交平台建立连接。

在 Facebook 的例子中，我们可以使用一种叫作切换协议（Handover Protocol）的东西，它允许我们绕过"一次只有一个应用程序拥有连接"的限制。使用此协议，我们可以指定一个应用程序为主应用程序，其他应用程序为辅助应用程序。当用户首次开始与页面对话时，总是会联系主应用程序。然后，主应用程序可以将对话线程转移到辅助应用程序。当一个应用程序在用户对话中不活跃时，它处于待机模式。通过实现备用通道，可以确保应用程序在待机模式下能接收到用户的消息。你可以在 https://developers.facebook.com/docs/messenger-platform/handover-protocol 上找到更多文档。图 12-5 显示了我们描述的设置。

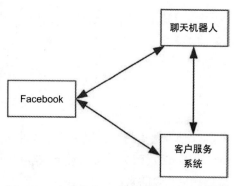

图 12-4　在实践中，聊天机器人、Facebook 和客户服务系统之间的连接

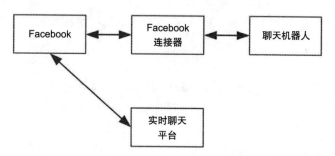

图 12-5　针对 Facebook Messenger 的一个切换协议实现；我们指定机器人应用程序为主应用程序，选择的实时聊天平台是辅助应用程序

不幸的是，不是每个渠道都支持多应用程序范式，也不是每个客户服务系统都实现了切换协议。更不用说，我们假设这是一个只用 Facebook 的机器人。用这种方法增加更多的通道，会带来进一步的挑战。

图 12-6 展示了集成人工切换的另一种方法。在这个方法中，客户服务系统作为一个代理将消息转发给机器人，直到对话被转移至人工。此时，聊天机器人不会看到对话的任何片段。这种设置还意味着 Facebook 通道连接器没在这个循环里面，因此我们需要实现一个定制的转换器，它接收 Messenger 格式的消息，将其转换为 Bot Builder SDK 格式，并使用直连线路（direct line）将消息转发到聊天机器人，就像我们在第 9 章中所做的那样。

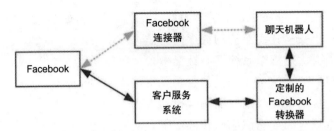

图 12-6 聊天机器人与客户服务系统集成的一种更常见的架构方法

这种方法更常见，因为将后端集成到客户服务系统的生态系统中比在两个系统之间共享 Facebook 页面更容易。对于在客户服务系统支持的任何系统上进行人工切换，这种方法也能提供有效的支持。

12.5 Facebook Messenger 切换示例

展示一个基于完全集成的产品的人工切换场景是困难的，但如果我们把 Facebook 页面当作前面图中的客户服务系统，那就变得比较容易了。在本节中，我们将把人工切换集成到我们一直在构建的（贯穿全书的）日历机器人中。

我们使用的方法如下。首先，我们将创建一个新的意图来处理客户与人工代理进行对话的显式请求。接下来，我们将创建一个对话来处理转移用户的逻辑。指定我们的机器人为主应用程序、收件箱为辅助应用程序。我们将演示如何将线程控制从应用程序转移到收件箱。最后，我们将展示如何通过 Facebook 页面收件箱支持客户，然后将控制权交回给聊天机器人。

让我们创建一个日历机器人模型的新版本。在这个版本中，我们将创建一个名为 HumanHandover 的意图，并向它提供如下示例性话语：

- "和代理交谈"（Talk to agent）
- "给我一个人类"（Give me a human）
- "我想要和人说话"（I want to speak with a human）

我们训练并发布 LUIS 应用程序。我们的聊天机器人将无法接收意图并对其进行处理。

```
{
  "query": "take me to your leader",
  "topScoringIntent": {
    "intent": "HumanHandover",
    "score": 0.883278668
  },
  "intents": [
    {
      "intent": "HumanHandover",
      "score": 0.883278668
    },
```

```
    {
      "intent": "None",
      "score": 0.3982243
    },
    {
      "intent": "EditCalendarEntry",
      "score": 0.00692663854
    },
    {
      "intent": "Login",
      "score": 0.00396537
    },
    {
      "intent": "CheckAvailability",
      "score": 0.00346317887
    },
    {
      "intent": "AddCalendarEntry",
      "score": 0.00215073861
    },
    {
      "intent": "ShowCalendarSummary",
      "score": 0.0006825995
    },
    {
      "intent": "PrimaryCalendar",
      "score": 2.43631575E-07
    },
    {
      "intent": "DeleteCalendarEntry",
      "score": 4.69401E-08
    },
    {
      "intent": "Help",
      "score": 2.26313137E-08
    }
  ],
  "entities": []
}
```

Facebook 切换协议由两个主要动作组成：传递线程控制和获取线程控制。新对话开启的时候，主应用程序就会收到用户的消息。主应用程序决定何时将控制权转交给辅助应用程序。主应用程序要么知道辅助应用程序的硬编码标识符，要么可以查询页面中辅助应用程序的列表并在运行时选择一个。如果我们的页面根据功能区域的不同存在多个辅助应用程序，那么聊天机器人可以根据用户的输入确定传输的目的地。当辅助应用程序完成任务后，它可以把控制权交回给主应用程序。

在Facebook页面的上下文中,页面的收件箱可以看作是一个辅助应用程序。从功能的角度来看,这意味着任何管理页面收件箱的人都不应该看到一条消息,除非聊天机器人已经将它交给了收件箱。我们可以在页面的Messenger平台设置中进行这样的设置(如图12-7所示)。

接下来,我们创建负责调用切换逻辑的对话。对Facebook API的请求将会发送给这两个端点中的一个,在我们的演示中只需要联系pass_thread_control端点。

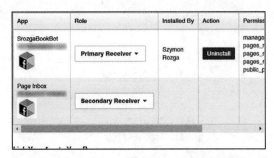

图12-7 为Facebook页面设置主接收器和副接收器

```
const pass_thread_control = 'https://graph.facebook.com/v2.6/
me/pass_thread_control?access_token=' + pageAccessToken;
const take_thread_control = 'https://graph.facebook.com/v2.6/
me/take_thread_control?access_token=' + pageAccessToken;
```

无论调用哪个端点,我们都必须包含用户的ID,并可能包含一些元数据。pass_thread_control方法还需要传递target_app_id,以指示将线程转移到哪个应用程序。Facebook文档指出,移交到页面收件箱需要target_app_id为263902037430900。调用Facebook端点的代码如下,我们使用Node.js的request包来发起新的HTTP请求。

```
function makeFacebookGraphRequest(d, psid, metadata, procedure,
pageAccessToken) {
    const data = Object.assign({}, d);
    data.recipient = { 'id': psid };
    data.metadata = metadata;

    const options = {
        uri: "https://graph.facebook.com/v2.6/me/" + procedure +
        "?access_token=" + pageAccessToken,
        json: data,
        method: 'POST'
    };
    return new Promise((resolve, reject) => {
        request(options, function (error, response, body) {
            if (error) {
                console.log(error);
                reject(error);
                return;
            }
            console.log(body);
            resolve();
        });
    });
}
```

```
const secondaryApp = 263902037430900; // Inbox App ID
function handover(psid, pageAccessToken) {
    return makeFacebookGraphRequest({ 'target_app_id':
    secondaryApp }, psid, 'test', 'pass_thread_control',
    pageAccessToken);
}
function takeControl(psid, pageAccessToken) {
    return makeFacebookGraphRequest({}, psid, 'test',
    'take_thread_control', pageAccessToken);
}
```

对话框的代码只是简单地调用了切换方法。

```
const builder = require('botbuilder');
const constants = require('../constants');
const request = require('request');
const libName = 'humanEscalation';
const escalateDialogName = 'escalate';
const lib = new builder.Library(libName);
let pageAccessToken = null;
exports.pageAccessToken = (val) => {
    if(val) pageAccessToken = val;
    return pageAccessToken;
};
exports.escalateToHuman = (session, pageAccessTokenArg, userId)
=> {
    session.beginDialog(libName + ':' + escalateDialogName, {
    pageAccessToken: pageAccessTokenArg || pageAccessToken });
};
lib.dialog(escalateDialogName, (session, args, next) => {
    handover(session.message.address.user.id, args.
    pageAccessToken || pageAccessToken);
    session.endDialog('Just hold tight... getting someone for
    you...');
}).triggerAction({
    matches: constants.intentNames.HumanHandover
});
exports.create = () => { return lib.clone(); }
```

让我们看看 Facebook 收件箱里的互动是什么样子的。在运行机器人之前，我们注意到 Facebook 页面中的收件箱是空的，如图 12-8 所示。

我们可以和日历机器人交换一些信息。图 12-9 显示了一个示例交互。

注意，Facebook 页面收件箱仍然是空的，这符合我们的设计。既然由主应用程序负责处理用户的消息，就没有必要让作为辅助应用程序的页面收件箱参与进来。如果展开界面左上角的汉堡包菜单，那么我们会发现收件箱有多个文件夹（如图 12-10 所示）。

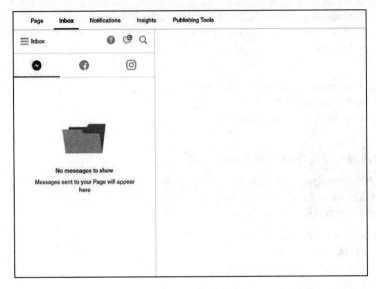

图 12-8　空的收件箱

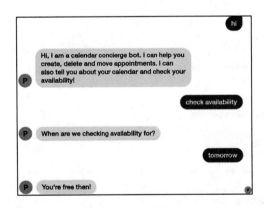

图 12-9　预热

图 12-10　定位到收件箱里的文件夹

据上图可知，如果点击 Done 文件夹，那么我们会发现自己刚刚和聊天机器人的对话（如图 12-11 所示）。我们本可以将回复键入响应文本框，但如果机器人和人工都对客户做出回应，那只会让客户困惑。因为机器人正在和客户进行消息交互。

让我们向上返回到收件箱文件夹。我们还以客户的身份回到 Messenger，并请求与人交谈，如图 12-12 所示。

如果刷新页面收件箱，你会注意到对话出现在收件箱中（如图 12-13 所示）。

此时，聊天机器人看不到任何客户消息，从 Facebook 页面收件箱发送的任何消息都会出现在客户的聊天中（如图 12-14 所示）。

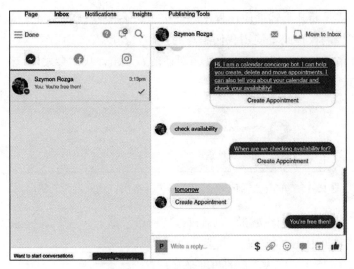

图 12-11　我们找到了对话

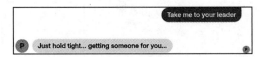

图 12-12　我要和她谈谈

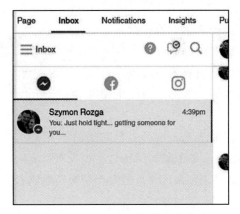

图 12-13　是时候和我们的客户谈谈了

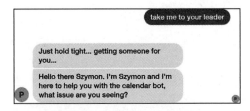

图 12-14　无缝的人类升级集成

现在，下一步是断开与辅助应用程序的连接。如果有两个 Facebook 应用程序，那么我们将不得不收回控制权，或者使用我们编写的代码将控制权传递回主应用程序。在这个实例中，页面收件箱拥有内置的功能。在任何对话的右上角，我们会发现一个"标记为完成"（mark as done）按钮（如图 12-15 所示）。

图 12-15　单击"标记为完成"按钮，将用户转回给聊天机器人

会话结束后，代理点击该按钮，会话权被转回给机器人。从 Facebook 页面收件箱的角度来看，对话被移回 Done 文件夹，机器人再次活跃起来（如图 12-16 所示）！从客户的角度来看，它是完全无缝的。

如果用户再次陷入麻烦，那么他可以再次请求人工代理并解决问题。

12.6　结束语

本章的工作重点是无缝的人工切换，这是我们客户和客服代表的使用体验的关键需求。为双方提供的体验应该尽可能顺滑。聊天机器人应该成为一个有用的助手，这会增加内部和外部支持使用聊天机器人的可能性。

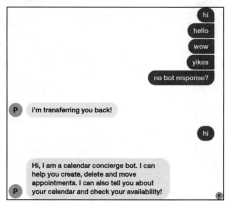

图 12-16　机器人再次活跃

尽管本章展示的示例仅限于 Facebook，但它展示了大多数聊天机器人与实时聊天系统集成的一般方法。当然，有许多细节需要弄清楚，也没有解决这个问题的单一方法，但我们在本章中所做的工作应该足以让聊天机器人的人工切换功能朝着正确的方向前进。

CHAPTER 13
第 13 章

聊天机器人分析

现在我们已经具备了必要的技能来为客户实现良好的对话体验,很明显你将创造下一个"杀手级"机器人。它将与一堆 API 集成,并完成业界闻所未闻的任务。我不是一个很棒的销售员,但你懂的。你对自己的创意感到兴奋,而将其推向市场则让你更加兴奋。机器人已经部署完毕,但令所有人失望的是,它并没有获得更多的关注。并没有多少用户参与其中。突然,你意识到:当用户放弃与你的聊天机器人聊天时,他们在做什么?对此你并没有很好地理解。我们需要的是数据分析!

所有的聊天机器人一直在生成数据。用户和机器人之间的每一次交互(NLU 平台解决了用户的意图的时候、用户咒骂机器人的时候、机器人不知道用户要求它做什么的时候)都是对话中的关键点,可以为我们提供对用户行为的洞察,更重要的是,为我们如何改善对话体验提供依据。

我们可以用什么方法获取所有这些数据?我们试图回答哪些类型的问题?我们如何得到答案?本章旨在回答其中一些问题,并介绍如何将 Bot 框架聊天机器人与一个分析平台集成。

13.1 常见数据问题

我们应该从用户与聊天机器人的交互中获得什么洞见,这个问题值得研究一下。我们一定感兴趣的是,用户与机器人交谈的时间有多久。我们还对用户经常谈论的主题感兴趣。当然,我们也对原始的输入感兴趣,但如果知道已经解决的确切意图,那么我们可能会得到更好的见解。我们还想知道我们的机器人可以处理的用户输入占多少比例(或者说,我们的机器人应该能处理的用户输入占多少比例)。

一般来说,聊天机器人分析平台都会收集并报告类似的数据。在通用分析功能的基础上,许多平台还可以对机器人执行特定于通道的分析。例如,Dashbot(我们将在下一节中看到的一个平台)可以从 Slack 和 Facebook Messenger 等平台收集特定的分析数据。在 Slack 上,我们可以看到统计数据,例如有多少 Slack 通道安装了我们的机器人。毫不奇怪,分析工具应该允许我们请求特定于通道的数据。在一般情况下，我们要问的问题并不特殊，Web 分析平台已经回答了许多类似的问题。对于聊天机器人，我们接下来会看到几种分析类型。

13.1.1 通用数据

通用数据是原始的数字数据，如消息数量、用户会话数量、每个会话交换的消息数量、会话持续时间、每个用户的会话数量等。这些数据应该显示在根据时间绘制的图表中，理想情况下，应该按时间段聚合。这些数据可以让我们看到一些简单的趋势，比如用户通常什么时候与机器人进行交互，交互多少次，持续多长时间。如果你有一百万用户，那么恭喜你！但如果他们只和你的机器人交流过两条消息，那就不算成功。图 13-1 展示了一个简单的由谷歌的 Chatbase 提供的活跃用户图。图 13-2 是 Dashbot 提供的一个用户参与图示例。

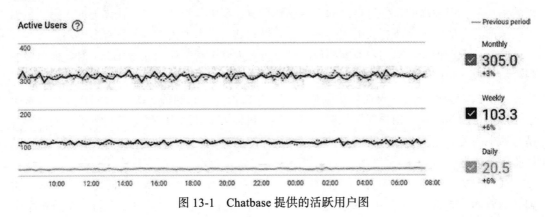

图 13-1　Chatbase 提供的活跃用户图

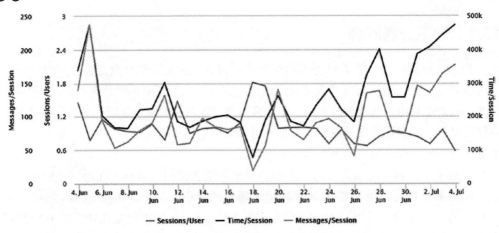

图 13-2　Dashbot 提供的用户参与图

13.1.2 人口统计资料

这个类别的资料包括位置、性别、年龄和语言等数据。不是所有通道都能得到这类数据。图 13-3 是 Dashbot 的用户语言分布图示例。

13.1.3 情感

现在我们将进入一个有趣的领域。理想情况下，我们希望研究与会话持续时间和意图等其他衡量标准相关的平均对话情感。例如，某个功能真的会让用户感到沮丧吗？随着时间的推移，用户是否会对机器人感到更沮丧？如果支持的话，这可能表明需要主动转移到人工实时聊天。情感是否与我们无法控制的事情相关，比如与一天中的时间相关？图 13-4 是 Dashbot 整体情感可视化的一个示例。

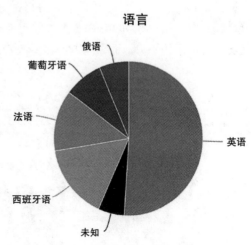

图 13-3　这个聊天机器人肯定支持多种语言

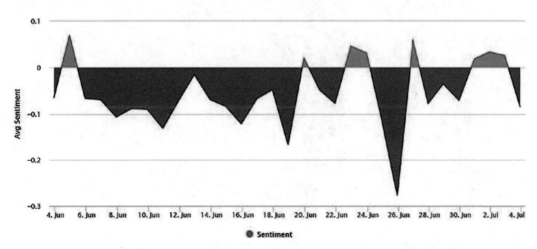

图 13-4　整体情感跟踪，6 月 26 日不是一个好日子

13.1.4 用户驻留

作为聊天机器人开发人员或产品负责人，最有趣的数据之一是使用聊天机器人用户的回头率。我们希望我们的对话体验是"黏性的"。分析平台通常会包含一些可视化显示，显示每周有多少用户回来和机器人聊天。当然，一个好的分析工具也可以让我们根据用户最初与聊天机器人互动的方式来探索用户驻留指标。谷歌的 Chatbase 平台就这样做了（如

图 13-5 所示）。默认情况下，我们会看到在以任意方式与机器人交互的一周后，有多少用户会回到机器人身边。我们把影响驻留指标的因素进一步分解，可以将意图作为方程的一部分，将意图与用户驻留（回头率）关联起来。这是一个很好的度量标准，可以帮助你了解哪些功能可以留住用户，而哪些方面需要改善。

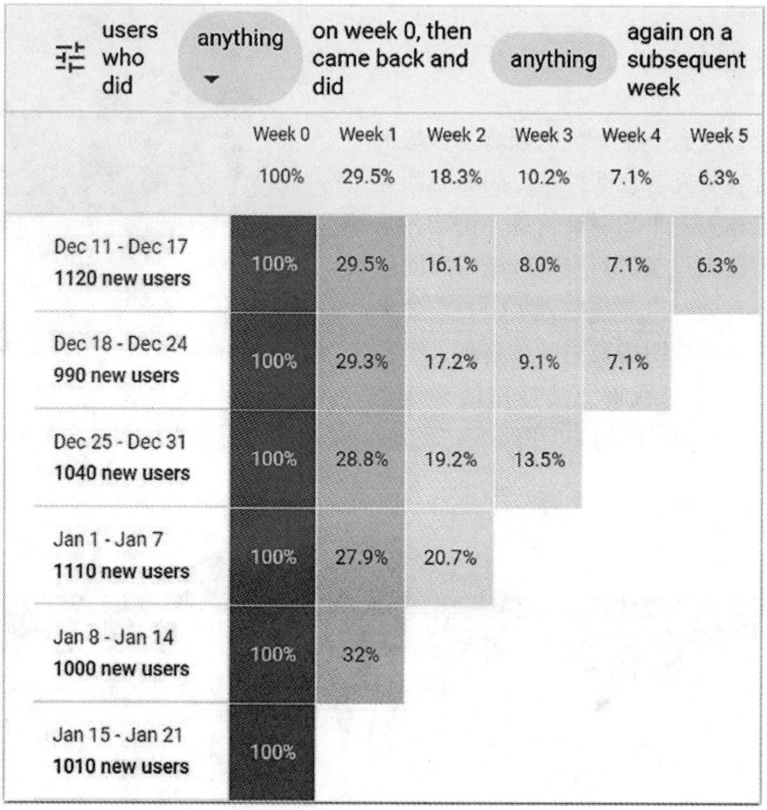

users who did	anything ▼	on week 0, then came back and did	anything ▼	again on a subsequent week	
	Week 0	Week 1	Week 2	Week 3	Week 4	Week 5
	100%	29.5%	18.3%	10.2%	7.1%	6.3%
Dec 11 - Dec 17 1120 new users	100%	29.5%	16.1%	8.0%	7.1%	6.3%
Dec 18 - Dec 24 990 new users	100%	29.3%	17.2%	9.1%	7.1%	
Dec 25 - Dec 31 1040 new users	100%	28.8%	19.2%	13.5%		
Jan 1 - Jan 7 1110 new users	100%	27.9%	20.7%			
Jan 8 - Jan 14 1000 new users	100%	32%				
Jan 15 - Jan 21 1010 new users	100%					

图 13-5　用户驻留表

13.1.5　用户会话流

　　有许多方法可以可视化用户行为，但用户流是最常见的方法之一。通常，分析平台会显示用户在会话开始时采取的最常见的操作，以及采取这种操作的用户的百分比。接下来，对于每个操作，它将显示用户执行的每个后续操作，包括这样做的用户的百分比和下降率。也就是说，我们了解了有多少用户通过哪些操作一直在与机器人进行交互，也了解了多少用户完全停止了与机器人的对话。其实这种可视化在 Web 分析领域很常见，我们将它用于聊天机器人的分析也很自然。图 13-6 显示了一个来自 Chatbase 的示例。从这个可视化视图中我们可能获得的一个见解是，团队可能应该考虑支持那些指定今天就想要汽车的租车客户，而不是要求他们输入日期。注意，到"Rent-Car Today"的路径表明不支持"Today"的意图。

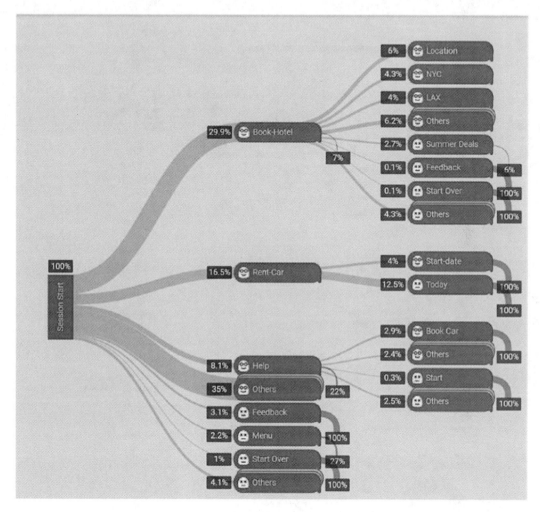

图 13-6　一个 Chatbase 会话流图的示例

13.2　分析平台

有几个聊天机器人分析平台。首先，大多数聊天机器人开发平台和一些通道都有一些分析仪表板。例如，微软的 Bot 框架就包括一个分析仪表板（如图 13-7 所示），它提供了消息和用户的总数、一个基本的用户驻留表、随时间推移的每个通道的用户数量以及随时间推移的每个通道的消息数量。

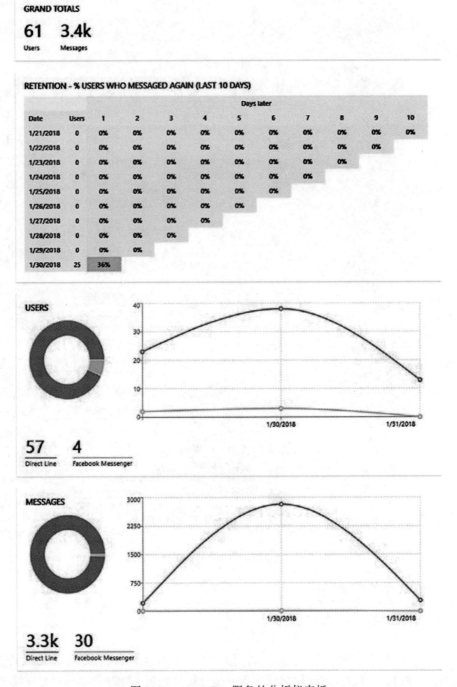

图 13-7　Azure Bot 服务的分析仪表板

Facebook 提供了 Facebook Analytics（如图 13-8 所示），这是一个平台范围的分析仪表板，包含了 Facebook 机器人的详细数据。Amazon 提供了一个 Alexa Skill 仪表板。问题是，Bot 服务分析在深度和可用性方面有点不足，Facebook 和 Alexa 仪表板都只能支持一个通道。

图 13-8　Facebook 对机器人的分析

　　许多客户都已对分析平台进行了投资，这些分析平台横跨多个产品线。例如，一个分析系统能够同时支持从 Web、移动 App 和聊天机器人那里收集数据。在这种环境中，数据和用户行为可以跨不同平台进行关联。如果有一种方法可以识别移动设备上的用户，并将其与聊天机器人上的用户关联起来（可能通过账户链接过程），那么我们就可以更广泛地了解该用户在各个平台上的行为，并相应地满足他们的需求。通常，这将涉及企业的数据存储解决方案，无论是在企业内部还是在云中，都可以使用类似微软的 Power BI（如图 13-9 所示）或 Tableau 这类工具来构建自定义的可视化。

　　也有灵活的第三方聊天机器人分析解决方案，通过其提供的 API 和 SDK，我们可以将之与机器人集成。本章后面提到了两个我们将使用的工具：Dashbot（https://dashbot.io）和谷歌的 Chatbase（https://chatbase.com）。还有其他选项，如 Botanalytics（https://botanalytics.co/）和 BotMetrics（https://www.getbotmetrics.com/）。其中许多厂商还支持对语音接口进行分析，比如 Alexa、Cortana 和 Google Home。我们鼓励你做自己的研究，了解这些选项，并根据他们的要求做出最好的选择。

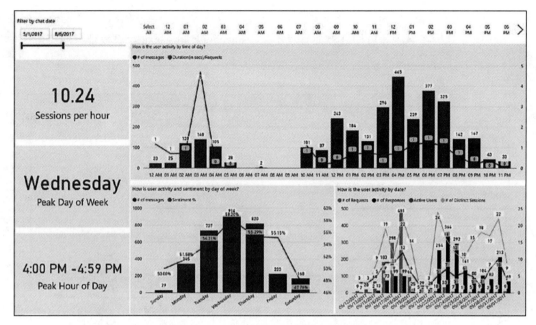

图 13-9　一个 Power BI 仪表板的示例

13.3　与 Dashbot 和 Chatbase 集成

我们选择这两个平台来展示两种分析集成的不同风格和它们提供的报告的不同类型。我们将研究 Dashbot 的开箱即用的 Node Bot Builder 支持，它利用 Bot 中间件安装传入和传出消息处理程序，将分析数据发送到 Dashbot。（回想一下，我们以前在第 10 章的多语言支持环境中使用过 Bot 中间件的概念。）这是一个很好的开始。相比之下，谷歌的 Chatbase 则更注重于确保分析数据的丰富性。具体来说，在向分析系统报告数据时，不仅要发送用户的输入，还要确定输入是否解析为意图，输入是否被处理，输入是否为命令（或者仅是针对 bot 问题的反馈）。这种额外的元数据（通过中间件进行简单集成来捕获）可以产生非常丰富的分析。要把它做好，需要努力使每个对话都能被分析。让我们看几个例子以了解使用这两个平台的方法。

让我们从 Dashbot 开始。首先，我们在 https://dashbot.io/ 上注册一个免费账户。登录后，我们会看到一个空的机器人列表。单击 Add a Bot、Skill 或 Action 按钮（Dashbot 支持 Alexa skill 和谷歌 action，你知道吗？），界面会询问我们目标平台或通道（如图 13-10 所示）。这是 Dashbot 提供分析优化的方法，同时也会提供基于通道的进一步数据集成的机会。

入口创建后，Dashbot 将向我们展示机器人分析的 API 键。让我们将聊天机器人连接到这个 Dashbot 入口。首先，安装 Node.js 包。

```
npm install dashbot --save
```

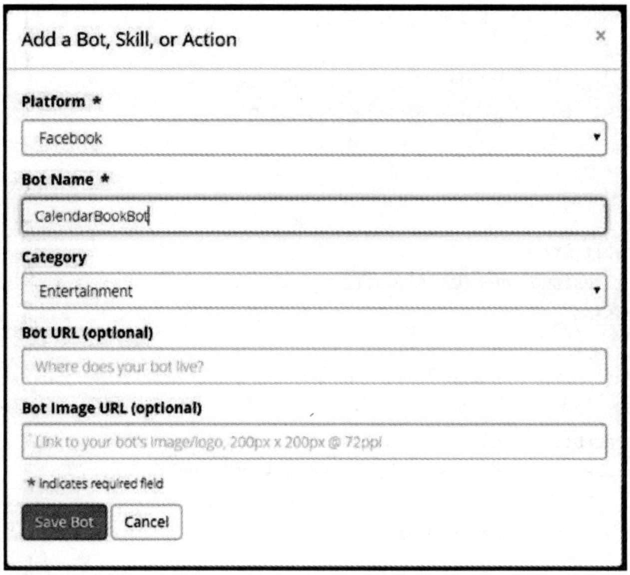

图 13-10　生成一个新的 Dashbot 入口

最后，在创建机器人之后，我们在 app.js 文件中添加以下代码：

```
// setup dashbot
const dashbotApiMap = {
    facebook: process.env.DASHBOT_FB_KEY
};
const dashbot = require('dashbot')(dashbotApiMap).microsoft;
// optional and recommended for Facebook Bots
dashbot.setFacebookToken(process.env.PAGE_ACCESS_TOKEN);
bot.use(dashbot);
```

这里发生了几件事。首先，我们在指定 Dashbot 的 API 键。在 Dashbot 中，每个平台都可以得到自己独特的仪表板，或者创建多平台仪表板。如果机器人支持其他通道，而我们又为这些通道提供了额外的 API 键，那么我们将在 dashbotApiMap 中设置它们。接下来，我们将导入用于 Bot 框架的 Dashbot 中间件，并使用 bot.use 将其添加给机器人。在此过程中，我们还提供了 Facebook 页面访问令牌。这不是必需的，但它让 Dashbot 有能力从 Facebook 获取额外数据并将其集成到仪表板。

这就是全部！Dashbot 的 Bot 框架中间件的代码非常简洁，我们在此提供参考：

```
that.receive = function (session, next) {
    logDashbot(session, true, next);
};
that.send = function (session, next) {
    logDashbot(session, false, next);
};
```

```javascript
function logDashbot(session, isIncoming, next) {
    if (that.debug) {
        //console.log('\n*** MSFTBK Debug: ', (isIncoming ?
        'incoming' : 'outgoing'), JSON.stringify(session,
        null, 2))
    }
    var data = {
        is_microsoft: true,
        dashbot_timestamp: new Date().getTime(),
        json: session
    };
    var platform = session.source ? session.source :
    _.get(session, 'address.channelId');
    // hack for facebook token
    if (platform === 'facebook' && that.facebookToken != null)
{
        data.token = that.facebookToken;
    }
    
    var apiKey = apiKeyMap[platform]
    if (!apiKey) {
        console.warn('**** Warning: No Dashbot apiKey for
        platform:(' + platform + ') Data not saved. ')
        next();
        return;
    }
    
    // if the platform is not supported by us, use generic
    if (_.indexOf(['facebook', 'kik', 'slack'], platform) ===
    -1) {
        platform = 'generic';
    }
    
    var url = that.urlRoot + '?apiKey=' +
        apiKey + '&type=' + (isIncoming ? 'incoming' :
        'outgoing') +
        '&platform=' + platform + '&v=' + VERSION + '-npm';
    if (that.debug) {
        console.log('\n*** Dashbot MSFT Bot Framework Debug **');
        console.log(' *** platform is ' + platform);
        console.log(' *** Dashbot Url: ' + url);
        console.log(JSON.stringify(data, null, 2));
    }
    makeRequest({
        uri: url,
        method: 'POST',
        json: data
    }, that.printErrors, that.config.redact);
```

```
    next();
}
```

与机器人交谈几分钟后，我们生成了图 13-11 中的数据。

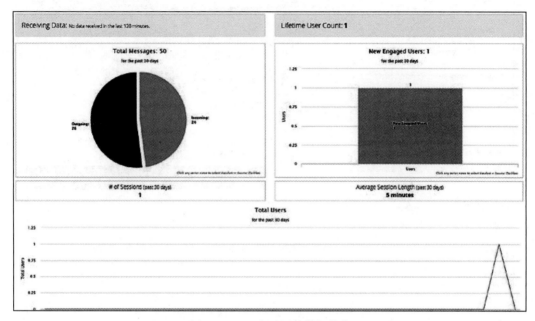

图 13-11　一次对话的数据价值

这很容易。在 Dashbot 上我们还能看到很多其他的数据点。图 13-12 显示了可能性的列表，包括用户、留客率、人口统计信息、顶部消息和意图，甚至原始会话的转录。当然，像意图数据这样的东西不会被填充。这和我们之前提到的一致，如果想要支持这一点，那么我们的对话需要包含分析报告功能。

谷歌的 Chatbase API 不包含预构建的 Bot 框架中间件集成；然而，我们自行构建也不太难。我们可以将 Dashbot 的代码作为出发点。事实上，我们这样做只是为了捕获传出的消息。传入的消息数据将从各个单独的对话中发出。

首先，我们通过 Add Your Bot 按钮在 https://chatbase.com 上创建一个新的机器人。我们需要输入姓名、国家、行业和业务案例。结果我们将从 Chatbase 获得一个 API 键。我们首先安装 Node.js 包。

```
npm install @google/chatbase --save
```

然后，我们编写一些辅助方法来构建 Chatbase 消息和中间件发送处理程序。我们可以把它放在它自己的 Node.js 模块中。在下面的构建方法中，我们向调用者询问消息文本、用户 ID、对话框参数（我们可以从中提取意图）和处理标志。Chatbase 允许我们报告是否处理了某个输入。例如，如果有未识别的用户输入，我们希望这样报告：

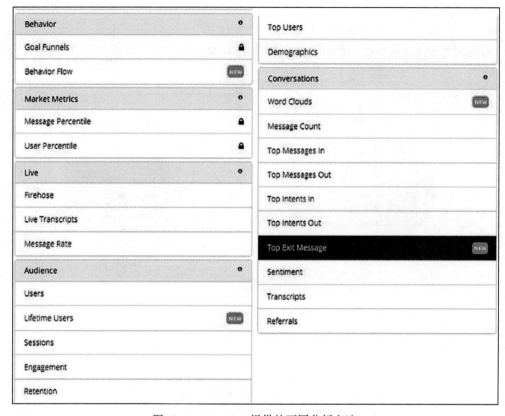

图 13-12　Dashbot 提供的不同分析方法

```
require('dotenv-extended').load();

const chatbase = require('@google/chatbase')
    .setApiKey(process.env.CHATBASE_KEY) // Your Chatbase API Key
    .setAsTypeUser()
    .setVersion('1.0')
    .setPlatform('SAMPLE'); // The platform you are interacting
    with the user over

exports.chatbase = chatbase;
chatbase.build = function (text, user_id, args, handled) {
    let intent = args;
    if (typeof (intent) !== 'string') {
        intent = args && args.intent && args.intent.intent;
    }

    var msg = chatbase.newMessage();
    msg.setIntent(intent).setUserId(user_id).setMessage(text);

    if (handled === undefined && !intent) {
        msg.setAsNotHandled();
```

```
        } else if (handled === true) {
            msg.setAsHandled();
        } else if (handled === false) {
            msg.setAsNotHandled();
        }
        return msg;
    }
    exports.middleware = {
        send: function (event, next) {
            if (event.type === 'message') {
                const msg = chatbase.newMessage()
                    .setAsTypeAgent()
                    .setUserId(event.address.user.id)
                    .setMessage(event.text);
                if (!event.text && event.attachments) {
                    msg.setMessage(event.attachmentLayout);
                }
                msg.send()
                    .then(() => {
                        next();
                    })
                    .catch(err => {
                        console.error(err);
                        next();
                    });
            } else {
                next();
            }
        }
    };
```

在我们的 app.js 中，剩下要做的就是安装 Bot 构建器中间件。

```
const chatbase = require('./chatbase');
bot.use(chatbase.middleware); // install the sender middleware
```

接下来，我们需要在用到的对话中添加分析调用。例如，在 summarize 对话框中，我们可以使用这个调用来报告成功进入对话的条目。

```
chatbase.build(session.message.text, session.message.address.
user.id, args, true).send();
```

这段代码已经集成到我们在本书中一直努力构建的日历机器人中。代码仓库中的分支 chapter-13 已经与前面的代码集成。

图 13-13 是使用这种方法收集的数据的仪表板示例。我们对聊天机器人没有处理的消息特别感兴趣。我们确实问过日历机器人关于生命的意义，但并没有期望得到满意的答案。未处理的话语数据无疑是我们需要考虑的重要信息。图 13-14 显示了已处理的输入。

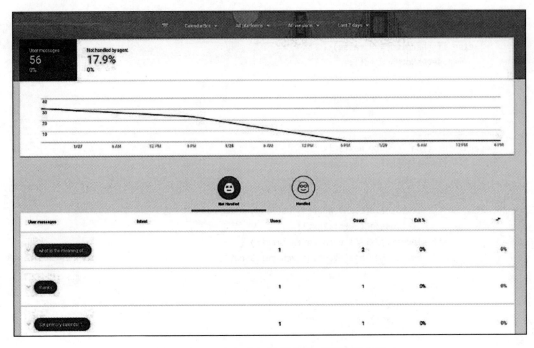

图 13-13　一个包含与机器人的对话的仪表板

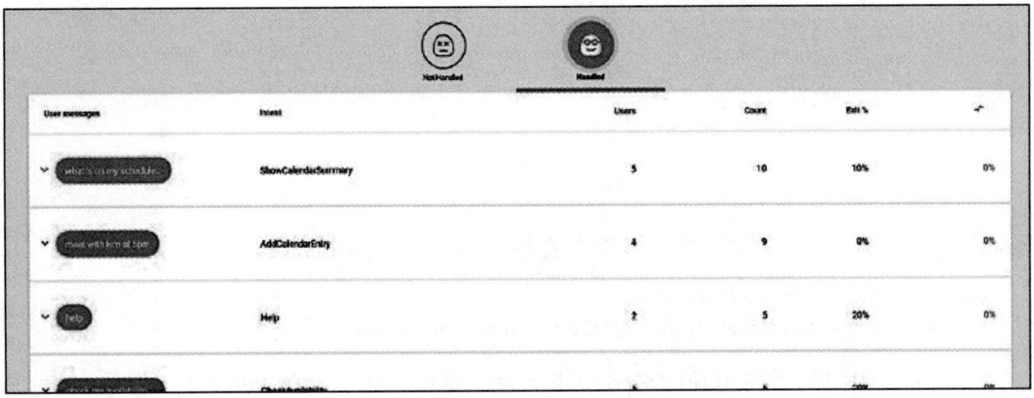

图 13-14　同一对话中已经处理的消息

同样，一开始的数据是不足的，但是随着聊天机器人的使用，图片将变得更加清晰和有价值。

13.4　结束语

本章就如何正确地配置聊天机器人以收集分析数据做了浅显的介绍。各种分析平台的特性还没有成熟的 Web 分析平台那么丰富，但它们正在取得良好的进展。作为聊天机器人开发人员，我们的重点是熟悉这些系统，并能够将它们集成到我们的代码中，以便将正确的数据发送到分析仪表板。然后，我们的团队可以明智地决定哪些聊天机器人功能应该改进，哪些新功能可能会被添加，哪些功能可能不会引起用户的共鸣。聊天机器人仍然是一个新的领域，客户将以各种方式对会话界面做出反应，特别是当其被部署给那些不懂技术或不喜欢用电脑发送消息的客户时。理解这些挑战并基于分析结果改进会话体验，对于确保未来几年聊天机器人的成功采用至关重要。数据分析将在这一演变过程中发挥主导作用。

CHAPTER 14

第 14 章

学以致用：Alexa 技能工具包

本书的目标之一是贯穿全书的思想、技术和技能可以适用于许多类型的应用。在本章中，通过创建简单的 Alexa 技能，我们演示如何应用意图分类、实体抽取和对话构建的知识来创建自然语言的语音体验。我们首先使用针对 Node.js 的 Alexa 技能工具包（Skills Kit）SDK，以尽可能简单的方式创建一个 Alexa 技能。既然我们已经有了机器人服务后端，那你一定会问是否可以将 Alexa 与这个后端集成。答案是确定无疑的。一旦掌握了 Alexa 技能基础知识，我们将展示如何通过 Direct Line 和 Bot 框架机器人来增强 Alexa 技能。

14.1 概述

Alexa 是亚马逊的智能个人助手。首先是支持 Alexa 的设备 Echo 和 Echo Dot，然后是支持屏幕显示的 Echo Show 和 Spot。亚马逊也正在探索一个名为 Lex 的聊天机器人平台。Alexa 技能的开发流程可以简述为：声明一组意图和插槽（也叫作实体），并写一个 Webhook 来处理传入的 Alexa 消息。来自 Alexa 的消息将包含已解析的意图和槽数据。Webhook 以包括语音和用户界面元素的数据作为响应。第一代 Echo 和 Echo Dot 没有物理屏幕，因此唯一的用户界面是用户手机上的 Alexa App。应用程序上的主要用户界面元素是一张卡片，与我们在 Bot Builder SDK 中看到的英雄卡片没有太大不同。例如，Alexa 给 Webhook 带来的消息如下所示。请注意，本节中呈现的消息格式是伪代码，实际消息要比这个详细得多。

```
{
    "id": "0000001",
    "session": "session00001",
    "type": "IntentRequest",
    "intent": {
        "intent": "QuoteIntent",
        "slots": [
            {
                "type": "SymbolSlot",
```

```
            "value": "apple"
        }
    ]
  }
}
```

响应将像下面这样：

```
{
    "speech": "The latest price for AAPL is 140.61",
    "card": {
        "title": "AAPL",
        "text": "The latest price for Apple (AAPL) is $140.61.",
        "img": "https://fakebot.ngrok.io/img/d5fa618b"
    }
}
```

我们可能想允许额外的功能，如播放音频文件。考虑一下金融场景，也许有音频简报内容想给用户播放。完成这项任务的信息看起来类似下面这样：

```
{
    "speech": "",
    "directives": [
        {
            "type": "playAudio",
            "parameters": {
                "href": "https://fakebot.ngrok.io/audio/
                audiocontent1",
                "type": "audio/mpeg"
            }
        }
    ]
}
```

此外，系统可能希望提供一个指示，显示用户是取消了音频播放还是听完了整个剪辑。更一般地，系统可能需要一种方法来将事件发送到 Webhook。在这些情况下，一个传入的消息可能是这样的：

```
{
    "id": "0000003",
    "session": "session00001",
    "type": " AudioFinished"
}
```

如果能使用像 Echo Show 设备提供的那种屏幕，那么实现更多动作和行为的潜力就会增加。例如，我们将可以播放视频。或者，可以向用户提供一个带有图像和按钮的用户界面。如果显示一个项目列表，也许我们希望在项目被点击时设备会发送一个事件。然后，我们将创建一个用户界面呈现指令，因此，也许我们之前对报价的响应现在将包括一个用户界面元素，如下所示：
```
{
    "speech": "The latest price for AAPL is 140.61",
    "card": {
        "title": "AAPL",
        "text": "The latest price for Apple (AAPL) is $140.61.",
        "img": "https://fakebot.ngrok.io/img/d5fa618b"
    },
    "directives": [
        {
            "type": "render",
            "template": "single_image_template",
            "param": {
                "title": "AAPL",
                "subtitle": "Apple Corp.",
                "img": "https://fakebot.ngrok.io/img/
                largequoteaapl"
            }
        }
    ]
}
```

指令的巧妙之处在于它们是声明性的，由设备来决定如何处理它们。例如，Echo Show 和 Echo Spot 设备可以以稍微不同但一致的方式来渲染模板。如果 Echo 和 Echo Dot 接收到不受支持的指令（如播放视频），那么它们可能会忽略或引发一个错误。

14.2 创建一个新的技能

创建一个新的 Alexa 技能需要访问一个 Amazon 开发人员的账户来注册技能，还需要一个 Amazon Web Services（AWS）账户来托管技能代码。首先，打开 https://developer.amazon.com 网页，并点击 Developer Console 链接。如果你已经有一个账户，那么登录就行了。否则，点击"Create your Amazon Developer Account"。我们需要填写电子邮件和密码、联系信息、开发人员或公司的名称，还需要接受 App 分发协议，并回答一些关于我们的技能是否接受支付或是否显示广告的问题。对于最后两个问题，都可以选择 No。此时，我们将看到仪表板（如图 14-1 所示）。

单击 Alexa Skills Kit 标题项。现在，我们将面对 Alexa Skills Kit Developer 控制台，其中有一个空白的技能列表。点击 Create Skill 后，需要输入一个技能名称。然后，需要选择一个将添加到技能上的模型。一些类型的技能有预先构建的自然语言模型可供选择，但在这种情况下，我们选择构建自己的模型，因此我们选择 Custom skill[⊖]。选择自定义类型后，单

⊖ 理解 Alexa 技能的不同类型：https://developer.amazon.com/docs/ask-overviews/understanding-the-different-types-of-skills.html。

击 Create Skill 按钮。我们现在看到了技能仪表板，如图 14-2 所示。通过仪表板我们可以创建技能的语言模型，并配置、测试甚至发布技能。

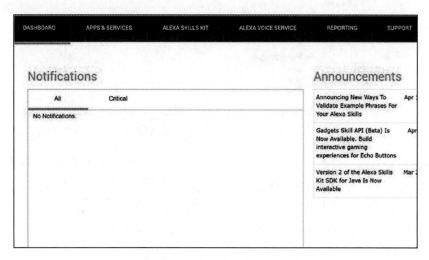

图 14-1 这个仪表板上没有什么内容

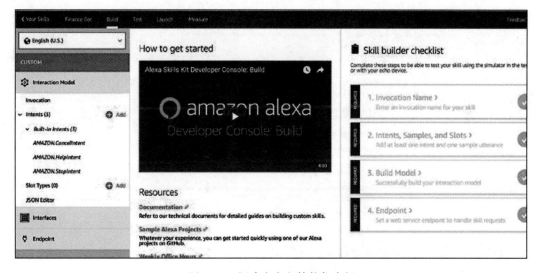

图 14-2 新建自定义技能仪表板

页面右侧有一个方便的技能构建者检查列表（Skill builder checklist），我们将对照检查。我们将从设置技能的调用名称开始。这是用来区别技能的短语，当用户想要在他们的 Alexa 设备上调用技能时，需要使用这个名称。例如，在 "Alexa, ask Finance Bot to quote Apple"中，Finance Bot 就是调用名称。单击 Invocation Name 勾选框将加载屏幕来设置它（如图 14-3 所示）。输入名称后，单击 Save Model。

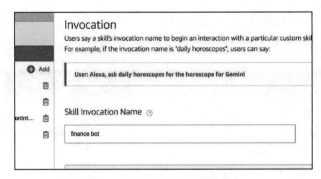

图 14-3　设置技能的调用名称

在开始设置自然语言模型或交互模型之前，我们需要启用正确的接口。回想一下，我们谈到了向设备发送指令的能力，比如让设备播放音频文件或呈现用户界面元素。我们必须在技能中显式地启用这些特性接口。单击左侧导航窗格上的 Interfaces 链接。在这个 UI 中，启用 Audio Player、Display Interface 和 Video App（如图 14-4 所示）。我们将在本章练习中试验所有这些特性。

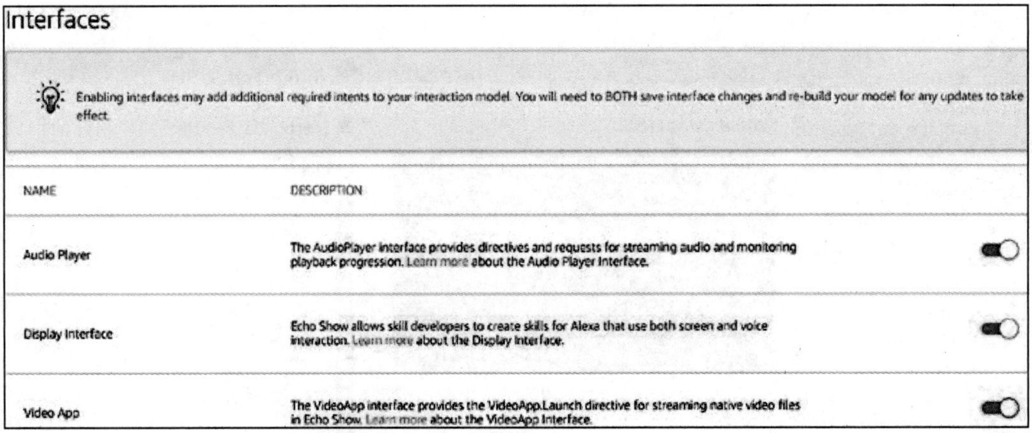

图 14-4　启用 Alexa 的接口

我们现在已经准备好研究 Alexa 交互模型了。

14.3　Alexa NLU 和自动语音识别

你可能已经注意到，当我们第一次创建技能时，在技能的模型中有三个内置意图。这些都显示在左侧面板上。在启用了各种接口之后，我们现在有大约 16 个意图。随着 Alexa 系统增加更多的功能，越来越多的意图将被添加到所有的技能中。

这突出了 Alexa 交互模型和语言理解智能服务（LUIS）之间的第一个区别，在第 3 章我们曾进行过深入的探讨。LUIS 是一个通用的自然语言理解（NLU）平台，几乎可以在任何自然语言应用程序中使用。而 Alexa 是一个围绕数字助理设备的特定生态系统。为了在所有 Alexa 技能上创建一致的体验，Amazon 提供了一组通用的内置意图，这些意图的名称以 AMAZON 为前缀（如图 14-5 所示）。

为了获得最佳的用户体验，我们的技能应该尽可能多地实现这些功能，如果它们不适用，则应该优雅地失败。Amazon 将在技能评审过程中对所有这些进行评审。顺便说一句，本书没有涵盖技能的评审和认证；Amazon 提供了关于此过程的详细文档。

好像列出 16 个内置意图的集合还不够，其实 Amazon 总共提供了 133 个内置意图，供我们的技能利用。对于我们来说，熟悉 Amazon 提供的集合是很有用的，因为这个列表是独立于我们的技能而不断演进的。当然，编写自定义的技能意味着添加自定义的意图。当我们创建一个金融机器人的技能时，我们将创建一个报价的意图，它允许我们获得公司或符号的报价。要添加新的自定义意图，请单击左侧 Intents 头部旁边的 Add 按钮。选择"Create custom intent"复选框，输入名称，然后点击"Create custom intent"按钮（如图 14-6 所示）。

图 14-5　内置的 Alexa 意图

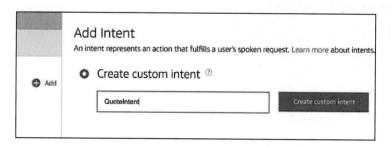

图 14-6　添加定制的意图：QuoteIntent

我们被带到 Intents 屏幕，在这里我们可以输入示例话语（如图 14-7 所示）。注意，intent 被添加到左侧窗格中，它旁边有一个 trash 按钮，点击该按钮我们可以从模型中移除该 intent。

接下来，我们需要能够提取（我们想要获得报价的）公司或符号的名称。在 LUIS 中，我们将为此目的创建一个新的实体；在 Alexa 世界中，这被称为插槽。我们将创建一个名为 QuoteItem 的自定义槽类型，并给出一些公司名称或符号的示例。我们首先通过单击左侧窗格中"Slot Types"标题旁边的 Add 按钮来添加一个新槽类型（如图 14-8 所示）。注意，有 96 个内置槽类型！这些包括从日期和数字到演员、体育甚至电子游戏的一切。有一种 Corporation 槽类型可以满足我们的目的，但为了练习，我们选择使用自定义槽类型。选择"Create custom slot type"单选按钮，输入名称，然后单击"Create custom slot type"按钮。

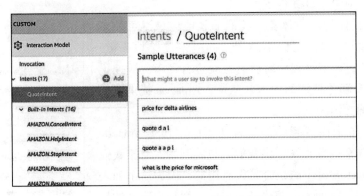

图 14-7　为 QuoteIntent 填充示例话语

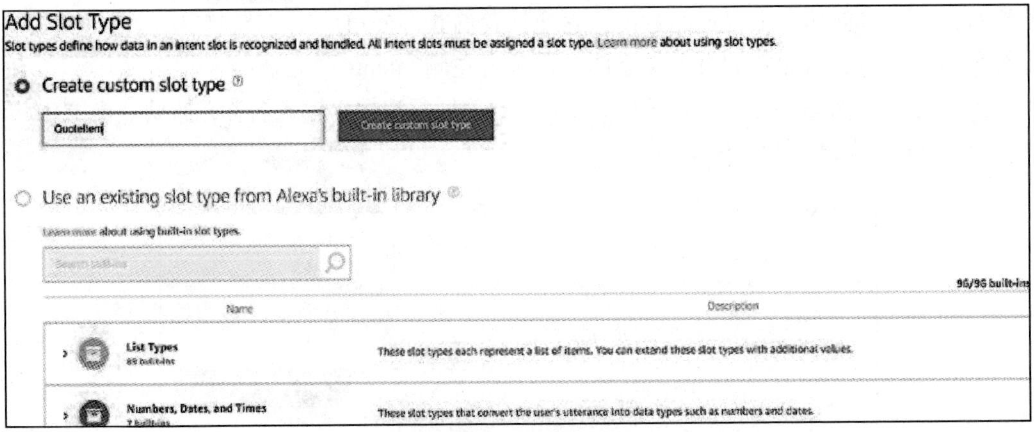

图 14-8　添加一个新的槽类型

接下来，我们输入 QuoteItem 槽类型的各种值（如图 14-9 所示）。

当然，这是一个有限的集合，但暂时够用了。公司名称和股票代码的数据相当多，我们不期望在样本槽值中输入所有的名字。但是，我们提供的示例越多，NLU 引擎在正确识别 QuoteItem 方面就越好，自动语音识别（ASR）引擎工作得也就越好。后一点的原因在于，像 Alexa、Google Home 和微软的 Cortana 这样的语音识别系统都可以用不同的话语来启动。启动是 ASR 过程中的一个重要步骤，因为它为引擎提供了关于技能词汇的清晰提示。这使得 ASR 系统能够理解上下文并更好地转录用户的话语。

让我们回到 QuoteIntent。在 Alexa 的 NLU 中，我们必须显式地向意图添加槽类型。在示例话语下面，意图用户界面允许我们添加插槽。给插槽一个名称，然后单击"+"按钮。现在，我们能分配槽类型了（如图 14-10 所示）。

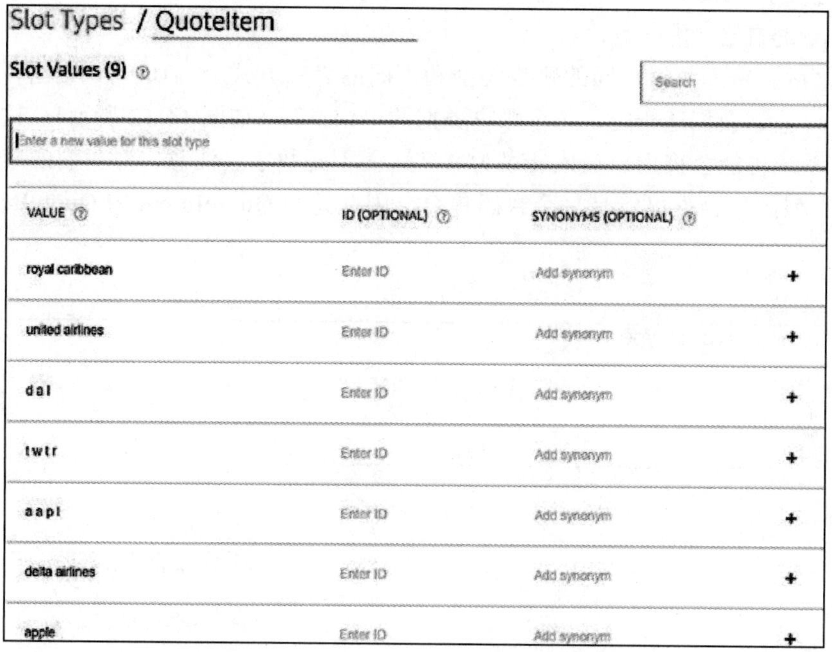

图 14-9　向自定义槽类型添加新值

图 14-10　将 QuoteItem 槽类型添加到 QuoteIntent

最后，我们必须正确地在每个句子中标记插槽。我们可以通过在示例话语界面中选择一个单词或一组连续的单词来实现这一点。我们将看到一个弹出窗口，其中包含你可以分配给所选子字符串的意图槽。在为每个对象选择 QuoteItem 之后，我们的 QuoteIntent 将如图 14-11 所示。

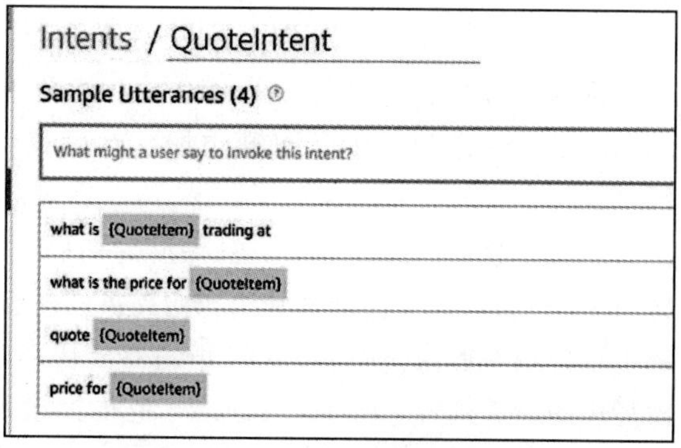

图 14-11　QuoteIntent 现在准备好了

我们将再添加一个意图，希望能够

使用类似"获取 401k 账户信息"或"roth ira 是什么？"这样的语句来询问关于特定账户类型的信息。我们将这个意图命名为 GetAccountTypeInfoIntent。在生成这个意图之前，我们先创建支持的槽类型。与添加 QuoteItem 槽类型的方法相同，让我们添加一个名为 AccountType 的自定义槽类型。

创建之后，输入一组不同的账户类型和不同的表示方式。例如，401k 也可以被称为 401（k）。注意，我们还指定了每个账户类型的单词拼写（如图 14-12 所示）。这样做的原因是 ASR 系统可能会将用户输入转录为文字，而不是数字。注意，对我们的应用程序来说，账户类型的集合很可能是一个封闭集合，因此这与 QuoteIntent 中 QuoteItem 的开放概念不同。

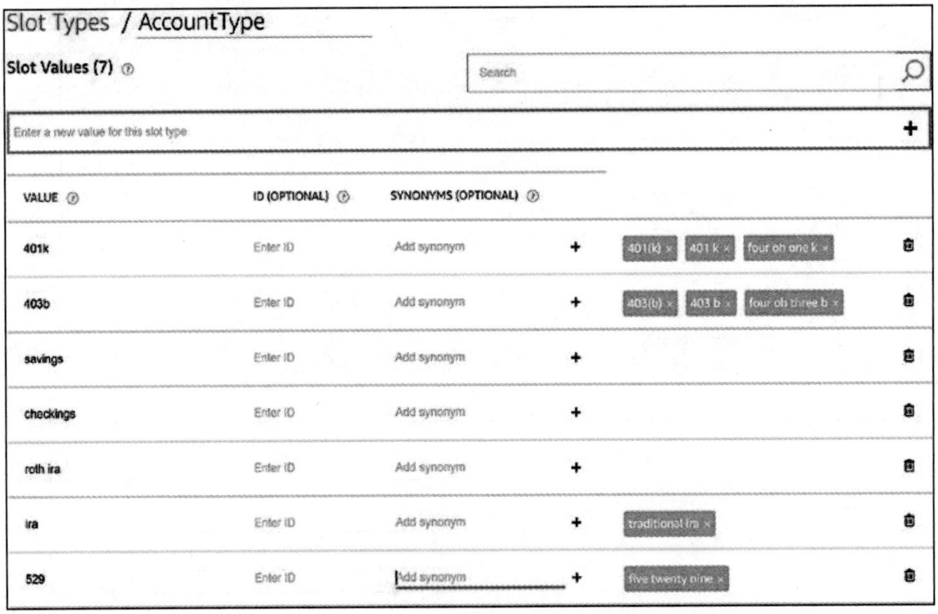

图 14-12　使用同义词创建自定义槽类型

现在我们可以创建一个新的自定义意图 GetAccountTypeInformationIntent。将 AccountType 作为一个意图槽添加。然后我们可以输入一些示例话语。结果如图 14-13 所示。

至此，我们已经完成了交互模型的初稿。点击"Save Model"按钮，然后点击"Build Model"按钮。建立模型将利用我们提供的所有数据来训练系统。注意，在任何时候，我们都可以使用左侧窗格中的 JSON 编辑器链接来查看模型的 JSON 表示。JSON 封装了添加到模型中的所有内容。图 14-14 显示了它的摘录。共享模型最容易的方式就是共享它的 JSON 表示。当然，还有命令行工具，可以进一步自动化这一过程。

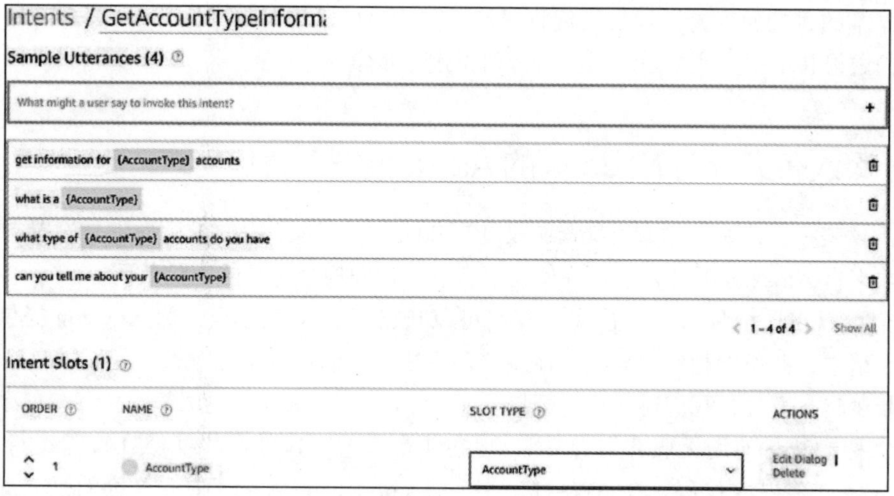

第14章 学以致用：Alexa技能工具包   357

图 14-13　最终确定的 GetAccountTypeInformationIntent

```
 67            "name": "AMAZON.ScrollUpIntent",
 68            "samples": []
 69        },
 70        {
 71            "name": "QuoteIntent",
 72            "slots": [
 73                {
 74                    "name": "QuoteItem",
 75                    "type": "QuoteItem"
 76                }
 77            ],
 78            "samples": [
 79                "what is {QuoteItem} trading at",
 80                "what is the price for {QuoteItem}",
 81                "quote {QuoteItem}",
 82                "price for {QuoteItem}"
 83            ]
 84        },
 85        {
 86            "name": "GetAccountTypeInformationIntent",
 87            "slots": [
 88                {
 89                    "name": "AccountType",
 90                    "type": "AccountType"
 91                }
 92            ],
 93            "samples": [
 94                "get information for {AccountType} accounts",
 95                "what is a {AccountType}",
 96                "what type of {AccountType} accounts do you have",
 97                "can you tell me about your {AccountType}"
 98            ]
 99        }
100    ],
101    "types": [
102        {
103            "name": "QuoteItem",
104            "values": [
105                {
106                    "name": {
107                        "value": "royal caribbean"
108                    }
109                },
110                {
111                    "name": {
112                        "value": "united"
```

图 14-14　我们刚创建的 Alexa 交互模型的摘录

就本章的目的而言，这就是我们将讨论的关于 Alexa 的 NLU 的所有内容。需要明确的是，我们做得并不够。这个系统很丰富，值得进一步学习。

14.4 深入研究针对 Node.js 的 Alexa 技能工具包

回到仪表板，技能构建器检视表（skill builder checklist）中的最后一步是设置端点。端点是接收来自 Amazon 的传入消息并使用语音、卡片和指令进行响应的代码。

我们可以采取两种方法。首先，我们可以自己维护一个端点，为 Amazon 提供 URL，解析每个请求，并做出相应的响应。使用这种方法，我们获得了控制权，但必须自己实现验证和解析逻辑。而且，我们还得自行部署。

第二种方法是使用无服务器计算[⊖]，现在非常普遍。这使我们能够在按需运行和缩放的云服务中创建一些代码。在 AWS 上，这是 Lambda。在 Azure 中，等价的是 Functions。Amazon 为 Node.js 提供了 Amazon Alexa 技能工具包（Skills kit）SDK，就是为了这个目的（https://github.com/alexa/alexa-skills-kit-sdk-for-nodejs）。在本节中，我们将深入研究在 AWS Lambda 上运行 Alexa Skills。

下面将介绍使用 Alexa 技能工具包 SDK 创建的技能的结构。我们注册了所有想在代码中处理的意图。emit 函数发送响应给 Alexa。在 SDK 的 GitHub 站点[⊖]上有 emit 的多个不同的重载。

```
const handlers = {
    'LaunchRequest': function () {
        this.emit('HelloWorldIntent');
    },
    'HelloWorldIntent': function () {
        this.emit(':tell', 'Hello World!');
    }
};
```

最后，我们用 Alexa SDK 注册技能和处理程序。

```
const Alexa = require('alexa-sdk');
exports.handler = function(event, context, callback) {
    const alexa = Alexa.handler(event, context, callback);
    alexa.registerHandlers(handlers);
    alexa.execute();
};
```

⊖ 无服务器计算真正意味着什么：https://www.infoworld.com/article/3093508/cloud-computing/what-serverless-computing-really-means.html。

⊖ 针对 Node.js 的 Alexa 技能工具包：Response vs. ResponseBuilder：https://github.com/alexa/alexa-skills-kit-sdk-for-nodejs#response-vs-responsebuilder。

这段代码足以运行一个基本的技能，它在启动或匹配到 HelloWorldIntent 意图时会响应 "hello world"。从概念上讲，在为我们的财务技能创建代码时，我们将遵循同样的方法。在继续之前，我们如何将我们的技能连接到 AWS Lambda 呢？

首先，我们需要有一个 AWS 账户。我们可以在这里创建一个 AWS 免费层账户：https://aws.amazon.com/free/。使用免费层是开始熟悉 AWS 的最好方式。点击"Create Free Account"，会要求我们填一个 E-mail 地址、一个密码以及一个 AWS 账户名（如图 14-15 所示）。

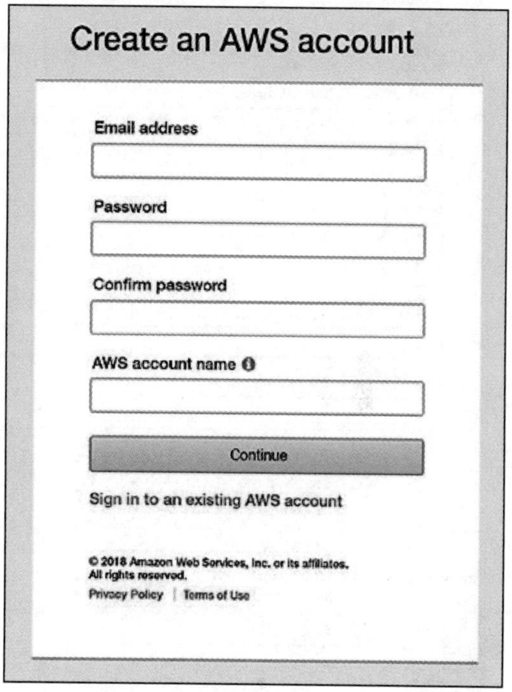

接下来，我们将输入个人联系信息。我们需要输入付款信息以进行身份验证（在免费层你将不会被收费），并验证我们的电话号码。完成之后，我们将被带到 AWS 管理控制台。此时，我们可以在"所有服务"列表中找到 Lambda 并导航到它的页面。

现在我们可以开始生成 Lambda 函数了。单击"创建一个函数"，选择 Blueprints，找到并选择 alexa-skill-kit-sdk-factskill，然后单击 Configure 按钮。我们为这个函数提供了一个在我们账户的函数列表中唯一的名称，设置角色，从一个或多个模板创建新角色，给角色一个名称，并选择简单的微服务权限模板（如图 14-16 所示）。

图 14-15　创建一个新的 AWS 账户

在数据输入字段下面，我们将看到 Lambda 代码。运行库应该设置为 Node.js 6.10，尽管可以安全地假设：Amazon 可能随时更新它。我们暂时让代码保持原样。单击 Create Function 按钮后，你将被带到函数配置屏幕（如图 14-17 所示）。

在这个屏幕上我们可以执行许多操作。首先，右上角显示了 Lambda 标识符。一会儿我们需要把这个提供给 Alexa 技能。我们还可以看到，该函数可以访问 CloudWatch 日志（所有 Lambda 日志都被发送到 CloudWatch）和 DynamoDB（Amazon 管理的云上 NoSQL 数据库）。Alexa 技能可以使用 DynamoDB 存储技能状态。

在设计器部分，我们需要设置一个可以调用新函数的触发器。为实现我们的目标，找到并单击 Alexa Skills Kit 触发器。这样做之后，下面将出现 Configure Triggers 部分。输入技能 ID，从 Alexa 技能仪表板可以获得该 ID。它应该看起来类似 amzn1.ask.skill.5d364108-7906-4612-a465-9f560b0bc16f。输入 ID 后，为触发器单击 Add，然后保存函数配置。此时，Lambda 函数已经准备好，可以从我们的技能中调用了。

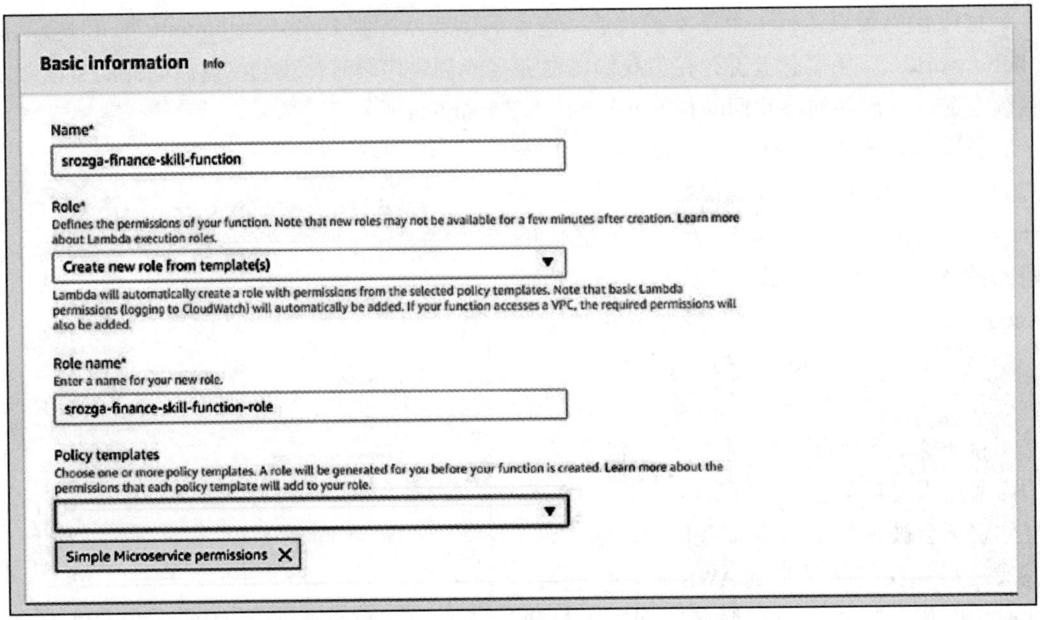

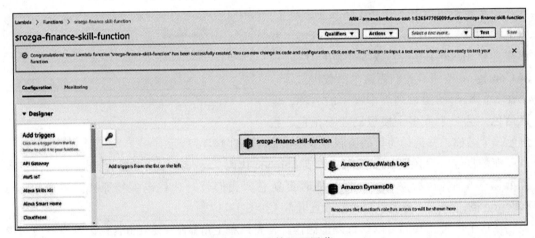

图 14-16　创建一个新的 Lambda 函数

图 14-17　函数配置屏幕

在此之前，我们在设计器中选择函数（在本例中是 srozga-finance-skill-function，如图 14-17 所示），我们将看到代码编辑器。对于如何将代码加载到 Lambda 中，我们有一些不同的选择。一种选择是在编辑器中手工编写代码；另一个选择是上传一个包含所有代码的 zip 文件。在实际应用程序中做这种体力劳动很快就让人疲倦；你可以使用 AWS[⊖] 和 ASK CLI[⊖] 从

[⊖] AWS CLI: https://aws.amazon.com/cli/。

[⊖] Alexa Skills Kit (ASK) CLI: https://developer.amazon.com/docs/smapi/quick-start-alexa-skills-kit-command-line-interface.html。

命令行部署技能。现在，我们只使用编辑器。将编辑器中的代码替换为以下代码：

```
'use strict';

const Alexa = require('alexa-sdk');
const handlers = {
    'LaunchRequest': function () {
        this.emit(':tell', 'Welcome!');
    },
    'QuoteIntent': function () {
        this.emit(':tell', 'Quote by company.');
    },
    'GetAccountTypeInformationIntent': function () {
        this.emit(':tell', 'Getting account type.');
    }
};

exports.handler = function (event, context, callback) {
    const alexa = Alexa.handler(event, context, callback);
    alexa.registerHandlers(handlers);
    alexa.execute();
};
```

在我们离开之前，从屏幕的右上角复制 Lambda 函数的 Amazon 资源名（ARN）。该标识符看起来像这样：arn:aws:lambda:us-east-1:526347705809:function:srozga-finance-skill-function。

让我们切换回 Alexa Skill 配置屏幕。在右侧窗格中选择 Endpoint（端点）链接。选择 AWS Lambda ARN 复选框，并在 Default Region 文本框中输入 Lambda ARN（如图 14-18 所示）。

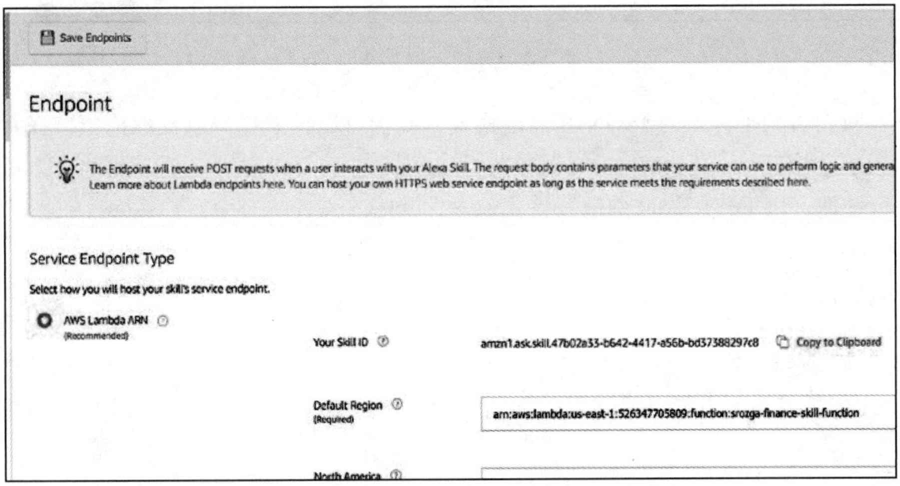

图 14-18　Alexa Skill 的 Lambda ARN 端点配置

单击 Save Endpoints 按钮。如果这里有问题，你可能没有正确地为 Lambda 函数添加 Alexa Skills Kit 触发器。

现在，我们可以使用顶部导航面板导航到测试部分。默认情况下，技能不能用于测试。切换复选框后，我们可以使用 Alexa 测试接口、连接到开发人员账户的任何 Echo 设备或者第三方工具（如 EchoSim[○]）来测试技能。如果你想与测试应用程序对话，那么可能会提示你允许麦克风的访问权限。

我们可以通过说话或打字来发送输入的话语，并且我们将收到 Lambda 函数的响应，如图 14-19 所示。一定要以"Ask {Invocation Name}"开头。注意，这个接口提供了原始的输入和输出的 JSON 表示。花些时间来检视它；它包含了很多我们在前面章节提到的信息。例如，传入的请求包括从交互模型中解析的意图和插槽。输出包含供 Echo 设备发言用的 SSML。输出还指示会话应该结束。稍后我们将更深入地讨论会话。

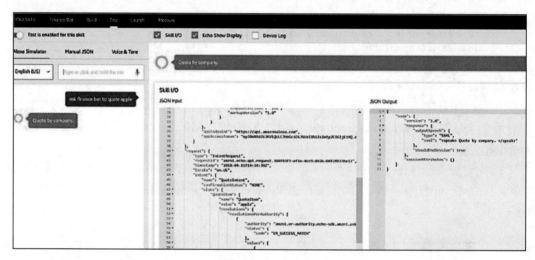

图 14-19　成功了

现在我们看到了传入的 JSON 和插槽格式，我们可以扩展代码以提取槽值。在意图处理程序的上下文中，this.event.request 对象包含已解析的意图和槽值。基于此，只需提取值并对其进行处理。以下代码提取槽值并将其包含在 Alexa 语音响应中：

```
'use strict';

const Alexa = require('alexa-sdk');
const handlers = {
    'LaunchRequest': function () {
        this.emit(':tell', 'Welcome!');
    },
```

○　EchoSim 是基于浏览器的 Alexa 接口。它有助于测试开发技能。由于 Alexa 测试工具在最近几个月有了很大的改进，因此 EchoSim 工具的有效性还有待观察；参见 https://echosim.io。

```
    'QuoteIntent': function () {
        console.log(JSON.stringify(this.event));
        let intent = this.event.request.intent;
        let quoteitem = intent.slots['QuoteItem'].value;
        this.emit(':tell', 'Quote for ' + quoteitem);
    },
    'GetAccountTypeInformationIntent': function () {
        console.log(JSON.stringify(this.event));
        let intent = this.event.request.intent;
        let accountType = intent.slots['AccountType'].value;
        this.emit(':tell', 'Getting information for account 
type ' + accountType);
    }
};
exports.handler = function (event, context, callback) {
    const alexa = Alexa.handler(event, context, callback);
    alexa.registerHandlers(handlers);
    alexa.execute();
};
```

图 14-20 显示了输入"询问财务机器人什么是 ira"（ask finance bot what is an ira）的交互示例。如果你说了这句话，那么它会被理解为"询问金融机器人什么是 I R A"。确保"I R A"是 IRA 账户类型槽类型的一个同义词。

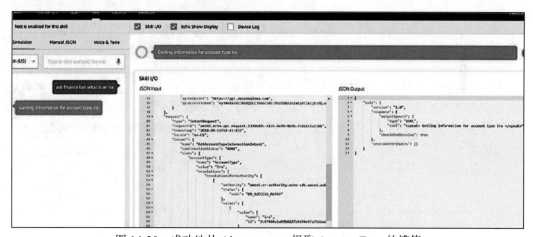

图 14-20 成功地从 Alexa request 提取 AccountType 的槽值

注意，如果我们给技能发送了一些内置 Amazon 意图应该处理的东西，比如"取消"（cancel），那么该技能可能会返回一个错误。原因是有一些内置意图我们还未处理。此外，我们不包括未处理的意图逻辑。通过添加以下处理程序，我们可以轻松地处理这两种情况：

```
'AMAZON.CancelIntent': function() {
    this.emit(':tell', 'Ok. Bye.');
},
```

```
'Unhandled': function() {
    this.emit(':tell', "I'm not sure what you are talking
    about.");
}
```

现在，跟技能讲"取消"，它会响应一个"再见"的消息（如图 14-21 所示）。

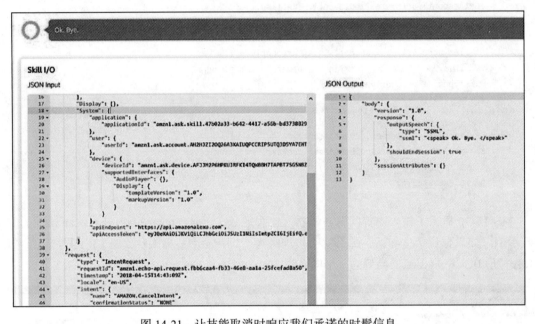

图 14-21　让技能取消时响应我们承诺的时髦信息

太好了。这工作得很好，但我们如何将一个对话建模成一个 Alexa Skill 呢？Node.js 的 SDK 包括状态的概念，可把它看作用户的当前对话。针对每个状态，我们为该状态支持的每个意图提供一组处理程序。实际上，我们使用一组状态名和处理程序来编码对话图。该技能的代码如下：

```
'use strict';

const Alexa = require('alexa-sdk');
const defaultHandlers = {
    'LaunchRequest': function () {
        this.emit(':ask', 'Welcome to finance skill!  I can get
        your information about quotes or account types.', 'What
        can I help you with?');
    },
    'GetAccountTypeInformationIntent': function () {
        this.handler.state = 'AccountInfo';
        this.emitWithState(this.event.request.intent.name);
    },
    'QuoteIntent': function () {
```

```javascript
        this.handler.state = 'Quote';
        this.emitWithState(this.event.request.intent.name);
    },
    'AMAZON.CancelIntent': function () {
        this.emit(':tell', 'Ok. Bye.');
    },
    'Unhandled': function () {
        console.log(JSON.stringify(this.event));
        this.emit(':ask', "I'm not sure what you are talking
        about.", 'What can I help you with?');
    }
};
const quoteStateHandlers = Alexa.CreateStateHandler('Quote', {
    'LaunchRequest': function () {
        this.handler.state = '';
        this.emitWithState('LaunchRequest');
    },
    'AMAZON.MoreIntent': function () {
        this.emit(':ask', 'More information for quote item ' +
        this.attributes.quoteitem, 'What else can I help you
        with?');
    },
    'AMAZON.CancelIntent': function () {
        this.handler.state = '';
        this.emitWithState(this.event.request.intent.name);
    },
    'QuoteIntent': function () {
        console.log(JSON.stringify(this.event));
        let intent = this.event.request.intent;
        let quoteitem = null;
        if (intent && intent.slots.QuoteItem) {
            quoteitem = intent.slots.QuoteItem.value;
        } else {
            quoteitem = this.attributes.quoteitem;
        }
        this.attributes.quoteitem = quoteitem;
        this.emit(':ask', 'Quote for ' + quoteitem, 'What else
        can I help you with?');
    },
    'GetAccountTypeInformationIntent': function () {
        this.handler.state = '';
        this.emitWithState(this.event.request.intent.name);
    },
    'Unhandled': function () {
        console.log(JSON.stringify(this.event));
        this.emit(':ask', "I'm not sure what you are talking
        about.", 'What can I help you with?');
    }
```

```javascript
});
const accountInfoStateHandlers =
Alexa.CreateStateHandler('AccountInfo', {
    'LaunchRequest': function () {
        this.handler.state = '';
        this.emitWithState('LaunchRequest');
    },
    'AMAZON.MoreIntent': function () {
        this.emit(':ask', 'More information for account ' +
        this.attributes.accounttype, 'What else can I help you
        with?');
    },
    'AMAZON.CancelIntent': function () {
        this.handler.state = '';
        this.emitWithState(this.event.request.intent.name);
    },
    'GetAccountTypeInformationIntent': function () {
        console.log(JSON.stringify(this.event));
        let intent = this.event.request.intent;
        let accounttype = null;
        if (intent && intent.slots.AccountType) {
            accounttype = intent.slots.AccountType.value;
        } else {
            accounttype = this.attributes.accounttype;
        }
        this.attributes.accounttype = accounttype;
        this.emit(':ask', 'Information for ' + accounttype,
        'What else can I help you with?');
    },
    'QuoteIntent': function () {
        this.handler.state = '';
        this.emitWithState(this.event.request.intent.name);
    },
    'Unhandled': function () {
        console.log(JSON.stringify(this.event));
        this.emit(':ask', "I'm not sure what you are talking
        about.", 'What can I help you with?');
    }
});
exports.handler = function (event, context, callback) {
    const alexa = Alexa.handler(event, context, callback);
    alexa.registerHandlers(defaultHandlers, quoteStateHandlers,
    accountInfoStateHandlers);
    alexa.execute();
};
```

注意这个技能有两种状态：Quote 和 AccountInfo。在这些状态的上下文中，每个意图都可能产生不同的行为。如果用户询问 Quote 状态下的账户，那么技能将重定向到默认状态，以决定如何处理请求。同样，如果用户询问 AccountInfo 状态下的报价，则也会发生类似的逻辑。图 14-22 显示了对话的样子。注意，在代码中，如果想让会话保持打开状态，那么我们使用 this.emit(':ask')，如果我们只想讲话，并且回答和关闭会话，则使用 this.emit(':tell')。如果会话保持打开，我们就不必在对 Alexa 说的每句话前面都加上"ask finance bot"。既然用户和我们的技能之间的会话保持开放⊖，也就不必每次都说开场白了。还有一种可以通过使用 ResponseBuilder 来构建响应的方法。我们可以在 SDK 文档中阅读它的内容，我们将在练习 14-1 中使用它来构建呈现模板指令的响应。

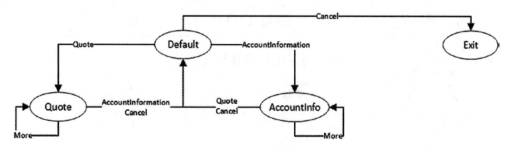

图 14-22　对话的演示和我们技能中对话的转换

继续运行这个示例，以熟悉流程背后的思想。重要的是，我们利用状态存储的两个字段：this.handler.state（存储当前状态的名称）和 this.attributes（用作用户会话数据的存储）。把 this.attributes 想象成 Bot Builder 中的 privateConversationData。默认情况下，会话结束时不会保存这些值，但 Node.js 的 Alexa Skills Kit 支持针对状态存储的 DynamoDB 集成。这将使我们的技能可以在用户再次调用该技能时继续与他们进行交互。

14.5　其他选择

一路上我们简单地忽略了其他一些选择。我们技能的开发人员控制台包含账户链接和权限链接。账户链接是通过 Alexa 管理的 OAuth 流将用户重定向到授权的过程。Alexa 存储令牌并将它们作为每个请求的组成部分发送到我们的端点。以这种方式进行管理的部分原因是原始 Echo 没有屏幕。作为一种功能实现，授权是通过 Alexa 移动应用程序进行的，因此 Alexa 服务器需要拥有整个 OAuth 流。

权限屏幕允许我们请求访问用户设备上的某些数据，例如设备地址或 Alexa 购物列表（如图 14-23 所示）。

⊖ Alexa 会话是一个值得进行更多考察的有趣主题。有关更多信息，请访问 https://developer.amazon.com/alexa-skills-kit/big-nerd-ranch/alexa-voice-user-interfaces-and-sessions。

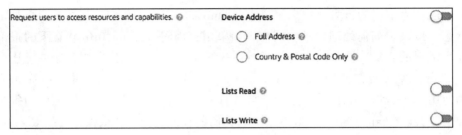

图 14-23　Alexa 权限屏幕

你可以在 Alexa 文档⊖中找到关于这两个主题的更多信息。

练习 14-1

连接到真实数据并呈现图像

在第 11 章，我们集成了一个名为 Intrinio 的服务来获取财务数据并将其呈现在图像中。本练习的目标是将 Alexa 技能代码连接到相同的服务，并在支持屏幕的 Echo 设备上呈现图像。

1. 使用前一节中的代码作为起点。重新查看第 11 章中的代码，并确保你的报价状态 QuoteIntent 处理程序从 Intrinio 检索报价数据，并以最新价格的声音报价进行响应。

2. 将第 11 章中的 HTML 到图像（HTML-to-image）生成代码集成到你的 Alexa 技能中。记住要将必要的包添加到 Lambda 函数中的 package.json 文件内。

3. 访问 https://developer.amazon.com/docs/custom-skills/display-interface-reference.html，熟悉如何呈现显示模板。具体来说，你将使用 BodyTemplate 来呈现在前面步骤中生成的图像。

4. 使用针对 Alexa Skills Kit 的 Node.js SDK 来呈现模板，你需要使用 response builder（https://github.com/alexa/alexa-skills-kit-sdk-for-nodejs#response-vs-responsebuilder）。SDK 提供了生成模板 JSON 的辅助程序（https://github.com/alexa/alex-skills-kit-sdk-for-nodejs#display-interface）。

5. 测试 Alexa Test utility、EchoSim 的功能，如果真实的 Echo 设备可用，则也要测试设备的功能。在没有显示的设备中，代码的行为是什么？

你的技能现在应该能在支持显示的 Echo 设备上呈现你的金融报价图像了。你应该也获得了使用几种方法来测试 Alexa Skill 的实际经验。

⊖ 账户链接文档：https://developer.amazon.com/docs/custom-skills/link-an-alexa-user-with-a-user-in-your-system.html。使用设备地址 API：https://developer.amazon.com/docs/custom-skills/device-address-api.html。与 Alexa 的待办事项和购物清单一起使用：https://developer.amazon.com/docs/custom-skills/access-the-alexa-shopping-and-to-do-lists.html。

14.6 连接到 Bot 框架

到目前为止，我们所介绍的特性只是 Alexa 技能工具包（Skills Kit）功能的一小部分，但对于将本书的概念应用到新兴的语音平台上，这些特性已经足够让人欣赏了。将 Alexa 技能连接到 Bot 框架机器人的过程与我们在第 8 章中为 Twilio 实现语音机器人的方法类似。我们将展示如何在现有的 Alexa 技能工具包交互模型下完成此连接的代码。在深入研究代码之前，我们将讨论解决方案的几个实现决策。

14.6.1 关于 Bot 框架和 Alexa 技能工具包集成的实现决策

通常，我们不建议使用 Bot 框架来实现独立的 Alexa 技能。如果确实需要一个单一的平台，那么使用 Alexa 交互模型和运行在 AWS Lambda 函数上的针对 Node.js 的 Alexa 技能工具包 SDK，也足够了。对于我们的产品应该支持多种自然语言文本和语音界面的情况，我们可能需要考虑一个平台来运行我们的业务逻辑，Bot 框架非常适合这种方法。一旦我们开始将 Alexa 技能与 Bot 框架连接起来，接下来会有几个重要的实现决策。这适用于所有类型的系统，不仅仅是 Alexa。

自然语言理解

基于当前的努力，我们应该利用哪一个自然语言理解（NLU）平台：LUIS 还是 Alexa 的交互模型？如果要使用 Alexa 的交互模型，那么我们必须通过 Direct Line 调用将 Alexa 意图和插槽对象传递到我们的机器人实现中。然后，我们可以在 Bot Builder SDK 中构建一个自定义识别器来检测这个对象的存在，并将其转换为正确的意图和实体响应对象。明确地说，这就是识别器的优势所在：机器人不在乎意图数据来自哪里。

另一方面，如果选择利用 LUIS，那么我们必须找到一种方法来将 Alexa 的原始输入传递给机器人。实现这一点的方法是将整个用户输入标记为 AMAZON.LITERAL 槽类型[⊖]。这允许开发人员将原始用户输入传递到技能代码中。这并不意味着我们的技能交互模型就不存在了。记住，Alexa 将交互模型用于它的 ASR，所以我们希望在技能词汇表中给出尽可能多的话语和输入类型的示例。我们需要在 Alexa 交互模型中包含我们所有的 LUIS 话语。

一般来说，由于机器人可能比 Alexa 支持更多的通道，因此维护一个 NLU 系统（比如 LUIS）是一种更容易的方法。但是，没有办法完全脱离。我们仍然需要确保我们的机器人正确处理内置的意图，如停止（stop）和取消（cancel）。在下面的代码示例中，为了方便起见，我们将假设整个 NLU 模型都在 Alexa 中使用，并演示自定义识别器的方法。

⊖ 关于 LITERAL 槽类型及其使用，一直有很多争论。一段时间以来，Amazon 一直在尝试弃用槽类型。很容易理解为什么。自然语言模型和 Alexa 使用这些模型启动自动语音识别引擎的能力取决于模型内容的好坏。如果 NLU 的一些功能被分离到一个单独的系统中，那么 Alexa NLU 和语音识别就会受到影响。话虽如此，尽管 Amazon 已经支持替代方案，但这种槽类型还是没有被废除。参考 https://developer.amazon.com/post/Tx3IHSFQSUF3RQP/Why-a-Custom-Slot-is-the-Literal-Solution。

无关通道的对话和特定于通道的对话

当开发一个处理多个通道的机器人时，我们必须决定一个对话实现是否可以处理所有的通道，或者每个通道是否应该有自己的对话实现。每种模式都有争议，尽管如果你从模型视图控制器（MVC）模式[一]的角度考虑，我们可以提出一个优雅的解决方案。如果我们将对话看作是控制器以及与模型对话的 API，那么我们就会面临一个问题：什么来担当视图的角色？

我们希望创建独立的代码片段，以基于通道呈现消息。虽然机器人服务试图建立通道的抽象，但我们会在某个点遇到特定于通道的行为。例如，我们将以不同于文本通道的方式对待 Alexa。一种方法是创建对话框中使用的默认视图呈现器，并添加特定于通道的视图呈现器，以支持偏离默认的行为或图像。一种更通用的方法是对语音通道和文本通道使用不同的视图呈现器。图 14-24 显示了从语音通道发送消息时这种方法的一个示例流程。

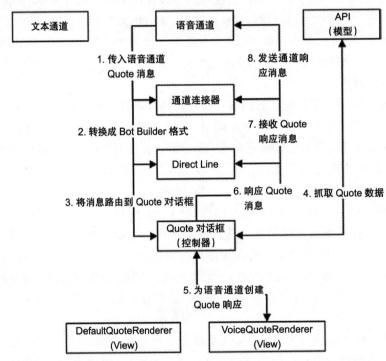

图 14-24　示例：从语音通道（如 Alexa）传入的消息流经我们的系统，直至视图呈现程序

Alexa 的结构

Bot Builder SDK 很好地抽象了文本对话的概念，但将概念直接映射到 Alexa 没那么容易。我想到了几个例子。

首先，当一段语音被发送到 Alexa 服务时，它可能包括一个初始的语音字符串加上一个

一　模型视图控制器（MVC）：https://en.wikipedia.org/wiki/Model%E2%80%93view%E2%80%93controller。

reprompt（重新提示）的语音字符串。如果 Alexa 提出了一个问题，而用户没有及时响应，那么 reprompt 会被发送给用户。Bot Builder 活动包含一个用于语音的属性，但不包含用于 reprompt 的属性。在示例代码中，我们利用自定义通道数据字段发送此信息。

另一个例子是 Alexa 呈现模板。虽然我们在这里没有介绍它们，但 Alexa 支持一定数量的（最新的数字是 7）模板用以在支持显示的 Echo 设备上显示内容。每个模板都是表示用户界面的不同 JSON 结构。尽管我们可以尝试使用英雄卡片对象来把这些模板发送给连接器，但在呈现程序中生成 JSON 并随通道数据发送是更简单的方法。指示 Echo 设备播放视频面临类似的情境。

所有这些问题的解决方案是尝试使用 Bot Builder SDK 对象来呈现尽可能多的内容，并仅在必要时将其拖放到通道数据中。如图 14-24 所示，我们甚至可以使用 Bot Builder SDK 对象，并将它们转换为连接器层上特定于通道的构造。一般来说，在 Alexa 呈现器中为每个响应生成 Alexa 通道数据更容易。

回调支持

大多数通道可以发送与用户消息无关的事件。例如，Facebook 发送关于推荐、应用程序切换、结账和支付等事件。这些是特定于通道的消息，需要在 Bot 中处理，有时对话结构并不适用。Alexa 对这样的事件并不陌生。当在 Echo 设备上播放视频或音频文件时，各种有关进度、中断和错误的事件会发送到该技能。这就需要我们的机器人代码来正确解释这些事件。

针对这种交互的一种好方法是创建自定义识别器，它可以识别不同类型的消息，然后将这些消息导向正确的对话。对于需要 JSON 格式响应消息的事件，对话应该使用通道数据发送有效负载。

14.6.2 示例整合

让我们深入研究一下示例整合到一起的样子。我们将实现分成三个组件：连接器、识别器和机器人。完整的示例代码可以在本书 GitHub 仓库的 chapter14-alexa-skill-connector-bot 文件夹下找到。

连接器包含一个 HTTP 处理程序，Alexa 将向其发送消息。处理程序的目标是解析对话、调用机器人、等待机器人的响应，以及将消息发送回 Alexa。这里有一点代码，让我们逐行浏览它。

消息进入处理程序。我们提取请求的正文和用户 ID。然后，我们创建用户 ID 的 MD5 哈希值。这样做的原因是 Alexa 用户 ID 的长度比 Bot 框架所支持的要长。哈希操作帮助我们保持长度可控。

```
const cachedConversations = {};

exports.handler = function (req, res, next) {
    const reqContents = req.body;
```

```
        console.log('Incoming message', reqContents);
        const userId = reqContents.session.user.userId;
        const userIdHash = md5(userId);
        ...
    };
```

接下来，我们要么检索该用户的缓存对话，要么创建一个新的对话。注意，我们将对话存储在内存中，因此每个服务器重新启动都会创建新的 Direct Line 对话。在生产环境中，我们将使用 Cosmos DB 或 Azure Table Storage 等服务提供的持久存储。Alexa 还包含一个标记，用于告知我们一个对话是否刚刚开始。在没有缓存对话或对话是新的情况下，我们创建一个新的 Direct Line 对话并缓存它。

```
const cachedConv = cachedConversations[userId];
let p = Promise.resolve(cachedConv);
if (reqContents.session.new || !cachedConv) {
    p = startConversation(process.env.DL_KEY).then(conv => {
        cachedConversations[userId] = { id: conv.
        conversationId, watermark: null, lastAccessed:
        moment().format() };
        console.log('created conversation [%s] for user [%s]
        hash [%s]', conv.conversationId, userId, userIdHash);
        return cachedConversations[userId];
    });
}
p.then(conv => {
    ...
});
```

在检索对话之后，我们向机器人发布一个活动。注意，由于我们决定传递已解析的 Alexa 交互模型意图和插槽，因此我们只需通过 sourceEvent 属性中的通道数据来传递 Alexa 消息。

```
postActivity(process.env.DL_KEY, conv.id, {
    from: { id: userIdHash, name: userIdHash }, // required
    (from.name is optional)
    type: 'message',
    text: '',
    sourceEvent: {
        'directline': {
            alexaMessage: reqContents
        }
    }
}).then(() => {
    ...
});
```

如果 Alexa 发送了一个 SessionEndedRequest, 那么我们会自动用 HTTP 200 状态码进行响应。

```
if (reqContents.request.type === 'SessionEndedRequest') {
    buildAndSendSessionEnd(req, res, next);
    return;
}
function buildAndSendSessionEnd(req, res, next) {
    let responseJson =
        {
            "version": "1.0"
        };
    res.send(200, responseJson);
    next();
}
```

否则,我们使用 Direct Line 轮询机制来尝试从机器人获得活动响应。我们的超时时间是 6 秒。一旦确定了响应活动, 我们就从活动中提取一些特定于 Alexa 的信息, 并构建对 Alexa 的响应。如果消息超时, 我们将返回 HTTP 504 状态码。

```
let timeoutAttempts = 0;
const intervalSleep = 500;
const timeoutInMs = 10000;
const maxTimeouts = timeoutInMs / intervalSleep;
const interval = setInterval(() => {
    getActivities(process.env.DL_KEY, conv.id, conv.watermark).
    then(activitiesResponse => {
        const temp = _.filter(activitiesResponse.activities,
        (m) => m.from.id !== userIdHash);
        if (temp.length > 0) {
            clearInterval(interval);
            const responseActivity = temp[0];
            console.log('Bot response:', responseActivity);

            conv.watermark = activitiesResponse.watermark;
            conv.lastAccessed = moment().format();
            const keepSessionOpen = responseActivity.
            channelData && responseActivity.channelData.
            keepSessionOpen;
            const reprompt = responseActivity.channelData &&
            responseActivity.channelData.reprompt;
            buildAndSendSpeech(responseActivity.speak,
            keepSessionOpen, reprompt, req, res, next);
        } else {
            // no-op
        }
        timeoutAttempts++;

        if (timeoutAttempts >= maxTimeouts) {
```

```
            clearInterval(interval);
            buildTimeoutResponse(req, res, next);
        }
    });
}, intervalSleep);
```

就是这样！下面是构建响应消息的代码。

```
function buildTimeoutResponse(req, res, next) {
    res.send(504);
    next();
}
function buildAndSendSpeech(speak, keepSessionOpen, reprompt,
req, res, next) {
    let responseJson =
        {
            "version": "1.0",
            "response": {
                "outputSpeech": {
                    "type": "PlainText",
                    "text": speak
                },
                // TODO REPROMPT
                "shouldEndSession": !keepSessionOpen
            }
        };
    if (reprompt) {
        responseJson.reprompt = {
            outputSpeech: {
                type: 'PlainText',
                text: reprompt
            }
        };
    }
    console.log('Final response to Alexa:', responseJson);
    res.send(200, responseJson);
    next();
}
function buildAndSendSessionEnd(req, res, next) {
    let responseJson =
        {
            "version": "1.0"
        };
    res.send(200, responseJson);
    next();
}
```

这里的 Direct Line 函数和我们在第 9 章讲过的是一样的。

机器人端的消息会发生什么？首先它会命中我们的自定义识别器。识别器首先确保我们得到的是 Alexa 消息，它是 IntentRequest、LaunchRequest 或 SessionEndedRequest 请求。如果是 IntentRequest，那么我们将 Alexa 意图和插槽解析为 LUIS 的意图和实体。如注释所示，插槽对象的格式与 LUIS 实体对象不同。如果将两个 NLU 系统混合在一个机器人中以使用相同的对话，那么我们必须确保格式是规范化的。如果请求是 LaunchRequest 或 SessionEndedRequest，那么我们只需将这些字符串作为机器人意图来传递。

```
exports.recognizer = {
    recognize: function (context, done) {
        const msg = context.message;

        // we only look at directline messages that include
        additional data
        if (msg.address.channelId === 'directline' && msg.sourceEvent) {

            const alexaMessage = msg.sourceEvent.directline.alexaMessage;
            // skip if no alexaMessage
            if (alexaMessage) {
                if (alexaMessage.request.type === 'IntentRequest') {
                    // Pass IntentRequest into the dialogs.
                    // The odd thing is that the slots and
                    entities structure is different. If we mix
                    LUIS/Alexa
                    // it would make sense to normalize the
                    format.
                    const alexaIntent = alexaMessage.request.intent;
                    const response = {
                        intent: alexaIntent.name,
                        entities: alexaIntent.slots,
                        score: 1.0
                    };
                    done(null, response);
                    return;
                } else if (alexaMessage.request.type === 'LaunchRequest' || alexaMessage.request.type === 'SessionEndedRequest') {
                    // LaunchRequest and SessionEndedRequest
                    are simply passed through as intents
                    const response = {
                        intent: alexaMessage.request.type,
                        score: 1.0
                    };
                    done(null, response);
```

```
                return;
            }
        }
    }
    done(null, { score: 0 });
}
};
```

让我们回到机器人代码。我们首先注册自定义的 Alexa HTTP 处理程序、自定义识别器和默认响应。请注意我们使用的是自定义 Direct Line 数据。如果我们向技能请求它不支持的功能，那么对话就会终止。

```
server.post('/api/alexa', (req, res, next) => {
    alexaConnector.handler(req, res, next);
});
const bot = new builder.UniversalBot(connector, [
    session => {
        let response = 'Sorry, I am not sure how to help you on
        this one. Please try again.';
        let msg = new builder.Message(session).text(response).
        speak(response).sourceEvent({
            directline: {
                keepSessionOpen: false
            }
        });
        session.send(msg);
    }
]);
bot.recognizer(alexaRecognizer);
```

接下来，我们创建 QuoteDialog 对话框。请注意以下几点：
- 它从实体中读取报价项，就像我们的 Alexa 技能代码所做的那样。
- 它通过 speak 属性发送响应，但在自定义的 Direct Line 通道数据中也包含一个 reprompt。
- 在这个对话框的上下文中，如果机器人检测到 AMAZON.MoreIntent，就会调用 MoreQuoteDialog 对话框。
- MoreQuoteDialog 对话框执行后，将控制返回给 QuoteDialog。

```
bot.dialog('QuoteDialog', [
    (session, args) => {
        let quoteitem = args.intent.entities.QuoteItem.value;
        session.privateConversationData.quoteitem = quoteitem;

        let response = 'Looking up quote for ' + quoteitem;
        let reprompt = 'What else can I help you with?';
        let msg = new builder.Message(session).text(response).
        speak(response).sourceEvent({
```

```
            directline: {
                reprompt: reprompt,
                keepSessionOpen: true
            }
        });
        session.send(msg);
    }
])
    .triggerAction({ matches: 'QuoteIntent' })
    .beginDialogAction('moreQuoteAction', 'MoreQuoteDialog', {
    matches: 'AMAZON.MoreIntent' });

bot.dialog('MoreQuoteDialog', session => {
    let quoteitem = session.privateConversationData.quoteitem;
    let response = 'Getting more quote information for ' +
    quoteitem;
    let reprompt = 'What else can I help you with?';
    let msg = new builder.Message(session).text(response).
    speak(response).sourceEvent({
        directline: {
            reprompt: reprompt,
            keepSessionOpen: true
        }
    });
    session.send(msg);
    session.endDialog();
});
```

GetAccountTypeInformationIntent 意图重复了相同的模式。最后，我们添加了一些处理程序来支持诸如取消技能和处理 LaunchRequest 和 SessionEndedRequest 事件之类的事情。

```
bot.dialog('CloseSession', session => {
    let response = 'Ok. Good bye.';
    let msg = new builder.Message(session).text(response).
    speak(response).sourceEvent({
        directline: {
            keepSessionOpen: false
        }
    });
    session.send(msg);
    session.endDialog();
}).triggerAction({ matches: 'AMAZON.CancelIntent' });

bot.dialog('EndSession', session => {
    session.endConversation();
}).triggerAction({ matches: 'SessionEndedRequest' });
bot.dialog('LaunchBot', session => {
    let response = 'Welcome to finance skill!  I can get your
    information about quotes or account types.';
```

```
        let msg = new builder.Message(session).text(response).
    speak(response).sourceEvent({
            directline: {
                keepSessionOpen: true
            }
        });
        session.send(msg);
        session.endDialog();
}).triggerAction({ matches: 'LaunchRequest' });
```

这就完成了与 Alexa 的集成。如果运行代码，那么我们将看到类似于我们之前开发的 Lambda 技能的行为。在 Bot 代码和连接器代码中都有许多未处理的意图和意外情况，但对于 Alexa 技能包与微软的 Bot 框架集成，我们已经走上了正确的道路。

练习 14-2

将数据和报价图像集成到 Bot Builder 代码中

在练习 14-1 中，我们将 Lambda 函数代码连接到数据，并生成一个图像以在支持屏幕的 Echo 设备上呈现报价。而在本练习中，我们将把这两个组件迁移到我们的 Bot Builder 代码中。

1. 使用前一节的代码作为起点。
2. 从 Lambda 函数中提取适当的图像生成代码，并将其添加到你的机器人中。确保安装了必要的 Node.js 包。
3. 在对话框中生成显示模板，并将其添加到自定义通道数据中。为了使用模板构建器类型，你可以包含针对 Node.js 的 Alexa 技能工具包 SDK 作为依赖。
4. 确保连接器将通道数据模板正确地转换为对 Alexa 的最终响应。
5. 运行你集成了 Alexa 技能和 Bot 框架的机器人，并使用与练习 14-1 中相同的方法来测试它。
6. 如何修改 Bot 代码以便通过 Bot 框架模拟器使用 Bot？在从本书中获得了所有知识之后，你应该能够创建一个 LUIS 应用程序来完成练习。

让它工作起来感觉真棒！开发语音聊天机器人非常有趣，特别是在一个像 Alexa 这样丰富的生态系统中。

14.7 结束语

学完本章，我们就能够结合本书的知识，利用 Amazon 的 Alexa 平台，将其与 Bot Builder SDK 集成。一个现代对话接口可以简化为 NLU 意图和实体加上一个对话引擎来驱动对话。无论是 Alexa 还是 Google Assistant 等其他通道，所有这些系统都共享相同的核心概念。有些人会对语音和文本通信进行强烈的区分，认为有必要采用不同的方式来处理这两种交互。虽然语音和文本通信确实有很多不同，故而产生了很不同的前端体验，但在 Bot Builder SDK 中，处理一般对话概念的能力得到了很好的开发。我们可以将不同的 NLU 系统连接起来，将它们自己的意图传递到我们的 Bot 框架中，这个想法非常强大。这意味着流入我们机器人的消息不只是文本。它可以是任何一种仅受我们想象力限制的复杂对象。当然，运行连接到许多特定接口的通用系统总是有一定的开销，但是，正如我们希望在本章中演示的那样，构建连接层所需的额外工作完全在我们的掌握之中。

推荐阅读

Python机器学习
作者：Sebastian Raschka, Vahid Mirjalili ISBN：978-7-111-55880-4 定价：79.00元

机器学习：实用案例解析
作者：Drew Conway, John Myles White ISBN：978-7-111-41731-6 定价：69.00元

面向机器学习的自然语言标注
作者：James Pustejovsky, Amber Stubbs ISBN：978-7-111-55515-5 定价：79.00元

机器学习系统设计：Python语言实现
作者：David Julian ISBN：978-7-111-56945-9 定价：59.00元

Scala机器学习
作者：Alexander Kozlov ISBN：978-7-111-57215-2 定价：59.00元

R语言机器学习：实用案例分析
作者：Dipanjan Sarkar, Raghav Bali ISBN：978-7-111-56590-1 定价：59.00元